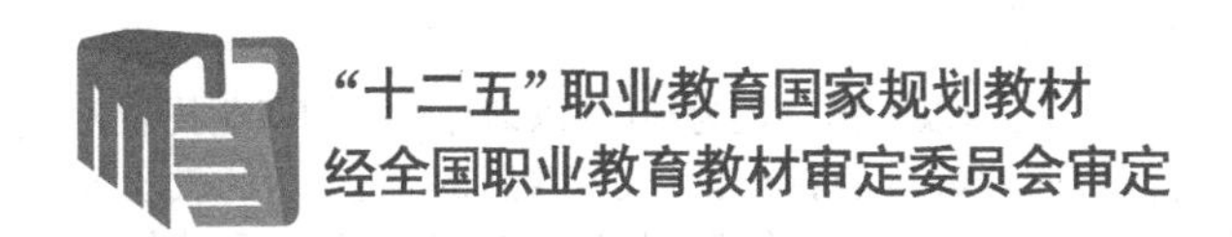

建筑构造与建筑设计基础

主　编　唐小莉　何云梅　杨艳华
副主编　孙文兵　金　晶　赵　霞
主　审　陈永鸿

重庆大学出版社

内容提要

本书是根据"全国高等职业教育系列教材"的编写理念,即以工作过程为导向,以训练学生的职业技能为基本要求,以培养学生的工作能力为最终目的,结合高等职业教育的特点,引入一些新的观念、新的教学方法,充分应用多媒体手段而编写的。本书分为两篇,共14个项目:第1篇建筑构造,包括建筑概述和建筑构造概述、民用建筑节能措施、民用建筑防火要求和构造、地基与基础、墙体、楼地层、楼梯、屋顶、门窗、变形缝构造、工业建筑等;第2篇建筑设计基础,包括建筑设计概述、民用建筑设计原理、建筑设计实训题等。

本书适合高职院校建筑类专业使用,也可供从事土建专业的有关人员以及成人教育的师生参考。

图书在版编目(CIP)数据

建筑构造与建筑设计基础/唐小莉,何云梅,杨艳华主编.—重庆:重庆大学出版社,2014.4(2023.9重印)
高职高专建筑工程技术专业系列教材
ISBN 978-7-5624-7722-8

Ⅰ.①建… Ⅱ.①唐…②何…③杨… Ⅲ.①建筑构造—高等职业教育—教材②建筑设计—高等职业教育—教材 Ⅳ.①TU2

中国版本图书馆CIP数据核字(2013)第215898号

建筑构造与建筑设计基础

主　编　唐小莉　何云梅　杨艳华
副主编　孙文兵　金　晶　赵　霞
主　审　陈永鸿

策划编辑:周　立
责任编辑:李定群　高鸿宽　　版式设计:周　立
责任校对:贾　梅　　责任印制:张　策

*

重庆大学出版社出版发行
出版人:陈晓阳
社址:重庆市沙坪坝区大学城西路21号
邮编:401331
电话:(023) 88617190　88617185(中小学)
传真:(023) 88617186　88617166
网址:http://www.cqup.com.cn
邮箱:fxk@cqup.com.cn(营销中心)
全国新华书店经销
POD:重庆新生代彩印技术有限公司

*

开本:787mm×1092mm　1/16　印张:15　字数:374千
2014年8月第1版　2023年9月第3次印刷
ISBN 978-7-5624-7722-8　定价:45.00元

前言

本教材是在《建筑构造》教材的基础上进行修编的，是为了配合教育改革，引入项目教学法的一种尝试，即以工作过程为导向，以训练学生的职业技能为基本要求，以培养学生的工作能力为最终目的。在编写过程中，突出以下特点：

1. 工作过程导向。按照工作过程导向的理念来进行课程设计，努力使学校课堂的学习过程最大限度地贴近实际的工作过程。

2. 行动体系引领。应改变旧的知识传授型的体系模式，按照职业教育的特点，采用现代的知识认知型的行动体系模式，让学生在行动（动手）的过程中学习知识，获得技能，培养能力。

3. 以学生为主体。在课程的设计和表述方式上，要围绕学生开展教学研究，应由传统的老师讲学生听、老师演示学生观察、学生模仿老师指导、学生练习老师评价的方式，改变为老师引出问题学生获取信息、学生制订解决方案老师提供帮助、学生实施并说明原理、老师答疑、老师制订评估标准进行评估。

4. 职业能力本位。确定培养目标、选择课程内容、教学过程设计与评估等都要围绕学生职业能力的培养。职业能力不仅指职业所需的技术能力，还包括职业精神、职业规范等能力。

5. 理论实践相结合。应改变传统的理论和实践教学分离的状况，努力实现理论和实践教学一体化，让学生在干中学，在学中干。

6. 强调适用实用。应紧密结合我国大多数学校目前的学生特点、师资状况和教学条件，注重适用性、实用性和针对性。

通过本课程的学习，使学生掌握民用建筑的主要组成和基本构造原理、常见的构造做法、建筑设计基础，使学生能够运用所学知识解决基层土建单位的工程实际问题。配合其他有关课程的学习，为今后从事土建工程设计、施工、管理、监理、造价以及工程质量安全管理等工作打下基础。

本书由昆明冶金高等专科学校唐小莉、何云梅、杨艳华担任主编，孙文兵、金晶、赵霞担任副主编，陈永鸿担任主审。其中，第1篇项目2,3,10,11由唐小莉编写，项目1,7,8由何云梅编写，项目4,6由杨艳华编写，项目5,9由孙文兵编写；第2篇项目12,13由金晶编写，项目14由赵霞编写。

在本书的修编过程中，我们参阅了大量同行专家的有关教材、著作与案例，在此，特向相关作者表示衷心感谢。

由于作者水平有限，书中难免有不妥和疏漏之处，敬请读者批评指正。

为方便教学，本书附ppt课件，欢迎索取。

编　者

2014年2月

目录

第1篇　建筑构造

第 2 篇　建筑设计基础

第 1 篇 建筑构造

项目 1 建筑概述和建筑构造概述

项目概述

建筑是人类为了满足日常生活和社会活动而生产的人工产品,与人们的生活、生产息息相关。最初建筑只是为了遮风避雨、防御寒暑和抵御猛兽,其功能仅是居住。随着人类社会的进步,现在建筑已经涵盖了居住建筑、公共建筑和工业建筑等,其功能不仅能满足居住,还能满足工作、生产等各种不同的需要。

建筑构造是研究建筑的主要组成部分以及各组成部分相互联接的学科。它具有很强的实践性和综合性,涉及建筑材料、建筑结构、建筑物理、建筑设备以及建筑施工等方面的知识。建筑构造一般不需要计算,而是通过一系列的规定来实现的。

项目包括建筑概念及基本情况、建筑构造概述。

情景介绍

观察身边的建筑物,建立建筑的概念,从专业的角度识读建筑。

任务1.1 了解建筑的概念及分类

任务描述

了解建筑的概念及基本情况。

任务实施

组织同学参观周围的各种建筑,建立建筑的概念。

任务引导

1.1.1 建筑的概念

(1)建筑是建筑物和构筑物的总称

建筑物是供人们在其内进行生产、生活或其他活动的房屋(或场所)。例如,住宅、办公楼、学校、医院、商场、影剧院、体育馆、工厂等。

构筑物是为满足某一特定的功能建造的,人们一般不直接在其内进行活动的场所。例如,水坝、水塔、蓄水池、烟囱等。

(2)建筑的构成要素

1)建筑功能

建筑在物质方面和精神方面的具体使用要求,也是人们建造房屋的目的。不同的功能要求产生了不同的建筑类型。例如,工厂为了生产,住宅为了居住、生活和休息,学校为了学习,影剧院为了文化娱乐,商店为了买卖交易,等等。它是3个基本要素中最重要的一个。

2)建筑的物质技术条件

实现建筑功能需要物质基础和技术手段。物质基础包括建筑材料与制品、建筑设备和施工机械等。技术条件包括建筑设计理论、工程计算理论、建筑施工技术和管理理论等。

3)建筑形象

建筑形象是建筑体型、立面样式、建筑色彩、材料质感、细部装饰等的综合反映。建筑形象并不单纯是一个美观的问题,它还应该反映时代的生产力水平、文化生活水平和社会精神面貌,反映民族特点和地方特征等。

3个基本要素中建筑功能是主导因素,它对物质技术条件和建筑形象起决定作用;物质技术条件是实现建筑功能的手段,它对建筑功能起制约或促进的作用;建筑形象则是建筑功能、技术和艺术内容的综合表现。

在优秀的建筑作品中,这三者是辩证统一的。

1.1.2　建筑的分类

(1)按建筑物的使用性质分类

①民用建筑。是指供人们居住、生活、工作和学习的房屋和场所。

②工业建筑。是指供人们从事各类生产活动的用房,包括厂房和构筑物。

③农业建筑。可供农业、牧业生产和加工用的建筑,如温室、畜禽饲养场、种子库等。

(2)按主要承重结构的材料分类

①木结构建筑。用木材作为主要承重构件的建筑。

②混合结构建筑。用两种或两种以上材料作为主要承重构件的建筑。

③钢筋混凝土结构建筑。主要承重构件全部采用钢筋混凝土的建筑。

④钢结构建筑。主要承重构件全部采用钢材制作的建筑。

(3)按结构的承重方式分类

①砌体结构建筑。用叠砌墙体承受楼板及屋顶传来的全部荷载的建筑。

②框架结构建筑。由钢筋混凝土或钢材制作的梁、板、柱形成的骨架来承担荷载的建筑。

③剪力墙结构建筑。由纵、横向钢筋混凝土墙组成的结构来承受荷载的建筑。

④空间结构建筑。横向跨越30 m以上空间的各类结构形式的建筑。

(4)按建筑的层数或总高度分类

①住宅建筑1~3层为低层建筑;4~6层为多层建筑;7~9层为中高层(或小高层)建筑;10层及以上为高层建筑。

②公共建筑建筑物高度超过24 m者为高层建筑(不包括高度超过24 m的单层建筑),建筑物高度不超过24 m者为非高层建筑。

(5)按建筑的规模和数量分类

①大量性建筑。是指建筑规模不大,但建造数量多,与人们生活密切相关的建筑,如住宅、中小学教学楼、医院等。

②大型性建筑。是指建造于大中城市的体量大而数量少的公共建筑,如大型体育馆、火车站等。

1.1.3　建筑的等级划分

(1)建筑物耐久等级

建筑物耐久等级的指标是使用年限。

一级:使用年限为100年以上,适用于重要的建筑和高层建筑。

二级:使用年限为50~100年,适用于一般性的建筑。

三级:使用年限为25~50年,适用于次要的建筑。

四级:使用年限为15年以下,适用于临时性或简易建筑。

(2)耐火等级

建筑物的耐火等级是衡量建筑物耐火程度的标准,是根据组成建筑物构件的燃烧性能和耐火极限确定的。我国现行《建筑设计防火规范》规定,高层建筑的耐火等级分为一、二两级

(见表1.1);其他建筑物的耐火等级分为一、二、三、四级(见表1.2)。

表1.1　高层民用建筑构件的燃烧性能和耐火极限

		一级	二级
墙	防火墙	非燃烧体3.00	非燃烧体3.00
	承重墙、楼梯间、电梯井和住宅单元之间的墙	非燃烧体2.00	非燃烧体2.00
	非承重外墙、疏散过道两侧的隔墙	非燃烧体1.00	非燃烧体1.00
	房间隔墙	非燃烧体0.75	非燃烧体0.50
柱		非燃烧体3.00	非燃烧体2.50
梁		非燃烧体2.00	非燃烧体1.50
楼板、疏散楼梯、屋顶的承重构件		非燃烧体1.50	非燃烧体1.00
吊顶(包括吊顶搁栅)		非燃烧体0.25	难燃烧体0.25

表1.2　多层建筑构件的燃烧性能和耐火极限

		一级	二级	三级	四级
墙	防火墙	非燃烧体4.00	非燃烧体4.00	非燃烧体4.00	非燃烧体4.00
	承重墙和楼梯间的墙	非燃烧体3.00	非燃烧体2.50	非燃烧体2.50	难燃烧体0.50
	非承重墙、外墙、疏散过道两侧的隔墙	非燃烧体1.00	非燃烧体1.00	非燃烧体0.50	难燃烧体0.25
	房间隔墙	非燃烧体0.75	非燃烧体0.50	难燃烧体0.50	难燃烧体0.25
柱	支承多层的柱	非燃烧体3.00	非燃烧体2.50	非燃烧体2.50	难燃烧体0.50
	支承单层的柱	非燃烧体2.50	非燃烧体2.00	非燃烧体2.00	燃烧体
梁		非燃烧体2.00	非燃烧体1.50	非燃烧体1.00	难燃烧体0.50
楼板		非燃烧体1.50	非燃烧体1.00	非燃烧体0.50	难燃烧体0.25
屋顶的承重构件		非燃烧体1.50	非燃烧体0.50	燃烧体	燃烧体
疏散楼梯		非燃烧体1.50	非燃烧体1.00	非燃烧体1.00	燃烧体
吊顶(包括吊顶搁栅)		非燃烧体0.25	难燃烧体0.25	难燃烧体0.15	燃烧体

①耐火极限。是指对任一建筑构件按时间-温度标准曲线进行耐火试验,从受到火的作用时起,到失去支持能力或完整性被破坏或失去隔火作用时为止的这段时间,以小时(h)表示。

②燃烧性能。是指组成建筑物的主要构件在明火或高温作用下燃烧与否及燃烧的难易程度。它可分为非燃烧体、难燃烧体和燃烧体。

任务1.2　了解建筑构造的基本情况

任务描述

了解民用建筑构造的概念及基本情况。

任务实施

要求同学收集构造方面的有关资料，组织同学参观周围典型建筑的构造，通过观察，建立建筑构造的概念，从此做个“有心”人。

任务引导

1.2.1　民用建筑的构造组成

一幢民用建筑，一般是由基础、墙（或柱）、楼板层及地坪层（楼地层）、屋顶、楼梯及门窗6大主要部分组成。除此之外，还有许多其他构件和配件，如阳台、雨棚、台阶等（见图1.1）。

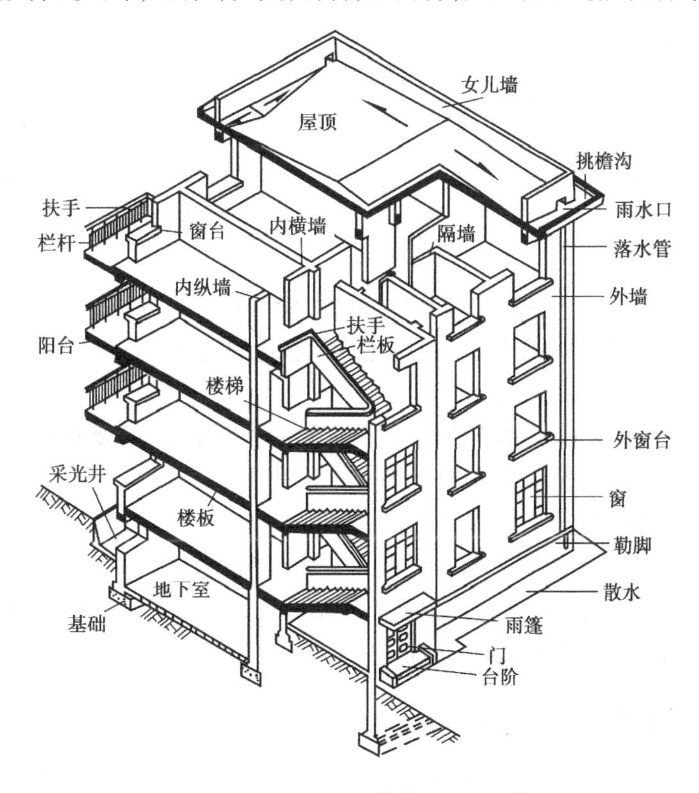

图1.1　民用建筑的构造组成

①基础。位于建筑物最下部的承重构件。

②墙（或柱）。建筑物的竖向承重构件，而墙既是承重构件又是围护构件。

③楼地层。楼层是多层建筑中的水平承重构件和竖向分隔构件，它将整个建筑物在垂直方向上分成若干层。

④楼梯。建筑中楼层间的垂直交通设施，供人们上下楼层和紧急疏散之用。

⑤屋顶。建筑物顶部的覆盖构件，与外墙共同形成建筑物的外壳。屋顶既是承重构件，又是围护构件。

⑥门窗。属于非承重构件，门主要用作室内外交通联系及分隔房间，窗主要用作采光和通风。

1.2.2 影响建筑构造的因素

①外力作用。风力，地震力，构配件的自重力，温度变化、热胀冷缩产生的内应力，正常使用中作用于建筑物的各种力等。

②自然环境。自然界的风霜雨雪、太阳辐射、大气腐蚀等都时时作用于建筑物，对建筑物的使用质量和使用寿命有着直接的影响。

③人为因素。噪声、机械振动、化学腐蚀、烟尘及火灾等。

④物质技术条件。材料、设备、施工方法及经济效益等。

1.2.3 建筑构造设计基本原则

(1)满足使用要求

建筑的功能不同，构造要求是不同的，满足使用要求是首要原则。

(2)确保结构安全可靠

建筑物根据荷载大小，结构的强度、刚度、稳定性等要求构件的必须尺寸外，对其相互之间的联接必须可靠，保证构件的整体刚度，确保建筑物在使用时的安全。

(3)应用先进技术

建筑构造设计时，应该从建筑材料、建筑结构、建筑施工等方面采用先进技术，提高建设速度、保证施工质量、改善劳动条件，以适应建筑工业化的需要。

(4)经济合理

建筑构造设计时，既要降低建筑造价、减少材料的能源消耗，又要有利于降低运行、维修、管理费用，保证质量，考虑其综合的经济效益。

(5)尽量注意美观

在满足使用要求、确保结构安全可靠、技术先进、经济合理的基础上，尽量注意美观。如在构造上考虑其造型、尺度、质感、色彩以及一些细部构造。将艺术的构思与材料、结构、施工等条件巧妙地结合起来，设计出优美的空间环境。

1.2.4 建筑模数协调统一标准

建筑模数是建筑设计中选定的标准尺寸单位。它是建筑物、建筑构配件、建筑制品以及有关设备尺寸相互间协调的基础。

(1)基本模数

基本模数是建筑模数协调统一标准中的基本尺度单位，用符号 M 表示，其数值定为 100 mm。

(2)导出模数

导出模数分为扩大模数和分模数。

①扩大模数为基本模数的整数倍，有3M，6M，12M，15M，30M，60M等。

②分模数为基本模数的分数值，有1/10M，1/5M，1/2M，即10，20，50 mm。

(3)模数数列及其应用

①模数数列是以基本模数、扩大模数、分模数为基础扩展的数值系统。

②模数数列根据建筑空间的具体情况拥有各自的适用范围，建筑物中的所有尺寸，除特殊情况外，一般都应符合模数数列的规定。

1.2.5　几种尺寸及其相互关系

①标志尺寸。用以标注建筑物定位轴线之间的距离(跨度、柱距、层高等)以及建筑制品、建筑构配件、组合件、有关设备位置界限之间的尺寸。

②构造尺寸。是生产、制造建筑构配件、建筑组合件、建筑制品等的设计尺寸。一般情况下，构造尺寸为标志尺寸减去缝隙或加上支承尺寸。

③实际尺寸。是建筑构配件、建筑组合件、建筑制品等生产制作后的实有尺寸。实际尺寸与构造尺寸之间的差数应符合建筑公差的规定。

④几种尺寸间的相互关系如图1.2所示。

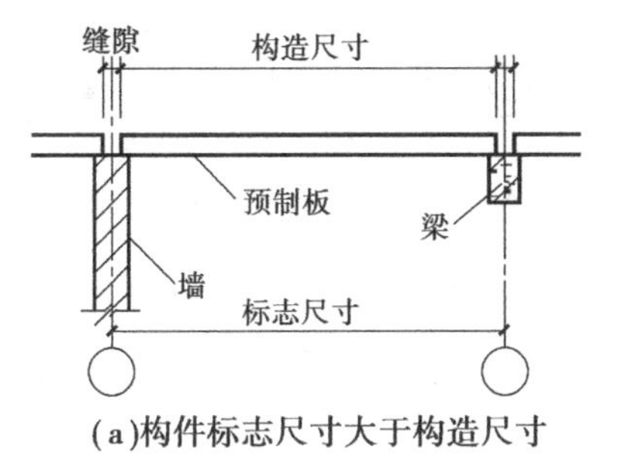

(a)构件标志尺寸大于构造尺寸

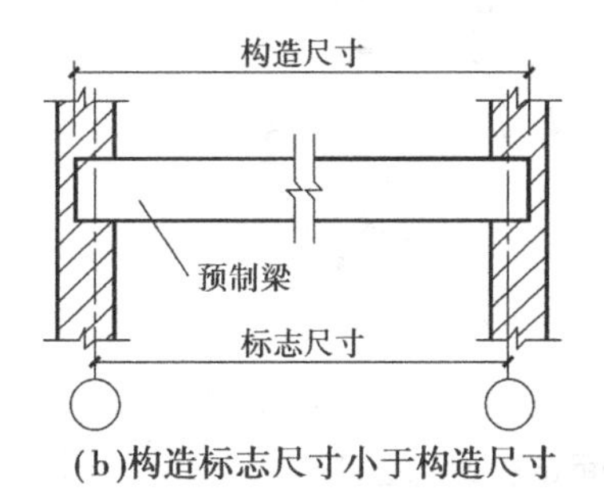

(b)构造标志尺寸小于构造尺寸

图1.2　几种尺寸间的关系

1.2.6　定位轴线

定位轴线是用来确定建筑物主要结构构件位置及其标志尺寸的基准线，同时也是施工放线的基线。用于平面时称平面定位轴线；用于竖向时称为竖向定位轴线。

(1)平面定位轴线及编号

①平面定位轴线应设横向定位轴线和纵向定位轴线。

②横向定位轴线的编号用阿拉伯数字从左至右顺序编写；纵向定位轴线的编号用大写的拉丁字母从下至上顺序编写，见图1.3。为避免混淆，不用I，O，Z作轴线的编号。

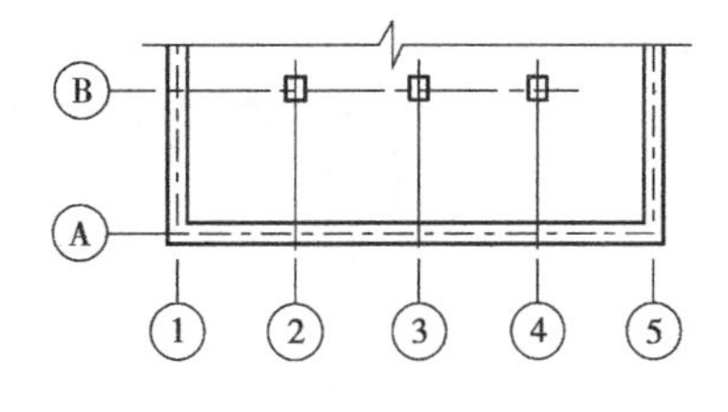

图1.3　定位轴线的编号顺序

③定位轴线也可分区编号，注写形式为“分区号-该区轴线号”，见图1.4。

④当平面为圆形或折线形时，轴线的编写分别按图示方法进行，见图1.5、图1.6。

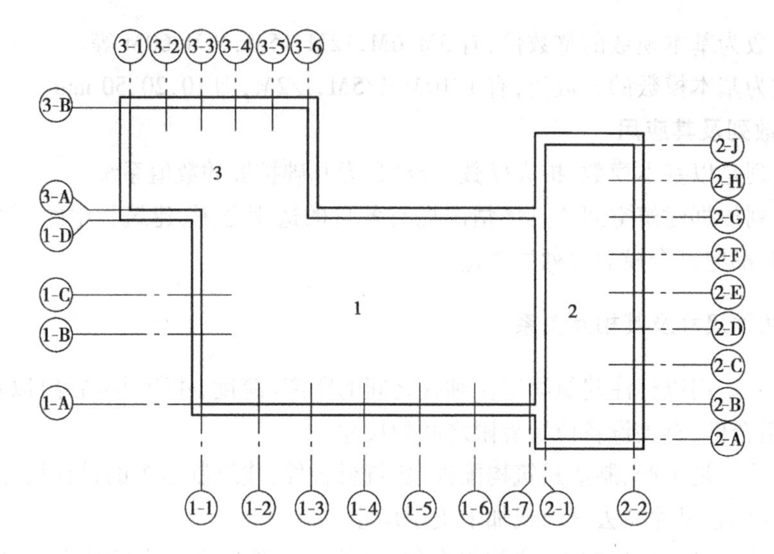

图 1.4　定位轴线的分区编号

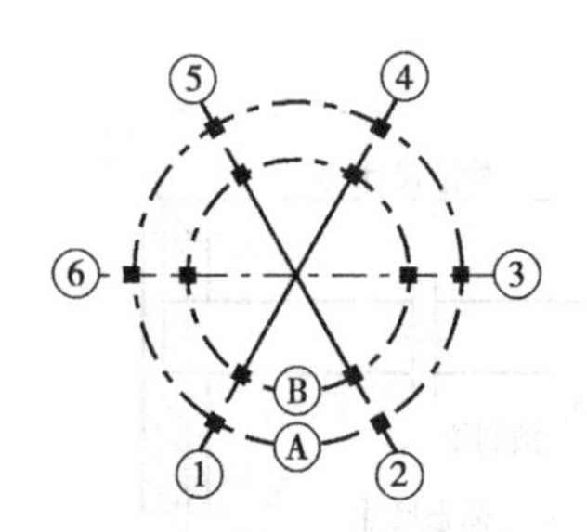

图 1.5　圆形平面定位轴线的编号

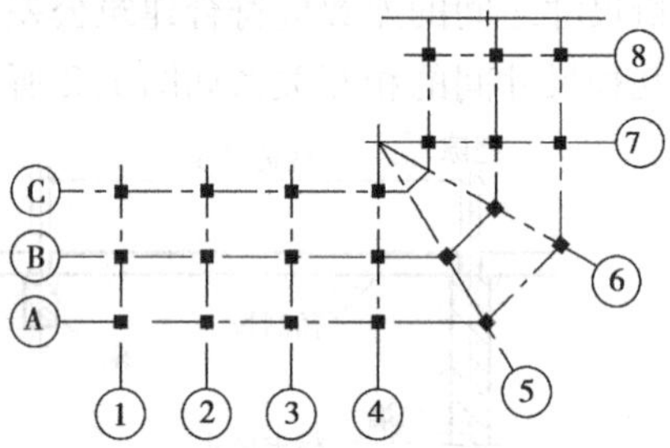

图 1.6　折线形平面定位轴线的编号

(2)平面定位轴线的标定

1)混合结构建筑

①承重外墙顶层墙身内缘与定位轴线的距离应为 120 mm(见图 1.7(a));承重内墙顶层墙身中心线应与定位轴线相重合(见图 1.7(b))。

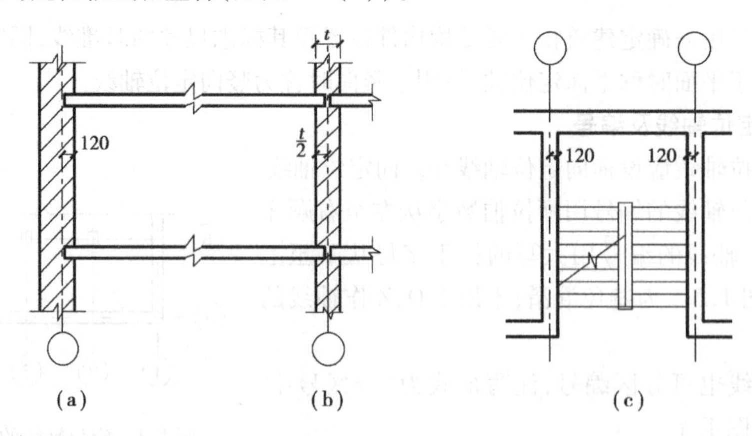

图 1.7　混合结构墙体定位轴线

②楼梯间墙的定位轴线与楼梯的梯段净宽、平台净宽有关,可有 3 种标定方法:

a. 楼梯间墙内缘与定位轴线的距离为 120 mm (见图 1.7(c))。

b. 楼梯间墙外缘与定位轴线的距离为 120 mm。

c. 楼梯间墙的中心线与定位轴线相重合。

2) 框架结构建筑

中柱定位轴线一般与顶层柱截面中心线相重合(见图 1.8(a))。边柱定位轴线一般与顶层柱截面中心线相重合或距柱外缘 250 mm 处(见图 1.8(b))。

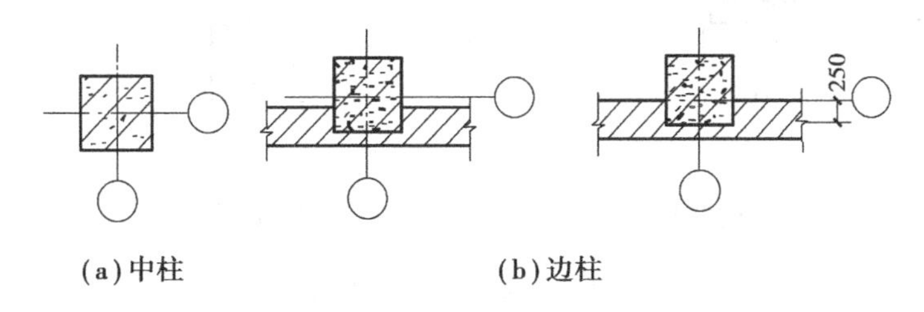

图 1.8　框架结构柱定位轴线

3) 非承重墙

除了可按承重墙定位轴线的规定定位之外,还可使墙身内缘与平面定位轴线相重合。

1.2.7　标高及构件的竖向定位

(1) 标高的种类及关系

①绝对标高。又称绝对高程或海拔高度。

②相对标高。根据工程需要而自行选定的基准面。

③建筑标高。楼地层装修面层的标高。

④结构标高。楼地层结构表面的标高。

(2) 建筑构件的竖向定位

①楼地面的竖向定位。楼地面的竖向定位应与楼地面的上表面重合,即用建筑标高标注(见图 1.9)。

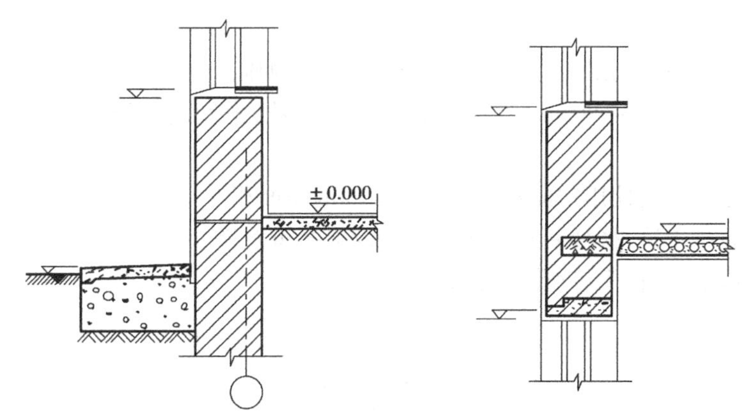

图 1.9　楼地面、门窗洞口的竖向定位

②屋面的竖向定位。平屋顶的竖向定位应为屋面结构层的上表面;坡屋顶的竖向定位应为屋面结构层的上表面与外墙定位轴线的相交处,即用结构标高标注(见图 1.10)。

③门窗洞口的竖向定位。门窗洞口的竖向定位与洞口结构层表面重合,为结构标高(见图 1.9)。

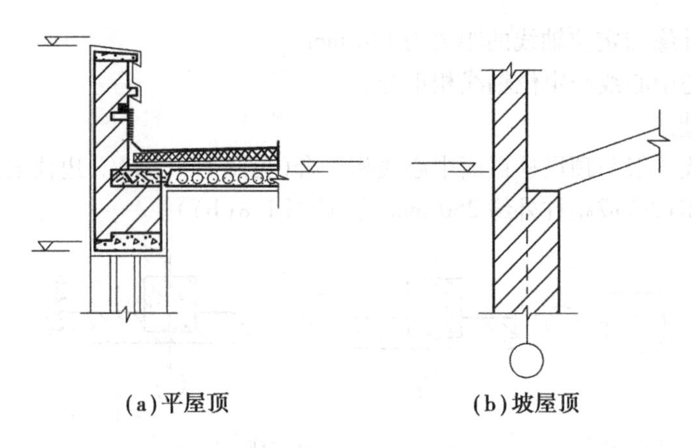

图 1.10　屋面、檐口的竖向定位

知识链接

常用专业名词

横向:是指建筑物的宽度方向。

纵向:是指建筑物的长度方向。

横向轴线:是指平行于建筑物宽度方向设置的轴线,用以确定横向墙体、柱、梁、基础的位置。

纵向轴线:是指平行于建筑物长度方向设置的轴线,用以确定纵向墙体、柱、梁、基础的位置。

开间:是指两相邻横向定位轴线之间的距离。

进深:是指两相邻纵向定位轴线之间的距离。

层高:是指层间高度,即地面至楼面或楼面至楼面的高度。

净高:是指房间的净空高度,即地面至顶棚下皮的高度。它等于层高减去楼地面厚度、楼板厚度和顶棚高度。

建筑高度:是指室外地坪至檐口顶部的总高度。

建筑朝向:是指建筑的最长立面及主要开口部位的朝向。

建筑面积:是指建筑物外包尺寸的乘积再乘以层数,由使用面积、交通面积和结构面积组成。

使用面积:是指主要使用房间和辅助使用房间的净面积。

交通面积:是指走道、楼梯间和门厅等交通设施的净面积。

结构面积:指墙体、柱子等所占的面积。

项目小结

①建筑构造是研究建筑的主要组成部分以及各组成部分的相互联接。建筑构造一般不需要计算,而是通过一系列的规定来实现的。

②建筑物一般由基础、墙或柱、楼地层、楼梯、屋顶及门窗 6 大部分组成。它们各处在不同的部位,发挥着各自的作用。

③影响建筑构造的因素包括外力作用、自然环境、人为因素、物质技术经济条件等。建筑构造设计应满足使用、结构、技术、经济和美观等方面的要求。

④定位轴线是确定各构件相互位置的基准线,也是施工放线的重要依据。它包括平面定位和竖向定位(即标高)。

复习思考题

1. 举例说明什么是建筑物,什么是构筑物。
2. 建筑的构成要素是哪3个?
3. 建筑的6大组成部分是什么?各有何作用?
4. 影响建造构造的因素有哪些?
5. 建造构造设计原则有哪些?

项目 2

民用建筑节能措施

项目概述

目前,建筑能耗已占社会总能耗的20% ~30%。由于建筑能耗在社会总能耗中所占的重大比例,因此,建筑节能成为我国节能工作的重中之重。本项目概要介绍民用建筑节能基本内容和措施。

项目包括民用建筑节能基本内容、民用建筑节能措施。

情景介绍

建筑节能是随着国民经济的发展、空间环境的改善近几年提出的。观察身边的建筑物是否考虑节能设计,是如何考虑的。围绕这些问题,举办一次专题讨论报告会,使同学们对民用建筑节能的内容、节能的措施有所了解。

任务2.1　熟悉民用建筑节能基本内容

任务描述

结合身边的建筑物,举办一次建筑节能专题讨论报告会。

任务实施

组织同学观察身边的民用建筑,提出问题,请有关专家解答。

任务引导

2.1.1　民用建筑节能的定义、意义、内容、目标

(1)定义

民用建筑节能是指民用建筑在规划、设计、施工和使用过程中,通过采用新型墙体材料,执行建筑节能标准,加强建筑物用能设备的运行管理,合理设计建筑围护结构的热工性能,提高采暖、制冷、照明、通风、给排水和管道系统的运行效率,以及利用可再生能源,在保证建筑物使用功能和室内热环境质量的前提下,降低建筑能源消耗,合理、有效地利用能源的活动。

(2)意义

能源是社会发展的重要物质基础,是经济发展和提高人民生活的先决条件。我国人口众多,可利用人均资源相对贫乏,能源供求不平衡。解决这一问题的根本途径是既要开源又要节流。目前,节约能源是我们的首要任务,是我国的一项基本国策。建筑能耗已占社会总能耗的20%～30%,单位建筑能耗比同等气候条件下的先进国家高出2～3倍。由于建筑能耗在社会总能耗中所占的重大比例,因此,建筑节能成为我国节能工作的重中之重,而建筑节能技术也成为我国建筑技术发展的重点之一。

(3)内容

关于建筑节能,我国目前推行的不仅是少用能,而重点是提高能源效率。具体而言是改善建筑围护结构的热工性能(保温隔热)和采暖供热系统节能(热源运行效率、管网输送效率以及户内采暖设施的设计、使用和管理)。

(4)目标

要研究制订地方建筑节能标准与技术规范,把建筑节能扩展到建筑的全过程,建筑节能标准要从设计、施工,扩展到使用,即既重视建设中的节能,又重视建筑使用中的节能。

2.1.2　影响民用建筑能耗的因素

(1)室外热环境的影响

太阳辐射、空气温湿度、风和降水等各种气候因素,通过建筑的围护结构影响其室内的使用。

(2)采暖区和采暖度日数的确定

采暖区是指一年内日平均气温低于5 ℃的时间超过90 d的地区。采暖度数日数的确定。

(3)太阳辐射强度

冬季晴天多,日照时间长,太阳入射角低,太阳辐射度大,南向窗户阳光射入深度大,可达到提高室内温度,节约采暖用能的效果。

(4)建筑物的保温隔热和气密性

建筑围护结构的保温隔热性好,门窗的密封性好,室内的能耗少。

(5)采暖供热系统热效率

采暖供热系统包括锅炉和管网输送,若提高其效率,采暖供热系统可达到降低能耗的目的。

任务2.2　熟悉民用建筑节能措施

任务描述

请有关专家到学校,介绍建筑设计节能方面的节能措施。

任务实施

观察身边的建筑物是否考虑节能设计?如何考虑的?根据这些问题,请有关专家解答。

任务引导

民用建筑设计节能措施如下：

(1)建筑设计节能措施

①建筑朝向、布局。争取更长、更多、更好的日照，注意研究建筑的朝向。如在其他条件相同时，南北朝向比东西朝向建筑能耗少；主要房间朝阳布置，且避开冬季主导风向。

②建筑平面、体型。平面形式尽量平整、简洁，使外围面积较小，采暖制冷负荷较少；体型系数(建筑物的外表面积与其所包围的体积之比)尽可能地小，控制在0.3以下。

(2)围护结构节能措施

采用各种高效保温材料、复合墙体、增加厚度、防潮防水、避免热桥、防风渗透等达到外墙自保温。

(3)门窗节能措施

门窗热损失主要途径是门窗框扇的热传导，门窗框扇之间、扇与玻璃之间、框与墙体之间的空气渗透热交换。采取的主要措施是在满足采光要求的条件下，限制窗墙面积比、设置密封条，减少渗透量，采用多层密封窗，减少传热量，外门采用复合材料等。

(4)屋顶节能措施

合理选择保温材料，倒置式屋面、架空屋面，屋面绿化，蓄水屋面、浅色坡屋面等。

(5)地面节能措施

地面下铺设碎砖、灰土保温层，对部分室内地面可结合装修进行处理，依据不同地面面层的构造在面层下设置保温层等。

(6)供热采暖和制冷系统节能措施

采用高效率的供热采暖和制冷系统，对供热厂、热力站、锅炉房和供热管网进行节能技术改造，结合供热体制改革，开发利用多种能源等。

(7)太阳能利用

太阳能热水器、太阳能照明、太阳能供暖系统及制冷系统等。

知识链接

(1)我国建筑节能的基本思路

①城镇供热体制和供热方式改革。

②新建建筑严格执行建筑节能标准。

③研究既有建筑节能改造政策，突出抓好政府公共建筑的节能改造。

④推广应用新型和可再生能源。

⑤合理布局城市各项功能。

(2)太阳能热水系统与建筑一体化设计(见图2.1—图2.4)

太阳能热水系统与建筑一体化概括起来讲，就是将太阳能热水器与建筑充分结合，并实现整体外观的和谐统一。

具体来讲包括下面7个方面：

①建筑的使用功能与太阳能热水器的利用有机地结合在一起，形成多功能的建筑构件，巧妙高效地利用空间，使建筑可利用太阳能的部分——向阳面或屋顶得以充分利用。

图2.1　太阳能热水系统与建筑一体化设计

图2.2　太阳能热水系统与建筑一体化设计

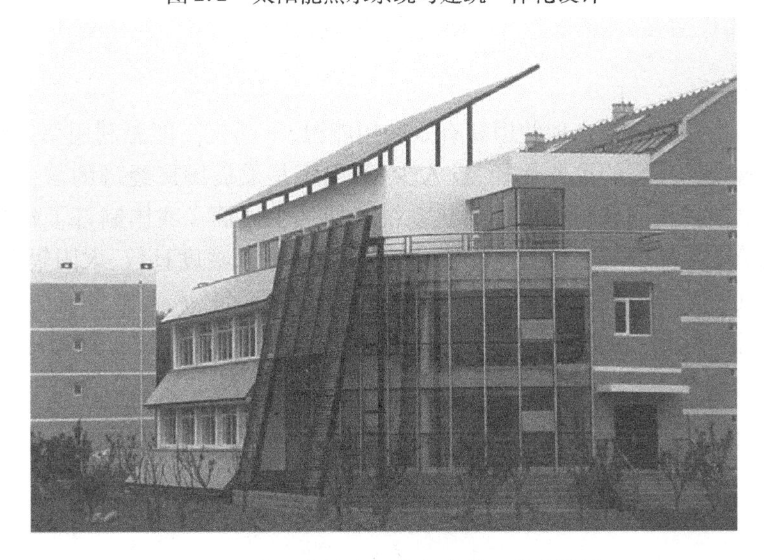

图2.3　太阳能热水系统与建筑一体化设计

图 2.4 太阳能热水系统与建筑一体化设计

②同步规划设计,同步施工安装,节省太阳热水系统的安装成本和建筑成本,一次安装到位,避免后期施工对用户生活造成的不便以及对建筑已有结构的损害。

③综合使用材料,降低总造价,减轻建筑荷载。

④综合考虑建筑结构和太阳能设备协调和谐、构造合理,使太阳热水系统和建筑融合为一体,不影响建筑的外观。

⑤如果采用集中式系统,还有利于平衡负荷和提高设备的利用效率。

⑥太阳能热水系统纳入建筑主体统一进行质监、验收,确保质量和安全。

⑦太阳的利用与建筑相互促进、共同发展,使其节省能源,为民众受益。

项目小结

建筑节能是指在建筑中合理使用和有效利用能源,不断提高能源利用率,减少能源消耗。建筑节能是改善空间环境的重要途径,投入少、产出多是发展国民经济的需要。建筑节能工作主要包括建筑围护结构节能和采暖供热系统节能两个方面。我国制订了建筑节能近期和远期目标。建筑能耗的影响因素有室外热环境、采暖区和采暖度日数、太阳辐射强度、建筑物的保温隔热和气密性、采暖供热系统热效率等。我国的节能技术主要表现在建筑设计、外围护构件墙体、门窗、屋顶、地面的节能处理以及太阳能利用、供热采暖和制冷系统的节能等方面。

复习思考题

1. 建筑节能的含义和意义是什么?
2. 我国建筑节能的基本思路是什么?
3. 影响节能的因素有哪些?
4. 我国的建筑节能措施有哪些?
5. 找几幢身边的建筑物,观察这些建筑物是否考虑节能设计,是如何考虑的。

项目 3
民用建筑防火要求和构造

项目概述

火灾对建筑物会产生破坏,对使用者的生命财产会造成威胁。为了提高建筑对火灾的抵抗能力,在建筑设计中采取防火设计,在建筑构造上采取措施,以实现“预防为主,防消结合”的目标,减少火灾的损失。

项目包括建筑防火要求、建筑防火构造。

情景介绍

众所周知,水火无情。主观上是预防为主,而事实上必须采取一系列的措施加以保证。民用建筑的防火设计、构造措施与人们的安全息息相关。对于火灾,主要是建筑火灾,如何去有效控制火势蔓延、争取灭火和逃生时间、减少火灾损失等,同学们知道很少。结合身边的建筑物,就上述情况进行讨论。

任务 3.1　了解民用建筑防火要求

任务描述

了解民用建筑防火要求以及具体规定。

任务实施

组织同学参观身边的民用建筑,分析该建筑是如何进行防火分区和安全疏散的。

任务引导

3.1.1　防火分区的概念、作用及分类

对于面积大,容纳人数多的建筑物,如果不按面积、楼层相对分区、分隔来防火,一旦某处发生火灾,会很快向四周蔓延,后果不堪设想。我国《建筑设计防火规范》(GB 50016—2006)和《高层民用建筑设计防火规范》(GB 50045—1995)规定,在建筑物内,设置防火分区、设有安全通道及疏散通口,防止或减少火灾的危害,保证人员及财产的安全。

防火分区,即是在建筑内部采用防火墙、耐火楼板及其他防火分隔设施进行分隔,能在一定时间内防止火灾向同一建筑的其余部分蔓延的局部空间。

防火分区按其作用，可分为水平防火分区和垂直防火分区。

①水平防火分区。在同一水平面上，利用防火墙、防火门、水幕带等防火分隔物将建筑平面分为若干个单元。

②垂直防火分区。采用耐火楼板、上下楼层之间的窗间墙、封闭防烟楼梯间等防火分隔构件将建筑上下隔开。

3.1.2　防火分区原则及划分

(1)防火分区原则

防火分区的划分，既要从限制火势蔓延、减少损失方面考虑，又要从平时使用方便、节省投资考虑。从防火角度，防火分区越小越好，从使用角度，防火分区越大越好。因此，应综合考虑建筑物的使用性质、建筑物的重要性、火灾的危险性、建筑物的高度、消防扑救难度及火势蔓延的速度等因素。

(2)防火分区划分

每个防火分区的大小取决于建筑物的耐火等级和层数。但多层、高层地下、半地下室防火分区的最大允许面积均为500 m^2。因为扑救难度大，所以地下建筑的防火要求是最严的。

《建筑设计防火规范》(GB 50016—2006)中，对防火分区的划分见表3.1。

《高层民用建筑设计防火规范》(GB 50045—2005)中，对防火分区的划分见表3.2。

表3.1　民用建筑的耐火等级、层数、长度和建筑面积

耐火等级	最多允许层数	防火分区间		备　注
		最大允许长度/m	每层最大允许建筑面积/m^2	
一、二级	≤9层的住宅、建筑高度≤24 m的其他民用建筑以及建筑高度>24 m的单层公共建筑	150	2 500	1. 体育馆、剧院的观众厅、展览建筑的展览厅，其长度和面积可根据需要确定 2. 托儿所、幼儿园的儿童用房及儿童游乐厅等儿童活动场所不应设置在4层及4层以上或地下、半地下建筑内
三级	5层	100	1 200	1. 托儿所、幼儿园的儿童用房及儿童游乐厅等儿童活动场所和医院、疗养院的住院部不应设置在3层及3层以上或地下、半地下建筑内 2. 商店、学校、电影院、剧院、礼堂、食堂、菜市场不应超过两层
四级	2层	60	600	学校、食堂、菜市场、托儿所、幼儿园、医院不应超过1层

表 3.2　高层民用建筑的分类、耐火等级及防火分区

建筑类型	一类	二类	耐火等级		防火分区/m²		
居住建筑	高层住宅:19 层及 19 层以上的普通住宅	10—18 层的普通住宅	一类	二类	一类	二类	地下室
公共建筑	医院、百货楼、展览楼、财贸及金融楼、电信楼、广播楼、省级邮电楼、高级旅馆、重要的办公楼、科研楼、图书楼、档案楼等;建筑高度超过 50 m 的教学楼、普通旅社、办公楼、科研楼、图书楼	建筑高度不超过 50 m 的教学楼和普通旅社、办公楼、科研楼、图书楼、档案楼、省级以下的邮电楼	一级	不低于二级	1 000	1 500	500

3.1.3　安全疏散

(1)安全疏散路线

建筑中设置安全疏散设施的目的在于发生火灾时,使人员能迅速而有序地通过安全地带疏散出去。建筑物内的安全疏散路线应尽量短捷、连续、畅通而无障碍地通向最安全出口。

安全疏散路线常见的有 3 种:室内→室外,室内→走道→室外,室内→走道→楼梯→室外。

(2)疏散楼梯间

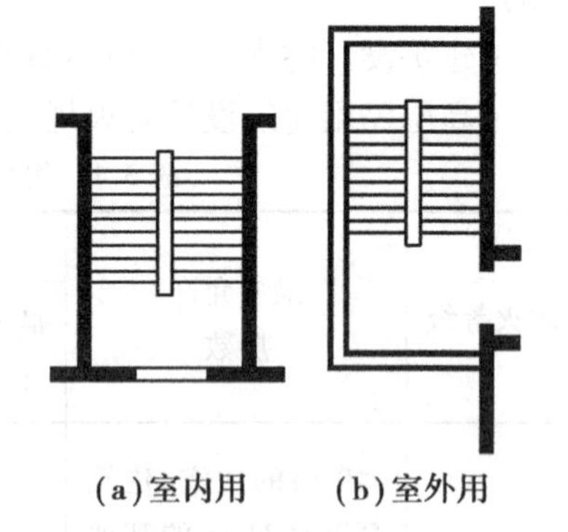

(a)室内用　(b)室外用

图 3.1　开敞楼梯间

①开敞楼梯间(见图 3.1)。烟气进入楼梯间后能很快被风吹走,经济实用,常用于低层建筑。

②封闭楼梯间(见图 3.2(a))。能阻止烟和热气进入楼梯间,常用于医院、疗养院的病房、2 层以上的商场、5 层以上的公共建筑、12—18 层的单元式住宅。

③防烟楼梯间(见图 3.2(b)、(c))。能增强排烟能力,常用于高层建筑。

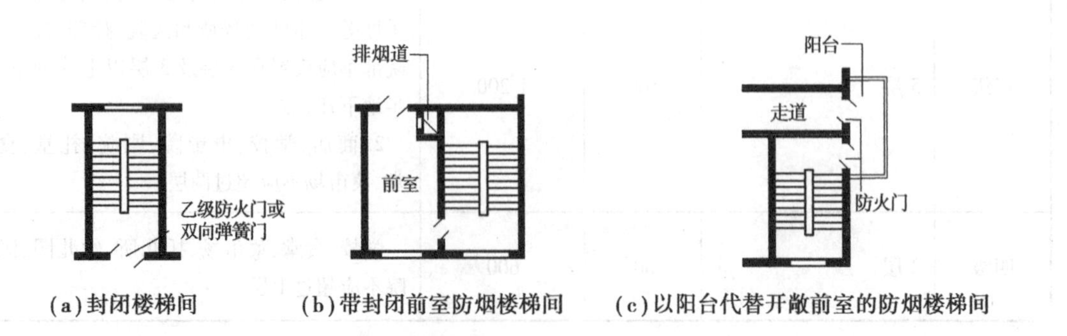

(a)封闭楼梯间　(b)带封闭前室防烟楼梯间　(c)以阳台代替开敞前室的防烟楼梯间

图 3.2　封闭楼梯间、防烟楼梯间

(3)安全出口的数量

《建筑设计防火规范》(GB 50016—2006)规定,民用建筑的安全出口应分散布置。公共建筑和通廊式非住宅类建筑中各房间的安全出口的数量应经计算确定,且不应少于两个。当符合下列条件之一时,也可以只设一个出口:

①房间位于两个安全出口之间且建筑面积小于等于120 m^2,疏散门的净宽度不小于0.9 m。

②除托儿所、幼儿园、老年人建筑外,房间位于走道尽端,且房间内任一点到疏散门的直线距离小于等于15 m,其疏散门的净宽度不小于1.4 m。

③歌舞、娱乐、放映、游艺场所内建筑面积小于等于50 m^2 的房间。

④符合表3.3 的要求时,可设一个疏散楼梯。

表3.3 设置一个疏散楼梯的条件

耐火等级	层数	每层最大建筑面积/m^2	人 数
一、二级	2 层、3 层	500	第2 层和第3 层人数之和不超过100 人
三级	2 层、3 层	200	第2 层和第3 层人数之和不超过50 人
四级	2 层	200	第2 层人数不超过30 人

(4)安全疏散的宽度

决定安全疏散宽度的因素很多,如建筑物的耐火等级与层数、使用人数、允许疏散时间、疏散路线等。为了既安全经济,又符合使用情况,通常疏散宽度按百人宽度指标确定。学校、商店、办公楼、候车室等的宽度百人指标见表3.4。

表3.4 疏散楼梯、安全出口、门和走道的宽度百人指标/m

层 数	耐火等级		
	一、二级	三级	四级
1 层、2 层	0.65	0.75	1.00
3 层	0.75	1.00	—
≥4 层	1.00	1.25	—

(5)安全疏散距离

《建筑设计防火规范》(GB 50016—2006)规定,直接通向疏散走道的房间门至最近安全出口的距离应符合表3.5 的规定。直接通向疏散走道的房间疏散门至最近非封闭楼梯间的距离,当房间位于两个楼梯间之间时,应按表中的规定减少5 m;当房间位于袋形走道两侧或尽端时,应按表中的规定减少2 m。楼梯间的首层应设置直通室外的安全出口或在首层采用扩大封闭楼梯间。当层数不超过4 层时,可将直通室外的安全出口设置在离楼梯间小于等于15 m 处;房间内任一点到该房间直接通向疏散走道的疏散门的距离,不应大于表中规定的袋形走道两侧或尽端的疏散门至安全出口的最大距离。袋形走道如图3.3 所示。

表 3.5　房间门至外部出口或封闭楼梯间的最大距离/m

名　称	房间门至外部出口或封闭楼梯间的最大距离/m					
	位于两个外部出口或楼梯间之间的房间			位于袋形走道两侧或尽端的房间		
	耐火等级			耐火等级		
	一、二级	三级	四级	一、二级	三级	四级
托儿所、幼儿园	25	20	—	20	15	—
医院、疗养院	35	30	—	20	15	—
学校	35	30	—	22	20	—
其他民用建筑	40	35	25	22	20	15

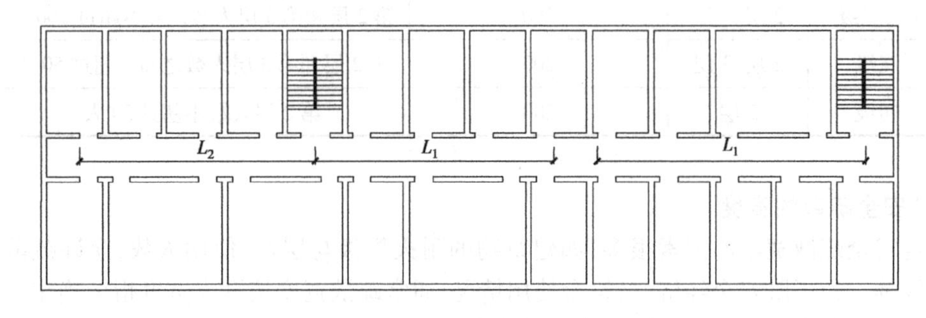

图 3.3　普通走道(L_1)、袋形走道(L_2)

任务 3.2　了解民用建筑防火构造

任务描述

了解民用建筑防火构造。

任务实施

组织同学参观教学楼、商场等建筑,详细了解这些建筑的防火构造。

任务引导

3.2.1　防火墙

防火分区间应采用防火墙分隔,如有困难时,可采用防火卷帘和水幕分隔。

①防火墙应直接设置在建筑物的基础或钢筋混凝土框架、梁等承重结构上。

②紧靠防火墙两侧的门、窗、洞口之间最近边缘的水平距离不应小于 2 m。

③建筑物内的防火墙不宜设置在转角出。

④防火墙上不应开设门窗洞口,当必须设置时,应设置固定的或能自行关闭的防火门窗。

⑤严禁可燃烧气体和甲、乙、丙类液体的管道穿过防火墙,其他管道也不宜穿过。

⑥防火墙上不应设置排气道。

3.2.2　隔墙

①建筑内的隔墙应从楼地面基层隔断至顶板底面基层。

②住宅分户墙和单元之间的墙应砌至屋面板底部，屋面板的耐火极限不应低于0.50 h。

3.2.3　防火门

①防火门应具有自闭功能。双扇防火门应具有按顺序关闭功能，并应有信号反馈的功能。

②防火门内外两侧应能手动开启。

3.2.4　防火卷帘

①在设置防火墙确有困难时，可采用防火卷帘作防火分区分隔。其耐火极限不应低于3.00 h。

②防火卷帘应具有防烟性能，与楼板、梁和墙、柱之间的空隙应采用防火材料封堵。

③设在疏散走道上的防火卷帘应在卷帘的两侧设置启闭装置，并应具有自动、手动和机械控制的功能。

知识链接

(1)燃烧三要素

燃烧三要素：可燃物、助燃物和火源。

(2)建筑火灾三阶段

建筑火灾三阶段：初起阶段、猛烈燃烧阶段、衰减阶段(见图3.4)。建筑防火设计主要。针对初起阶段、猛烈燃烧阶段。

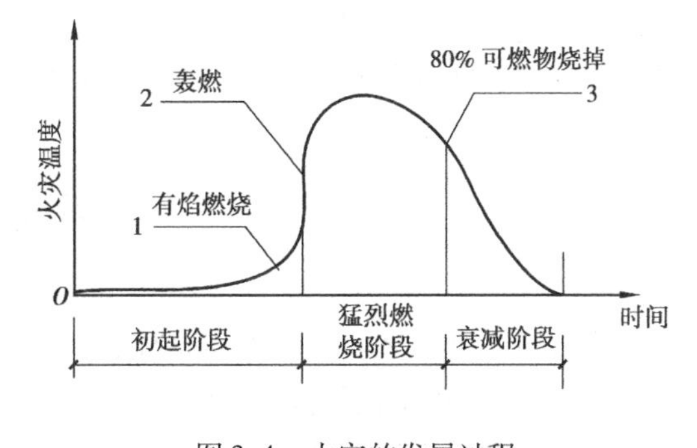

图3.4　火灾的发展过程

(3)建筑火灾的蔓延方式

①热传导。物体一端受热时，通过物体分子的运动，将热量传至另一端的传热方式。

②热辐射。热量通过空气为媒介，以电磁波的形式向周围传递的传热方式。

③热对流。炽热的烟气与冷空气之间相互流动，使热量得以传递的传热方式。

(4)建筑火灾的蔓延途径

①由外墙门窗洞口向上层蔓延(见图3.5(a))。为了防止火灾向上层蔓延，可加大上下层门窗洞口之间的墙体高度，或利用外墙挑出的阳台板、窗楣板、雨篷等，使火焰偏离上层门窗洞口，阻止火灾向上层蔓延(见图3.5(b))。

②火灾的横向蔓延。

③火灾通过竖井或竖向空隙蔓延。

④火灾由通风管道蔓延。

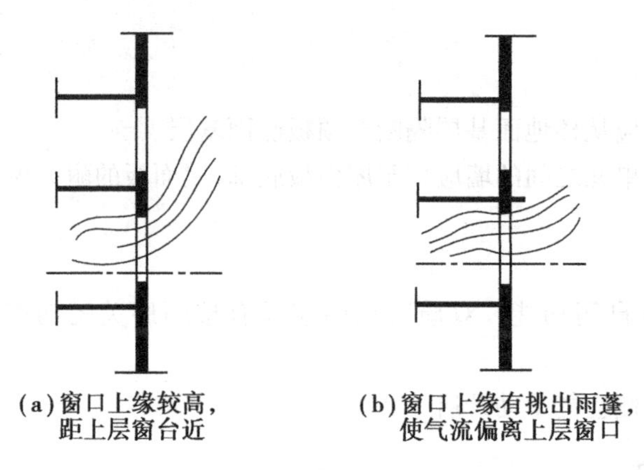

图3.5　火由外墙窗口向上蔓延

项目小结

1. 合理设置防火分区,即在建筑内部采用防火墙、耐火楼板及其他防火分隔设施进行分隔,能在一定时间内防止火灾向同一建筑的其余部分蔓延的局部空间。

2. 防火分区按其作用,可分为水平防火分区和垂直防火分区。

3. 民用建筑中设置安全疏散设施的目的在于发生火灾时,使人员能迅速而有序地通过安全地带疏散出去。建筑物内的安全疏散路线应尽量短捷、连续、畅通而无障碍地通向最安全出口。疏散楼梯间包括开敞楼梯间、封闭楼梯间、防烟楼梯间。

复习思考题

1. 什么叫防火分区?它的作用是什么?
2. 划分防火分区的原则是什么?
3. 安全疏散措施包括哪些?
4. 疏散楼梯间有几种?结合当地工程实例说明。
5. 找几幢身边的建筑物,分析这些建筑物是如何进行防火分区和安全疏散的。

项目 4 地基与基础

项目概述

万丈高楼平地起，基础作为建筑物的重要组成部分，承担着建筑物传下来的全部荷载。根据上部结构和地基情况，选择恰当的基础类型，采取合理的构造措施，是建筑物基础设计的重要内容。

项目包括地基基础的概念、基础的类型和构造、地下室的构造。

情景介绍

在同样的地基土上，建造一幢 16 层的高层住宅和一幢 5 层的办公楼，两者的基础如何选型、设计，同一幢 5 层的办公楼在坚硬的地基土上和在软弱的地基土上，基础又该如何做。带着这些问题，让我们去认识地基和基础。

任务 4.1 认识地基与基础

任务描述

了解地基与基础的基本概念、基础的类型与构造。

任务实施

通过观看幻灯片或组织同学参观正在做基础施工的工地，认识不同的地基情况与基础埋深、基础的类型以及基础的构造形式。

任务引导

4.1.1 地基与基础的概念

在建筑工程中，建筑物的墙或柱深入土中的扩大部分称为基础，它承受建筑物上部结构传下来的荷载，并把这些荷载连同本身的自重一起传给地基，基础是建筑物的一部分。

承受由基础传下来荷载的土层称为地基。地基承受建筑物荷载而产生的应力和应变是随着土层的深度的增加而减小，在达到一定的深度以后就可以忽略不计。

基础是建筑物的重要组成部分，而地基则不是，它只是承受建筑物荷载的土壤层。其中，具有一定的地耐力、直接支承基础，需要进行计算的土层，称为持力层。持力层以下的土层，称为下卧层,如图4.1所示。

4.1.2 地基的分类及处理方法

(1)地基的分类

地基按土层性质和承载力的不同,可分为天然地基与人工地基。

1)天然地基

凡天然土层具有足够的承载能力,不需经过人工加固,可直接在其上部建筑房屋的土层。它包括岩石、碎石土、沙土、黏性土、人工填土等。天然地基的土层分布及承载力大小由勘测部门实测提供。

2)人工地基

当土层的承载力较差或虽然土层质地较好,但上部荷载过大时,为使地基具有足够的承载能力,应对土层进行加固。这种经过人工处理的土层称为人工地基。

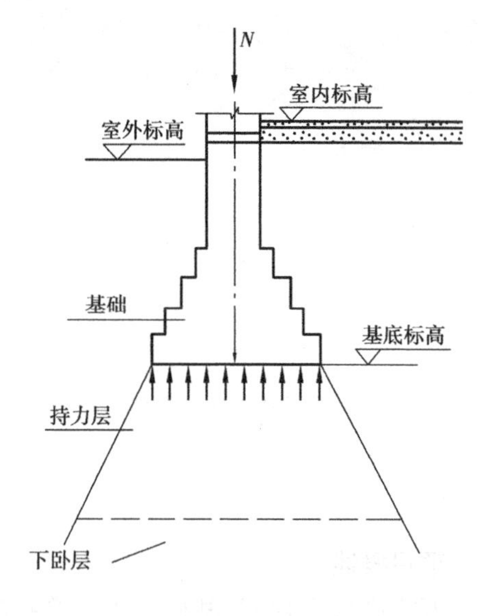

图4.1 基础

(2)人工加固地基的方法

人工加固地基通常采用压实法、换土法、化学加固法及打桩法等。

①压实法是利用重锤(夯)、碾压(压路机)和振动法将土层压实。这种方法简单易行,对提高地基承载力收效较大。

②换土法是指用沙石、素土、灰土、工业废渣等强度较高的材料置换地基浅层软弱土,并在回填土的同时,采用机械逐层压实。

③化学加固法是指在地基处理中,将化学溶液或胶结剂灌入土中,使土胶结,以提高地基强度、减少沉降量的方法。

④打桩法是在建筑物荷载大、层数多、高度高、地基土又较松软时,在软弱的土层中置入桩身,将建筑物建造在桩上的方法。

4.1.3 地基应满足的要求

①强度方面的要求。地基应有足够的承载力,应优先考虑采用天然地基。

②变形方面的要求。地基应有均匀的压缩量,以保证有均匀的下沉。若地基下沉不均匀时,建筑物上部会产生开裂变形。

③稳定方面的要求。地基应有防止产生滑坡、倾斜方面的能力。必要时(特别是较大的高度差时)应加设挡土墙,以防止滑坡变形的出现。

4.1.4 基础的埋置深度

由室外地坪至基础底皮的高度尺寸称为基础的埋置深度,如图4.2所示。埋深大于或等于5 m的,称为深基础;埋深小于5 m的,称为浅基础;当基础直接做在地表面上,称为不埋基础。

在保证安全使用的前提下,基础尽量浅埋,可降低工程造价。但当基础埋深过小时,有可能在地基受到压力后，会把基础四周的土挤出，使基础产生滑移而失稳，同时埋深过浅也容易受到自然因素的侵蚀和影响，使基础破坏。因此，一般情况下基础的埋深不要小于0.5 m。

如浅层土质不良，需要加大基础埋深，采用特殊施工手段和相应的基础形式，如桩基、沉箱、地下连续墙的，这些基础称为深基础。

影响基础埋深的因素有很多，主要有以下5点：

①建筑物的特点及使用性质。建筑物的特点指的是多层建筑还是高层建筑，高层建筑的基础埋深是地上建筑物总高的1/10左右，而多层建筑则依据地下水位及冻土深度来确定埋深尺寸。

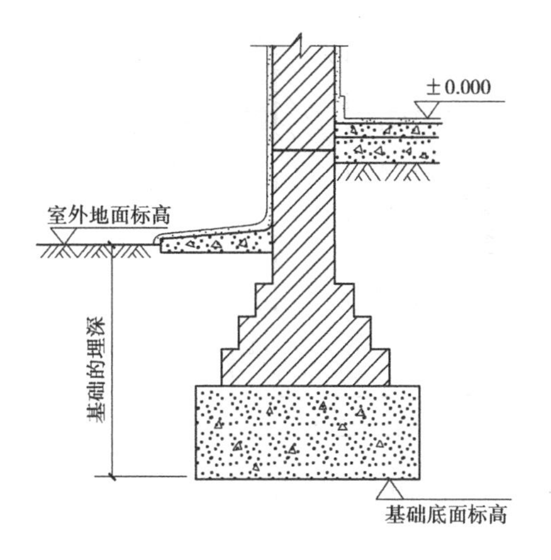

图4.2　基础的埋深

②地基土的好坏。土质好的、承载力高的土层可以浅埋，土质差、承载力低的土层则应该深埋。

③地下水位的影响。土壤中地下水含量的多少对承载力的影响很大。一般应尽量将基础放在地下水位之上。这样做的好处是可以避免施工时排水，还可以防止或减轻地基土的冻胀。在地下水位较高的地区，必须将基础埋在地下水位以下时，应将基础底面埋在当地最低水位以上200 mm处（见图4.3）。同时应选择具有良好耐水性的材料，如石材、混凝土等。

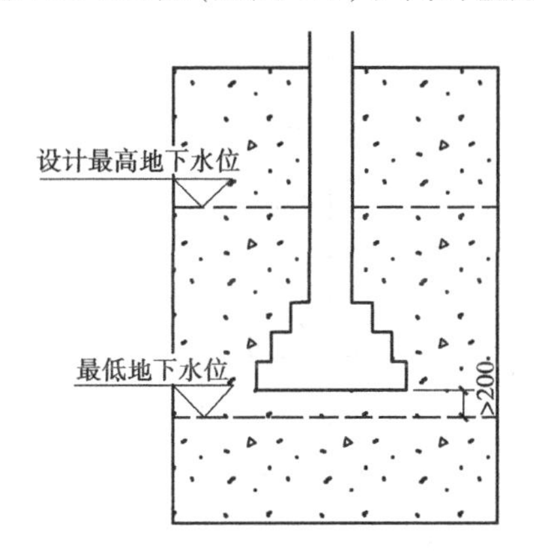

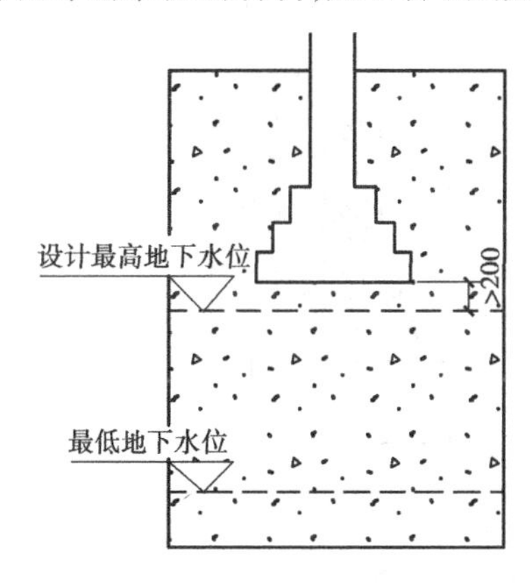

图4.3　基础埋深与地下水位的关系

④冻结深度的影响。土层的冻结深度由各地气候条件决定，如北京地区为0.8～1 m，哈尔滨则为2 m。建筑物的基础若放在冻胀土上，冻胀力会把房屋拱起，产生变形。解冻时，又会产生陷落。一般应将基础的灰土垫层部分放在冻结深度以下（见图4.4）。

⑤相邻房屋或建筑物基础的影响。新建房屋的基础埋深宜小于或等于原有房屋的基础埋深，若新建房屋的基础埋深大于原有房屋的基础埋深时，两基础之间的水平距离一般应控制在两基础底面高差的1～2倍（见图4.5）。如不能满足此条件时，则应采取措施，如基坑支护，保证原有房屋的安全。

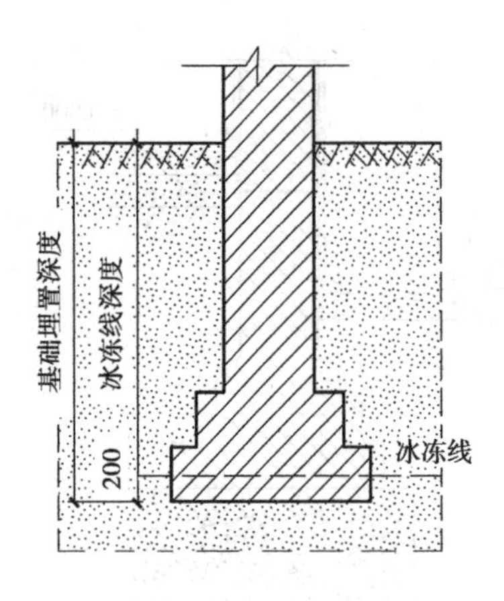

图 4.4　基础埋深与冰冻线的关系

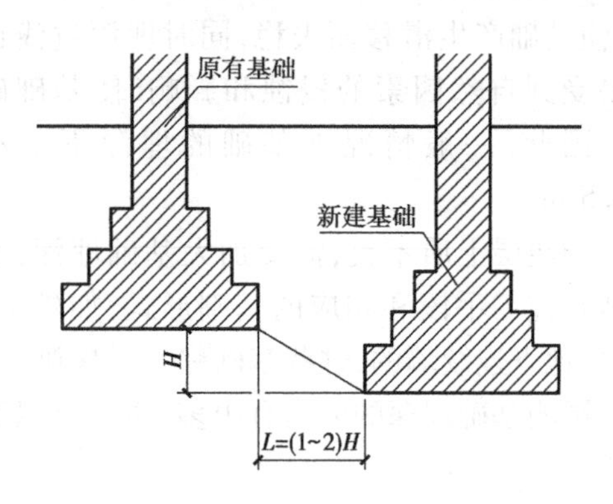

图 4.5　基础埋深与相邻基础的关系

4.1.5　基础的类型和构造

基础的类型较多,划分方法也较多。按基础材料及受力特点划分,可分为刚性基础和柔性基础。刚性基础包括砖基础、毛石基础、素混凝土基础等,柔性基础一般指钢筋混凝土基础。基础按构造形式,可分为条形基础、单独基础、片筏基础、井格式基础、箱形基础及桩基础等。

(1)按材料及受力特点分类

1)刚性基础

刚性基础是指由砖、毛石、素混凝土、灰土等刚性材料制作的基础(见图 4.6)。

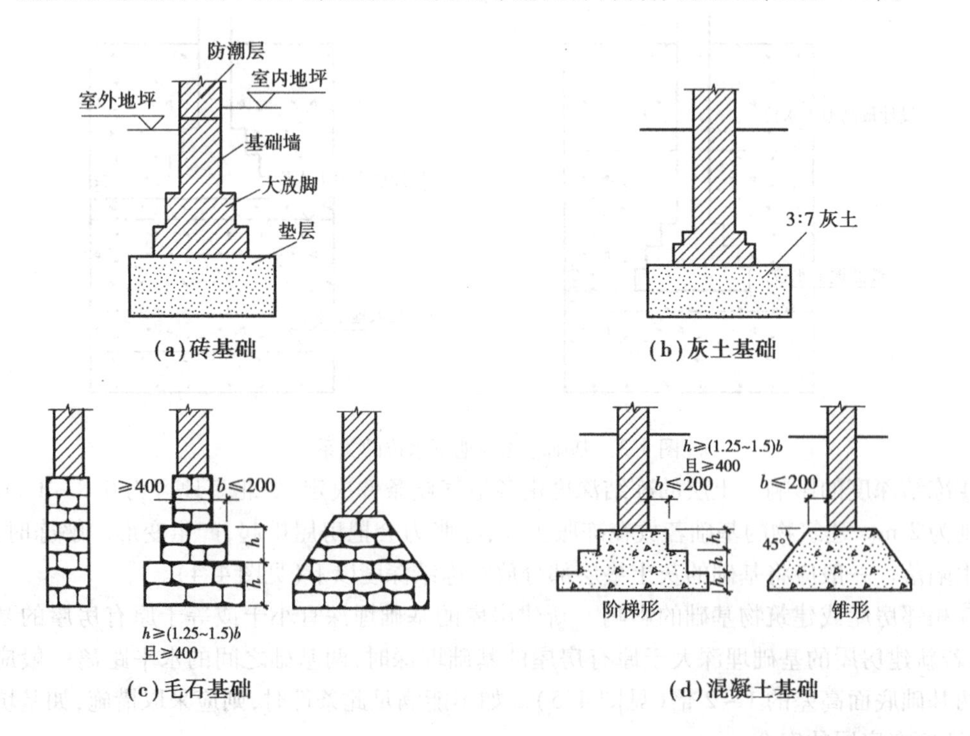

图 4.6　刚性基础

这类基础抗压强度高而抗拉、抗剪强度低。为满足地基允许承载力的要求，需要加大基底面积，基底宽 B 一般大于上部墙宽，当基础 B 很宽时，挑出部分 b 很长，而基础又没有足够的高度 H，又因为刚性材料的抗拉、抗剪强度低，基础就会因受弯曲或剪切而破坏。为了保证基础不被拉力、剪力而破坏，基础底面尺寸的放大应根据材料的刚性角决定。刚性角是指基础放宽的引线与墙体垂直线之间的夹角，用 α 表示（见图4.7）。

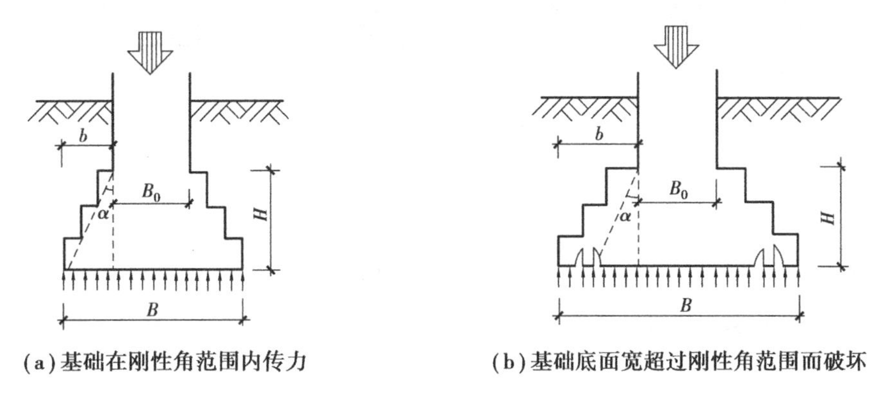

(a)基础在刚性角范围内传力　　(b)基础底面宽超过刚性角范围而破坏

图4.7　刚性基础的受力、传力特点

2)柔性基础

当建筑物的荷载较大而地基承载能力较小时，基础底面积必须加大，如果仍采用刚性材料做基础，势必加大基础的深度，这样既增加了挖土工作量，又使材料的用量增加，对工期和造价都十分不利（见图4.8(a)）。如果在混凝土基础的底部配以钢筋，由钢筋来承受拉应力（见图4.8(b)），使基础底部能够承受较大的弯矩，这时基础底面宽度的加大不受刚性角的限制，因此，称钢筋混凝土基础为非刚性基础或柔性基础。

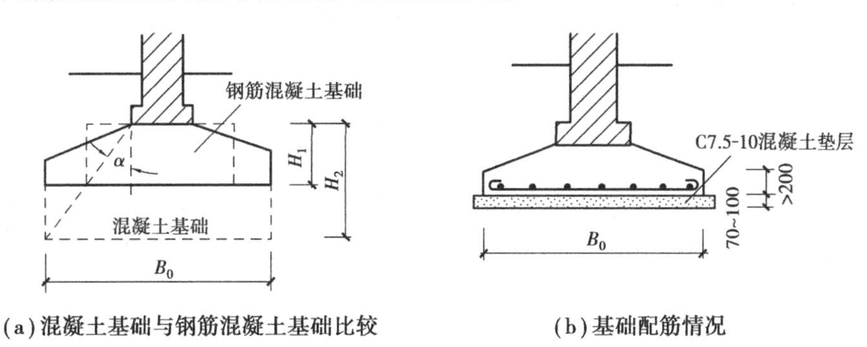

(a)混凝土基础与钢筋混凝土基础比较　　(b)基础配筋情况

图4.8　钢筋混凝土基础

(2)按构造形式分类

1)单独基础

当建筑物上部结构采用框架结构或单层排架结构承重时，基础常采用方形或矩形的单独基础，这类基础称为单独基础或独立式基础（见图4.9）。单独基础是柱下基础的基本形式。单独基础常用的断面形式有阶梯形、锥形和杯形。材料通常采用钢筋混凝土或素混凝土等。当采用预制柱时，将基础做成杯口形，然后将柱子插入并嵌固在杯口内，故称杯形基础（见图4.9(c)）。

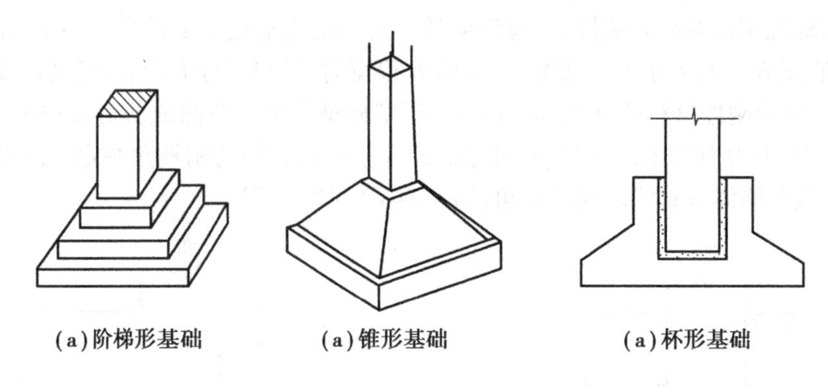

图4.9　单独基础

2)条形基础

当建筑物上部结构采用墙承重时,基础沿墙身设置,多做成长条形,这类基础称为条形基础或带形基础,是墙承式建筑基础的基本形式(见图4.10)。

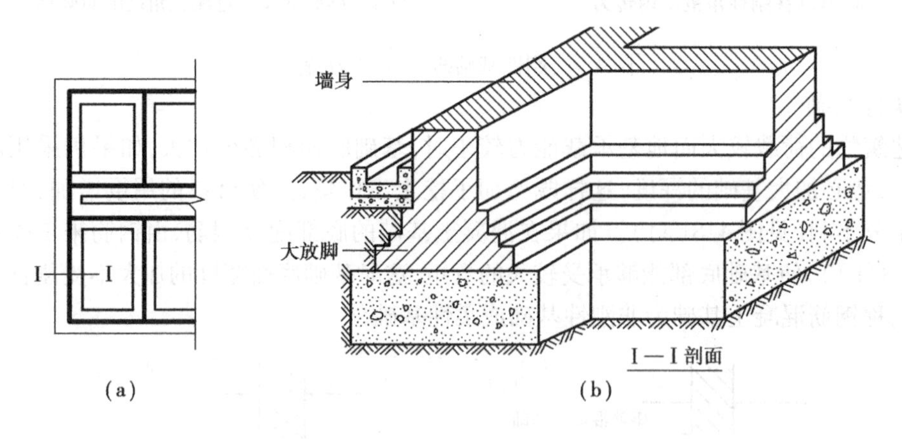

图4.10　条形基础

3)井格基础

当地基条件较差,为了提高建筑物的整体性,防止柱子之间产生不均匀沉降,常将柱下基础沿纵横两个方向扩展连接起来,做成十字交叉的井格基础(见图4.11)。

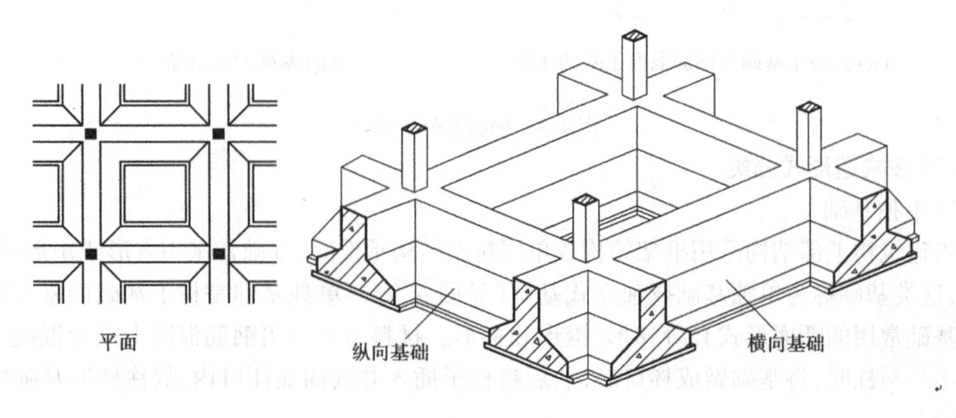

图4.11　井格基础

4)片筏基础

当建筑物上部荷载大,而地基又较弱,这时采用简单的条形基础或井格基础已不能适应地基变形的需要,通常将墙或柱下基础连成一片钢筋混凝土板,使建筑物的荷载承受在一块整板上称为片筏基础,相当于墙基、柱基与板的组合。片筏基础的整体性好,常用于地基软弱的多层砌体结构、框架结构、剪力墙结构等,以及上部结构荷载较大且不均匀的情况。片筏基础有平板式和梁板式两种,平板式片筏基础为柱直接支承在钢筋混凝土底板上;如在钢筋混凝土底板上设基础梁,将柱支承在梁上的为梁板式片筏基础(见图4.12)。

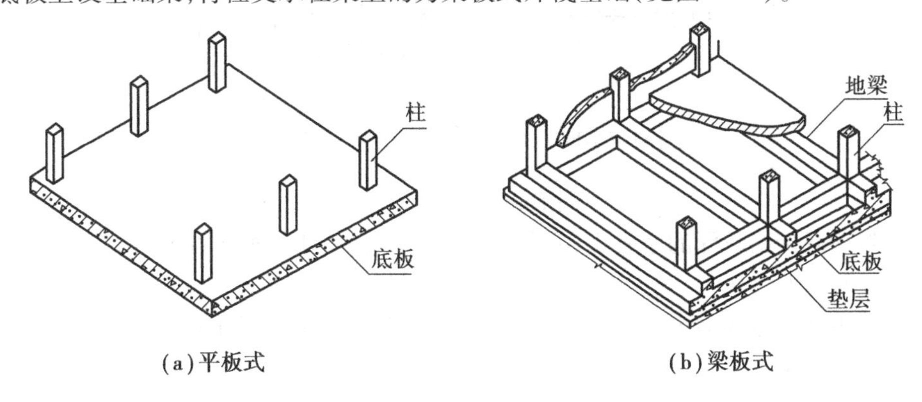

图4.12　片筏基础

5)箱形基础

对于上部结构荷载大、对地基不均匀沉降要求严格的高层建筑、重型建筑或软土地基上的多层建筑,为增加基础刚度,常将基础做成箱形基础。

箱形基础是由钢筋混凝土底板、顶板和若干纵横隔墙组成的整体结构,基础的中空部分可用作地下室或地下停车库。箱形基础埋深较大,空间刚度大,整体性强,能抵抗地基的不均匀沉降,较适用于高层建筑或在软弱地基上建造的重型建筑物(见图4.13)。

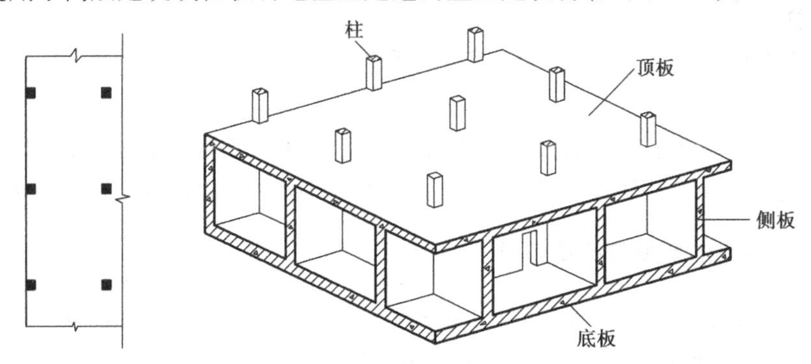

图4.13　箱形基础

6)桩基础

当浅层地基不能满足建筑物对地基承载力和变形的要求,而由于某些原因,其他地基处理措施又不适用时,可考虑采用桩基础,以地基下较深处坚实土层或岩层作为持力层。

桩基础由桩和承接上部结构的承台(梁或板)组成(见图4.14),桩基是按设计的点位将桩柱置于土中,桩的上端浇筑钢筋混凝土承台梁或承台板,承台上接柱或墙体,以便使建筑荷载均匀地传递给桩基。

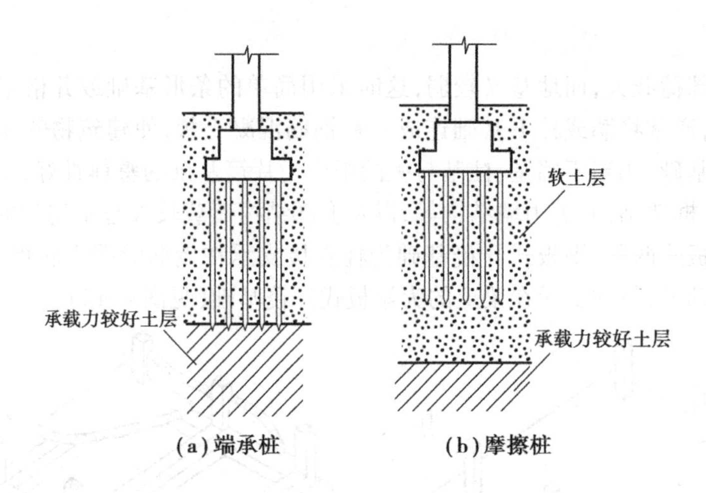

图 4.14　桩基础

靠桩端将荷载传给较深的坚硬土层,称为端承桩。它适用于软弱土层不太厚,而下部为坚硬土层的地基情况。

靠桩基础表面的摩擦力支撑的桩,称为摩擦桩。它适用于软弱土层较厚,而坚硬土层距地表很深的地基情况。

任务 4.2　认识地下室

任务描述

了解地下室的构造、采光、防潮、防水措施。

任务实施

参观身边有地下室的建筑,了解地下室的采光、防潮、防水等构造。

任务引导

地下室是建筑物处于室外地面以下的房间。设置地下室能够在有效的占地面积内增加使用空间,它适用于设备用房、贮藏库房、地下商场、餐厅、车库以及战备防空等多种用途。

4.2.1　地下室的类型与构造组成

地下室的类型很多。按埋置深度,可分为全地下室和半地下室,如图 4.15 所示;按使用功能,可分为普通地下室和人防地下室;从结构上分类,又可分为砖墙结构和钢筋混凝土结构的地下室。

地下室一般由墙体、底板、顶板、门窗及楼电梯 5 大部分组成。

4.2.2　地下室的采光

地下室窗外应设采光井,一般每一个窗设一个独立的采光井,当窗的距离很近时,也可将采光井连在一起。采光井由侧墙和底板构成。侧墙一般用砖砌筑,井底板则用混凝土浇注。采光井的构造如图 4.16 所示。

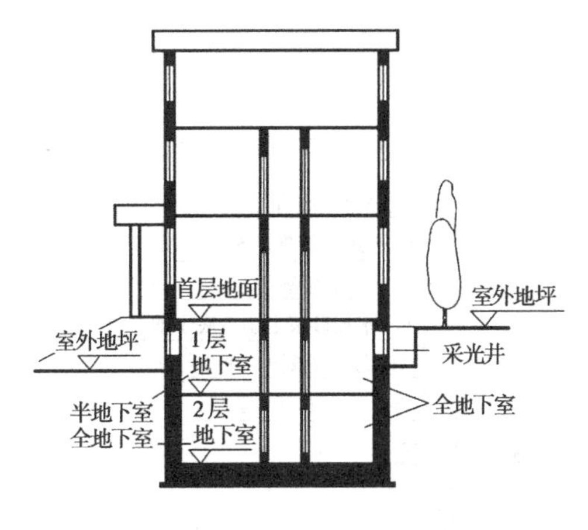

图4.15　地下室

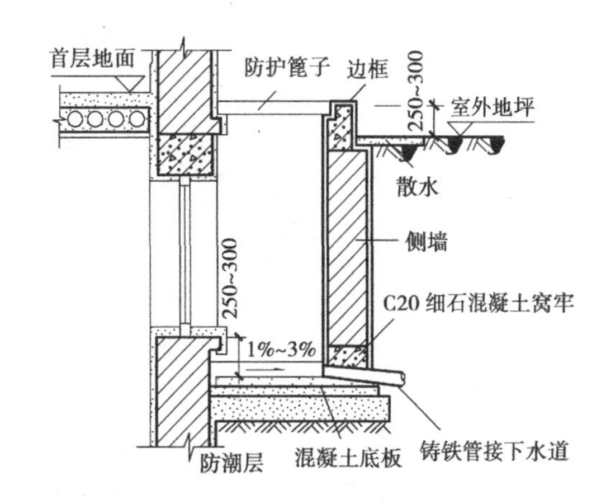

图4.16　采光井构造

4.2.3　地下室的防潮与防水

当设计最高地下水位低于地下室底板300 mm以上,且地基范围内的土壤及回填土无形成上层滞水可能时,采用防潮做法。

外墙如为混凝土结构,因自身有一定的自防潮作用,所以不必再作防潮处理。对于砌体结构,在外墙外侧设垂直防潮层,防潮层做法一般为1:2.5水泥砂浆找平、刷冷底子油一道、热沥青两道,防潮层做至室外散水处,然后在防潮层外侧回填低渗透性土壤如黏土、灰土等,并逐层夯实,土层宽500 mm左右。

地下室所有墙体,必须设两道水平防潮层,一道设在地下室地坪附近,一般设置在结构层之间;另一道设在室外地面散水以上150~200 mm的位置(见图4.17)。以防止土层中的潮气因毛细管作用沿着基础和地下室墙体入侵地下室或上部结构。

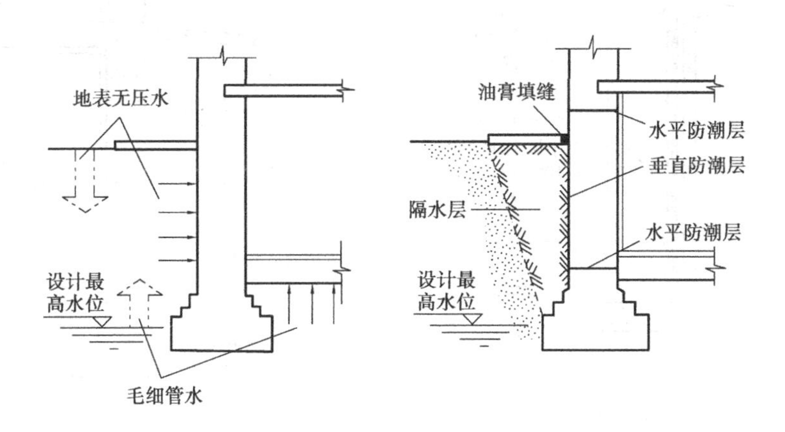

图4.17　地下室墙身防潮处理

对防潮要求较高的地下室,地下室底板也应作防潮处理,一般在垫层与地面之间设防潮层,与墙身水平防潮层处于同一水平面上。做法如图4.18所示。

当设计最高地下水位高于地下室底板或地下室周围土层属弱透水性土存在滞水可能,应采取防水措施。通常防水措施分为柔性防水、刚性防水等。柔性防水一般是指防

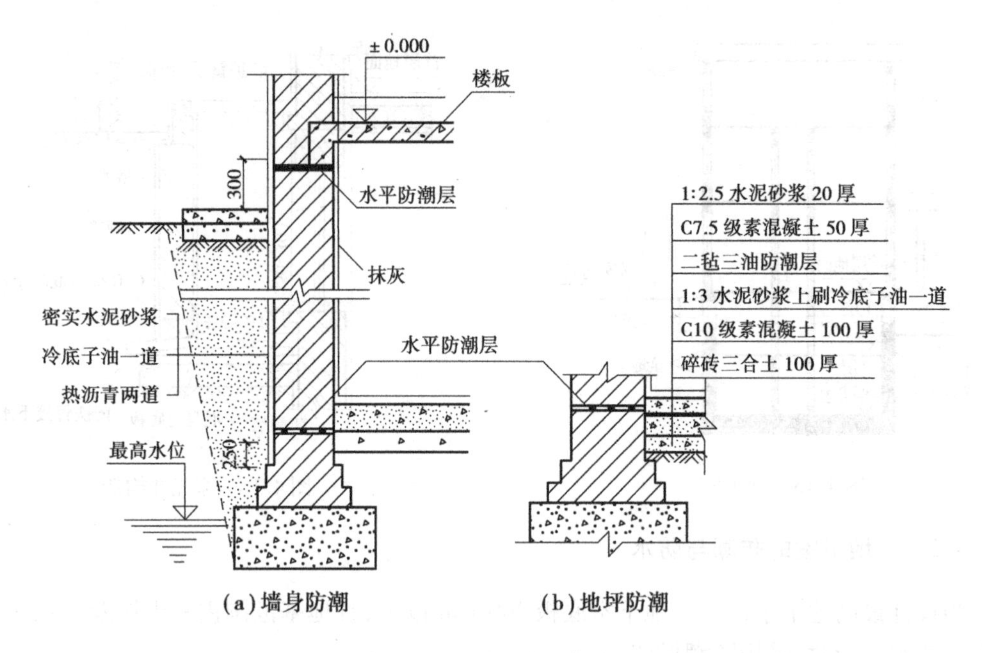

(a)墙身防潮　　(b)地坪防潮

图 4.18　地下室防潮构造

水卷材而言，防水卷材具有一定的强度和延伸率，韧性及不透水性较好，能适应结构微量变形，抵抗一般地下水化学侵蚀。刚性防水是指以水泥、沙、石为原料或掺入少量外加剂、高分子聚合物等材料，配制而成的具有一定抗渗能力的水泥砂浆或混凝土防水材料。做法如图 4.19 所示。

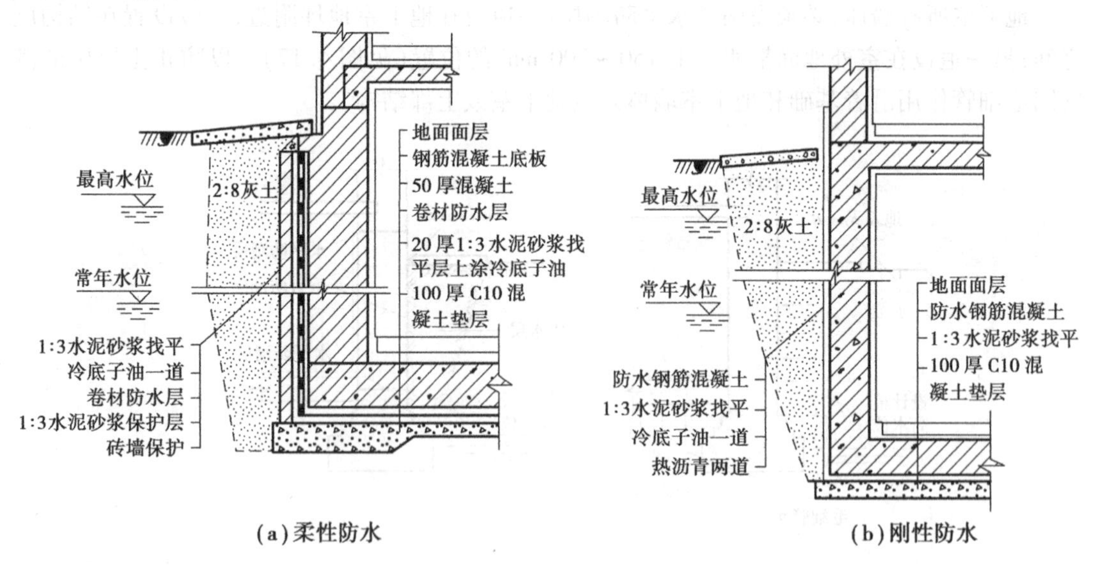

(a)柔性防水　　(b)刚性防水

图 4.19　地下室防水构造

地下室防水工程，因返修或维修非常困难，所以实际工程中，常用刚柔结合，以确保不渗漏。

项目小结

①基础是建筑物的墙或柱等承重构件向地面以下的延伸扩大部分,是建筑物的组成构件,承受着建筑物的全部荷载并均匀地传给地基。而地基则是承受建筑物由基础传来荷载的土壤层。地基分为天然地基与人工地基。

②室外设计地面至基础底面的垂直距离称为基础的埋深。当埋深大于5 m时称为深基础、小于5 m时称为浅基础。一般情况下、基础的埋深不要小于0.5 m。

③按照基础所采用材料及受力情况的不同,可分为刚性基础和柔性基础;根据基础构造形式不同,可分为条形基础、单独基础、井格基础、片筏基础、箱形基础及桩基础。

④地下室是建造在地表面以下的使用空间。由于地下室的外墙、底板受到地下潮气和地下水的侵袭,因此,必须重视地下室的防潮、防水处理。

⑤当地下水的常年水位和最高水位处在地下室地面以下,地下水未直接侵蚀地下室时,只需对墙体和地坪作防潮处理。当设计最高地下水位处在地下室地面以上,地下室的墙身、地坪直接受到水的浸泡,这时,必须对地下室的墙身和地坪采取防水措施。

复习思考题

1. 填空题:

(1)地基按土层性质不同,可分为________和________。

(2)基础埋深不超过________时称为浅基础。浅基础的埋深不宜小于________。

(3)基础按所用材料及其受力特点可分为________和________。

(4)基础按构造形式,可分为________、________、________、________、________、________等。

(5)当设计最高地下水位________地下室底板,且________时,应采取防潮措施。当设计最高地下水位________地下室底板,应采取防水措施。

2. 简述题:

(1)什么是基础? 什么是地基?

(2)人工地基常用处理方法有哪些?

(3)什么是基础的埋深? 影响基础埋深的因素有哪些?

(4)基础按构造形式可分哪几类?

(5)什么是刚性基础? 什么是柔性基础?

项目5

墙 体

项目概述

墙体是建筑物的重要组成部分之一,它起承重、围护和分隔的作用。墙体作为建筑物的主要围护结构构件,同时也作为建筑物的受力构件,对限定空间和建筑节能等方面起着重要作用。墙体的布置与构造是建筑设计的主要内容。

项目包括墙体的分类和设计要求、构造。

情景介绍

在我们生活和工作的许多建筑物中,都少不了墙体。墙体作为围护结构,为我们遮风挡雨,而当它作为承重结构时,就担负着安全的重大责任。有少数建筑物就是因为墙体设计或施工不合理等因素,造成倒塌,给大众带来危害,因此,我们要对墙体有深刻的了解和认识,才能在将来的工作中避免发生不必要的错误。墙体设计、构造措施与人们的安全息息相关,结合身边的建筑物,就上述情况,给予提示。

任务5.1 了解墙体分类、设计要求

任务描述

了解民用建筑墙体分类、设计要求。

任务实施

组织同学参观身边的民用建筑,分析该建筑属于哪一种墙体,什么材料砌筑的,达到设计和施工要求了没有。

任务引导

5.1.1 墙体的分类

根据墙体在建筑物中所处的位置、受力情况、材料选用、构造施工方法的不同,可将墙体分为不同的类型(见图5.1)。

(1)按墙体所在位置分类

按墙体在平面上所处位置不同,可分为外墙和内墙;纵墙和横墙。对于一片墙来说,窗与

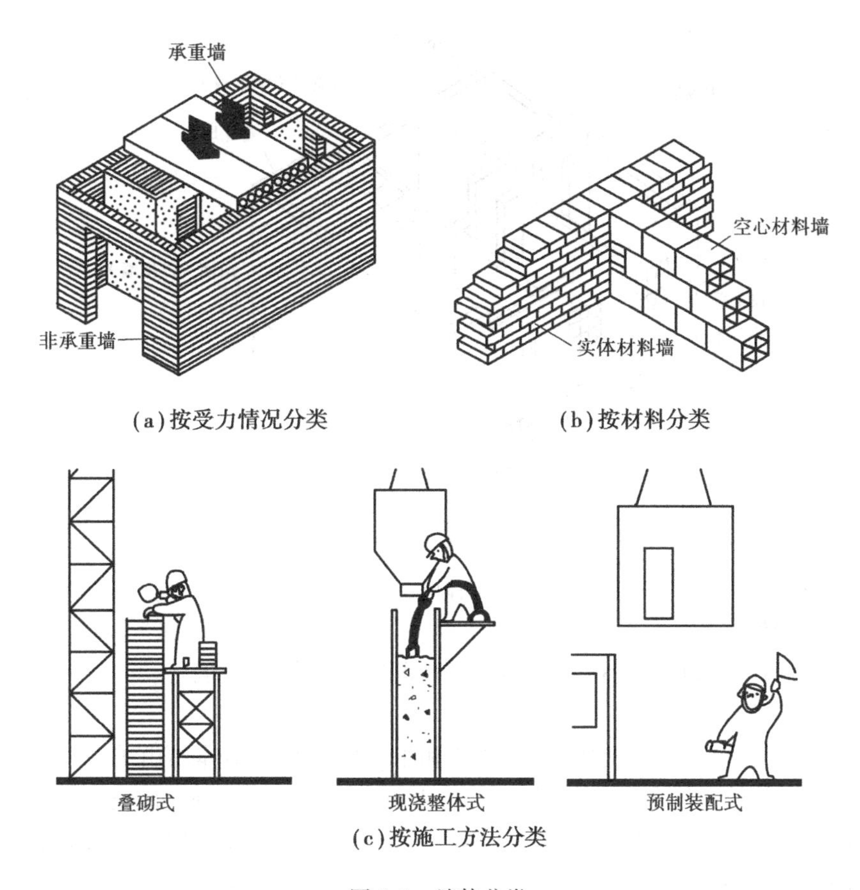

图5.1　墙体分类

窗之间和窗与门之间的墙,称为窗间墙;窗台下面的墙,称为窗下墙(见图5.2、图5.3)。

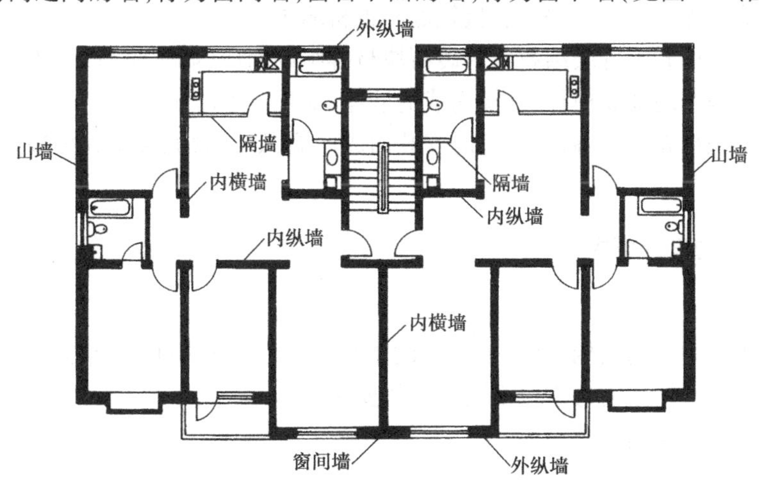

图5.2　墙体所在位置分类

(2)**按墙体受力情况分类**

在混合结构建筑中,按墙体受力方式分为两种:承重墙和非承重墙。框架结构中的墙仅起围护作用,称框架填充墙。

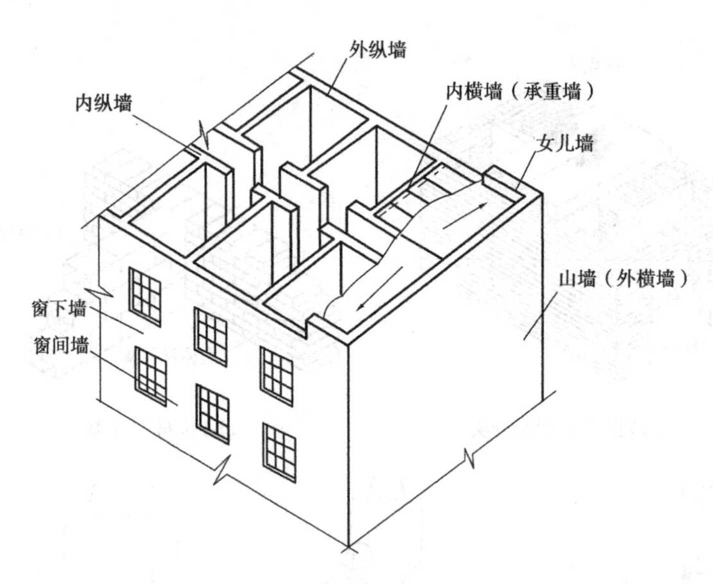

图 5.3　墙体所在位置分类

(3)**按墙体材料分类**

按墙体材料墙体分为砖墙、石墙、夯土墙、钢筋混凝土墙、砌块墙。

(4)**按构造方式分类**

按构造方式墙体可以分为实体墙、空体墙和组合墙 3 种。实体墙由单一材料组成,如砖墙、砌块墙等。空体墙也是由单一材料组成,可由单一材料砌成内部空腔,也可用具有孔洞的材料建造墙,如空斗砖墙、空心砌块墙等。组合墙由两种以上材料组合而成,如混凝土、加气混凝土复合板材墙。其中,混凝土起承重作用,加气混凝土起保温隔热作用。

(5)**按施工方法分类**

按施工方法墙体,可分为块材墙、板筑墙和板材墙 3 种。

①块材墙。是用砂浆等胶结材料将砖石块材等组砌而成,如砖墙、石墙及各种砌块墙等。

②板筑墙。是在现场立模板,现浇而成的墙体,如现浇混凝土墙等。

③板材墙。是预先制成墙板,施工时安装而成的墙,如预制混凝土大板墙、各种轻质条板内隔墙等。

5.1.2　墙体的设计要求

(1)**结构要求**

对以墙体承重为主的结构,常要求各层的承重墙上、下必须对齐;各层的门、窗洞孔也以上、下对齐为佳。此外,还需考虑以下两方面的要求:

1)合理选择墙体结构布置方案

①横墙承重

凡以横墙承重的称横墙承重方案或横向结构系统。这时,楼板、屋顶上的荷载均由横墙承受,纵向墙只起纵向稳定和拉结的作用。它的主要特点是横墙间距密,加上纵墙的拉结,使建筑物的整体性好、横向刚度大,对抵抗地震力等水平荷载有利。但横墙承重方案的开间尺寸不够灵活,适用于房间开间尺寸不大的宿舍、住宅及病房楼等小开间建筑(见图 5.4)。

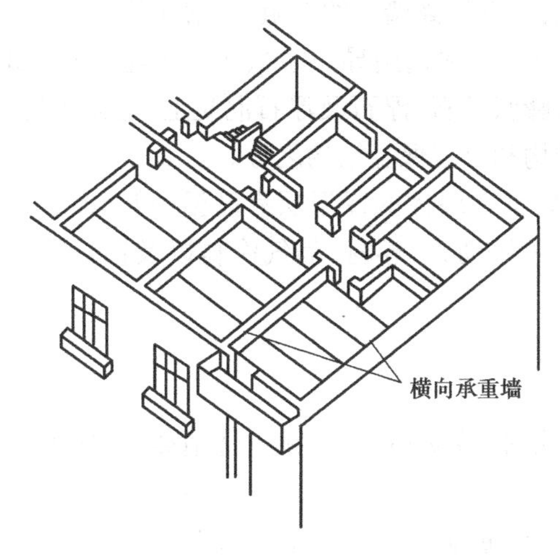

图5.4　横墙承重

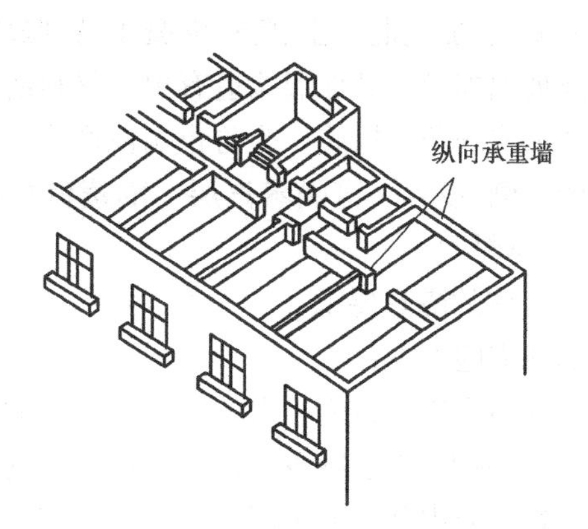

图5.5　纵墙承重

②纵墙承重

凡以纵墙承重的，称为纵墙承重方案或纵向结构系统。这时，楼板、屋顶上的荷载均由纵墙承受，横墙只起分隔房间的作用，有的起横向稳定作用。纵墙承重可使房间开间的划分灵活，多适用于需要较大房间的办公楼、商店、教学楼等公共建筑（见图5.5）。

③纵横墙承重

凡由纵向墙和横向墙共同承受楼板、屋顶荷载的结构布置称纵横墙（混合）承重方案。该方案房间布置较灵活，建筑物的刚度也较好。混合承重方案多用于开间、进深尺寸较大且房间类型较多的建筑和平面复杂的建筑中，如教学楼、住宅等建筑（见图5.6）。

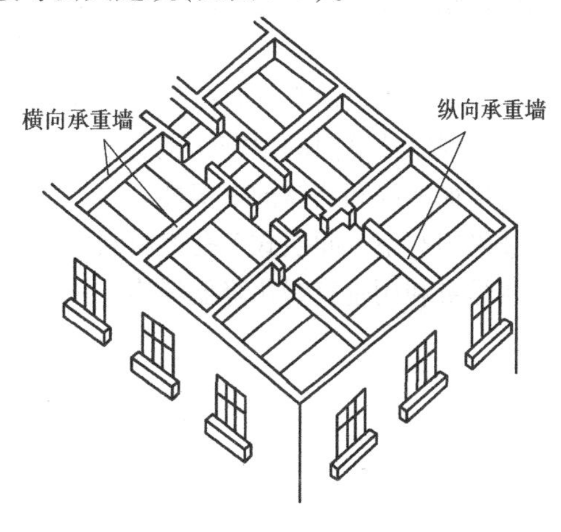

图5.6　纵横墙承重

2）墙体应具有足够的强度和稳定性

墙体的强度是指墙体承受荷载的能力，它取决于构成墙体的材料、材料的强度等级以及墙体的截面积。提高砌体强度有以下方法：

①选用适当的墙体材料。

②加大墙体截面积。

③在截面积相同的情况下，提高构成墙体的砖、砂浆的强度等级。

墙体高厚比的验算是保证砌体结构在施工阶段和使用阶段稳定性的重要措施。提高墙体稳定性可采取以下方法：

①增加墙体的厚度，但这种方法有时不够经济。

②提高墙体材料的强度等级。

③增加墙垛、壁柱、圈梁、构造柱等构件。

（2）热工要求

1）墙体的保温要求

对有保温要求的墙体，须提高其构件的热阻，通常采取以下措施：

①增加墙体的厚度。墙体的热阻与其厚度成正比,欲提高墙身的热阻,可增加其厚度。

②选择导热系数小的墙体材料。要增加墙体的热阻,常选用导热系数小的保温材料,如泡沫混凝土、加气混凝土、陶粒混凝土、膨胀珍珠岩、膨胀蛙石、浮石及浮石混凝土、泡沫塑料、矿棉及玻璃棉等。其保温构造有单一材料的保温结构和复合保温结构之分。

③采取隔蒸汽措施。为防止墙体产生内部凝结,常在墙体的保温层靠高温一侧,即蒸汽渗入的一侧,设置一道隔蒸汽层。隔蒸汽材料一般采用沥青、卷材、隔气涂料以及铝箔等防潮、防水材料。

2)墙体的隔热要求

隔热措施如下:

①外墙采用浅色而平滑的外饰面,如白色外墙涂料、玻璃马赛克、浅色墙地砖、金属外墙板等,以反射太阳光,减少墙体对太阳辐射的吸收。

②在外墙内部设通风间层,利用空气的流动带走热量,降低外墙内表面温度。

③在窗口外侧设置遮阳设施,以遮挡太阳光直射室内。

④在外墙外表面种植攀缘植物使之遮盖整个外墙,吸收太阳辐射热,从而起到隔热作用。

(3)建筑节能要求

为贯彻国家的节能政策,改善严寒和寒冷地区居住建筑采暖能耗大、热工效率差的状况,必须通过建筑设计和构造措施来节约能耗。

(4)隔声要求

墙体主要隔离由空气直接传播的噪声。一般采取以下措施:

①加强墙体缝隙的填密处理。

②增加墙厚和墙体的密实性。

③采用有空气间层式多孔性材料的夹层墙。

④尽量利用垂直绿化降低噪声。

任务5.2　了解墙体构造

任务描述

了解民用建筑墙体构造。

任务实施

组织同学参观教学楼、住宅、商场等建筑,详细了解这些建筑的墙体构造。

任务引导

5.2.1　砖墙构造

砖墙是用砂浆将一块块砖按一定技术要求砌筑而成的砌体。

(1)砖墙的材料

现在常用的砖有黏土多孔砖、空心砖、工业小砖、承重及非承重混凝土砌块。砂浆是砌块的胶结材料。常用的砂浆有水泥砂浆、混合砂浆、石灰砂浆及黏土砂浆等。

(2)**砖墙的尺度**

1)砖墙的厚度

砖墙的厚度应根据其在建筑物中所起的作用不同而有所不同,同时还应考虑与砖的规格相适应。

实心黏土砖:规格为240 mm×115 mm×53 mm。所砌墙的厚度,习惯上以砖长为基数来称呼,如半砖墙、一砖墙、一砖半墙等。工程上以它们的标志尺寸来称呼,如12墙、24墙、37墙等(见图5.7)。

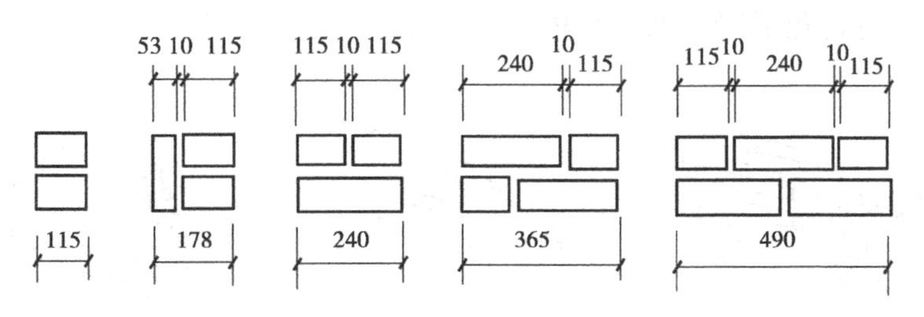

图5.7 实心黏土砖规格

黏土多孔砖:孔洞的形式有圆形和方形通孔等。有模数多孔砖(DM型)、普通多孔砖(KP1型)等类型(见图5.8)。DM型多孔砖墙厚采用1/2(按50 mm)进级制,如100,150,200,250,300,350,400 mm等。KP1型多孔砖的基本砖形为240 mm×115 mm×90 mm,与普通黏土砖非常相似,其墙厚采用2.5M制,如120,240,370,405 mm等。

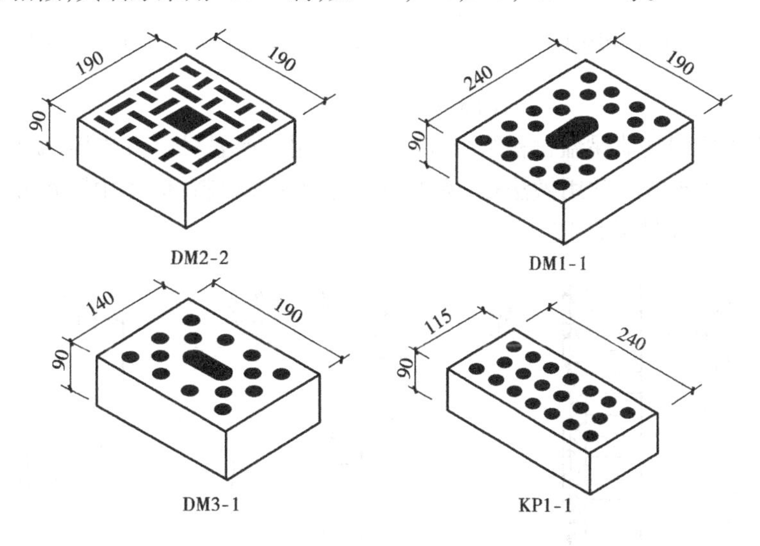

图5.8 黏土多孔砖规格

2)墙段长度和洞口尺寸

实心黏土砖的模数为125 mm,多孔黏土砖墙的厚度是按50 mm进级。而我国现行《建筑模数协调统一标准》中规定,房间的开间、进深、门窗洞口尺寸为3M的整倍数。两者有冲突。在实际工程中,可通过调整灰缝大小(施工规范允许竖缝宽度为8~12 mm)来解决这个问题。当墙段长度超过1M时可不考虑砖模数,当墙段长度小于1M时,应使墙段长度符合砖模数,以免砍砖过多,方便施工。

3）砖墙高度

按砖模数要求，砖墙的高度应是 53 + 10 = 63 的整倍数。但现行统一模数协调系列多为 3M。为此，砌筑前必须事先按设计尺寸反复推敲砌筑匹数，适当调整灰缝厚度，并制作若干根匹数杆以作为砌筑的依据。

（3）砖墙的组砌方式

砖墙的组砌方式指砖在砖墙中的排列方式。砌筑要求砖缝横平竖直、上下错缝、内外搭接、避免形成竖向通缝，砂浆应饱满，厚薄均匀。实体砖墙砌筑方式有全顺式、一顺一丁、多顺一丁、十字式（也称梅花丁）等（见图 5.9）。顺砖是指长边平行于墙面砌筑的砖，丁砖是指垂直于墙面砌筑的砖。

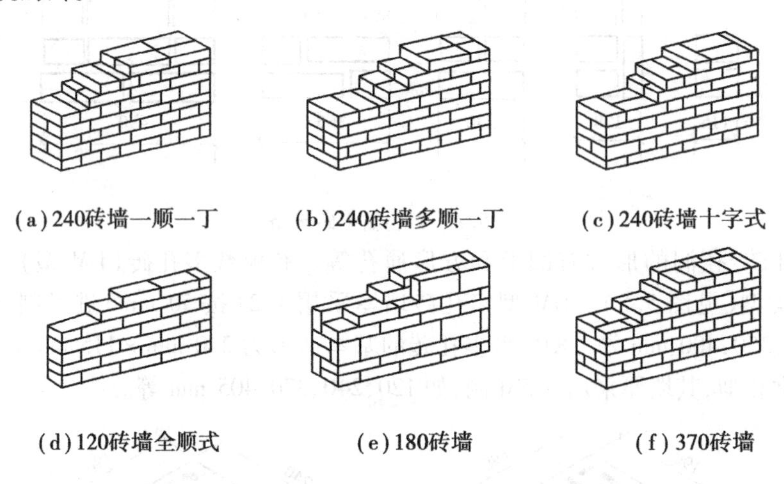

(a) 240砖墙一顺一丁　(b) 240砖墙多顺一丁　(c) 240砖墙十字式

(d) 120砖墙全顺式　(e) 180砖墙　(f) 370砖墙

图 5.9　砖墙组砌方式

复合墙：即用砖和其他保温材料组合成的墙。常用的保温材料有矿棉、矿棉毡、聚苯乙烯泡沫塑料、加气混凝土等。常用做法是：墙体一侧附加保温材料、墙体中间填充保温材料、砖墙的中间留空气间层（见图 5.10）。

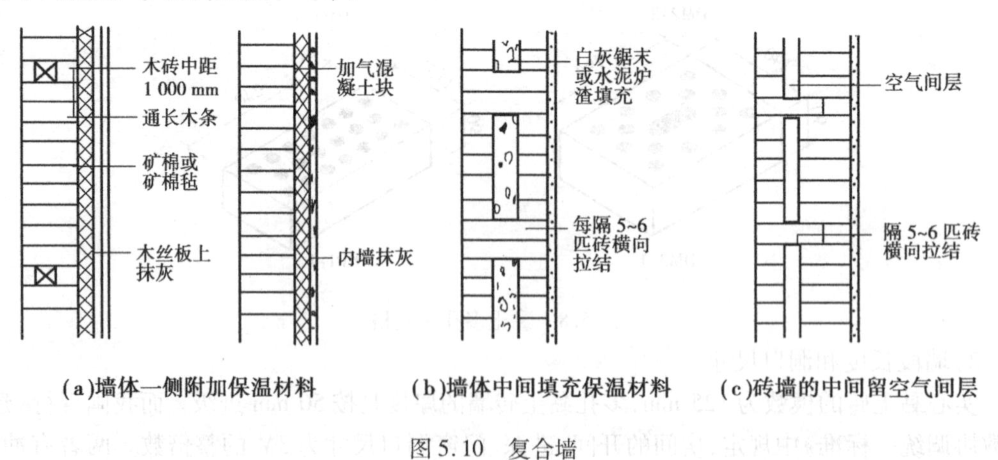

(a) 墙体一侧附加保温材料　(b) 墙体中间填充保温材料　(c) 砖墙的中间留空气间层

图 5.10　复合墙

（4）砖墙的细部构造

墙体的细部构造包括勒脚、墙身防潮层、散水、明沟、构造柱、圈梁、防火墙、门窗过梁、窗台及变形缝等（见图 5.11）。

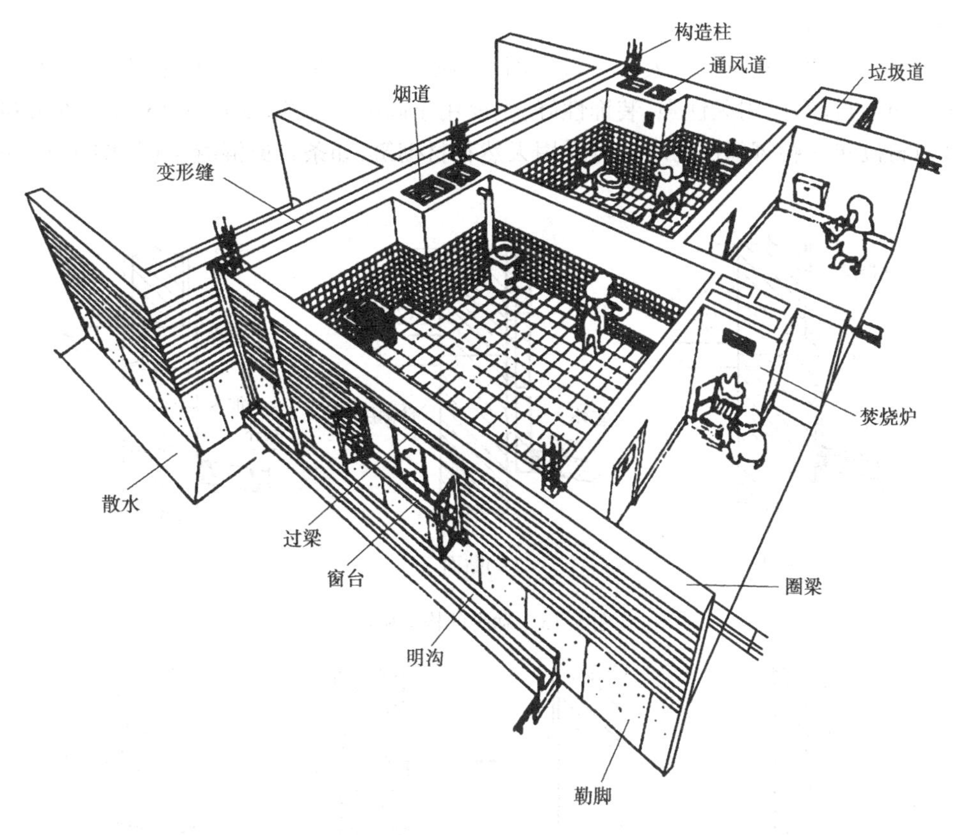

图5.11 砖墙的细部构造

1)勒脚

勒脚是指位于室外地面与室内地面之间的这段外墙体。勒脚有以下3个作用:

①保护墙体防止各种机械性碰撞。

②防止地表水对墙脚的侵蚀。

③美化建筑立面的作用(见图5.12)。

图5.12 勒脚

勒脚的高度当仅考虑防水和机械碰撞时,应不低于500 mm,从美观的角度考虑,应结合立面处理确定。

勒脚的构造做法如下:

①抹灰。在勒脚部位抹20~30 mm厚1∶2.5水泥砂浆或水刷石,为了保证抹灰层与砖墙黏结牢固,施工时应注意清扫墙面,浇水润湿,也可在墙面上留槽,使抹灰嵌入,称为咬口(见

图5.13(a)、图5.14)。

②贴面。可用天然石材或人工石材贴面,如花岗石、大理石、水磨石板等作为勒脚贴面。这种做法防撞性较好,耐久性强,装饰性好,主要用于高标准建筑(见图5.13(b)、图5.14)。

③石材砌筑。勒脚部位的墙体可采用天然石材砌筑,如条石或混凝土(见图5.13(c)、图5.14)。

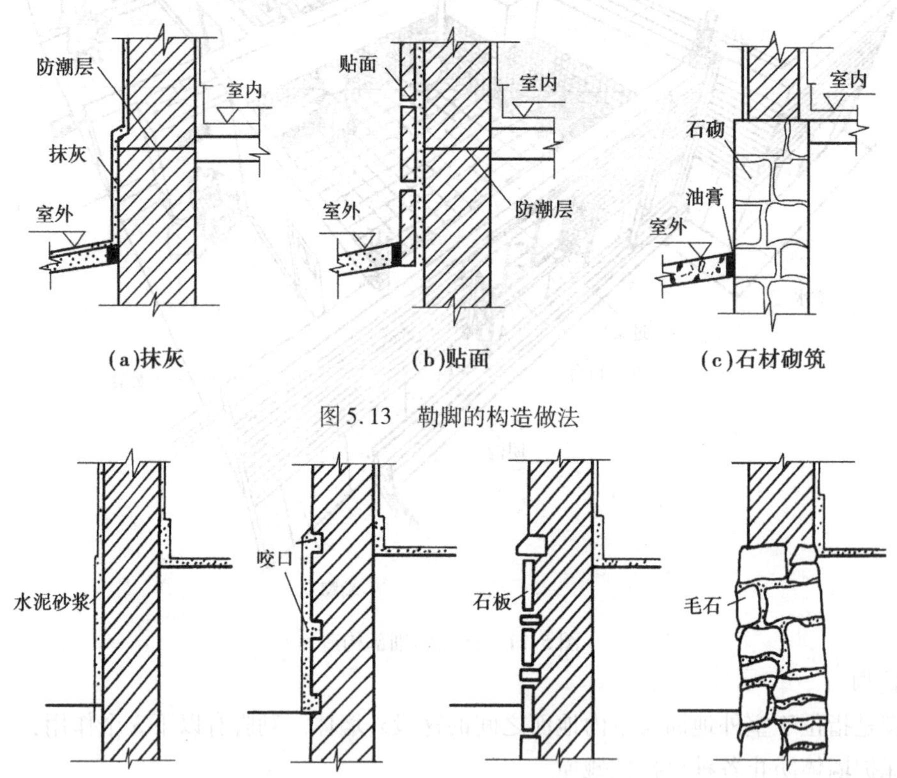

图5.13 勒脚的构造做法

图5.14 勒脚的构造做法

2)墙身防潮层

防止地下土壤中的水分沿基础墙上升和地表水对墙体的侵蚀,提高墙体的坚固性和耐久性,保证室内干燥、卫生。按构造形式,可分为水平防潮层和垂直防潮层(见图5.15)。

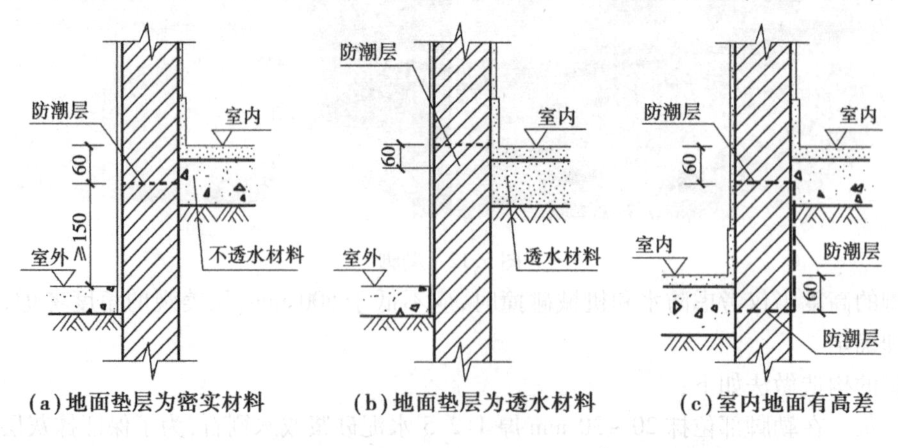

(a)地面垫层为密实材料　(b)地面垫层为透水材料　(c)室内地面有高差

图5.15 墙身防潮层

①水平防潮层

水平防潮层的位置一般在室内地面不透水垫层范围以内(-0.060 m),至少高于室外地坪 150 mm(见图 5.16)。

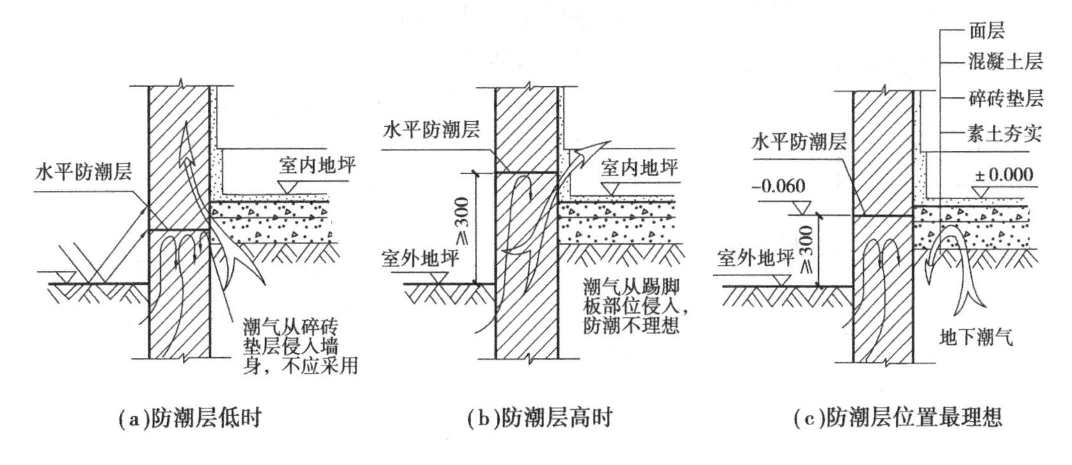

图 5.16 水平防潮层的位置

水平防潮层做法如下:

a. 油毡防潮层。在防潮层部位先做 20 mm 厚的水泥砂浆找平层,然后干铺油毡一层或做一毡二油(先浇热沥青,再铺油毡,最后再浇热沥青)。这种做法防水效果好,但削弱了砖墙的整体性,不应在刚度要求高或地震区采用(见图 5.17(a))。

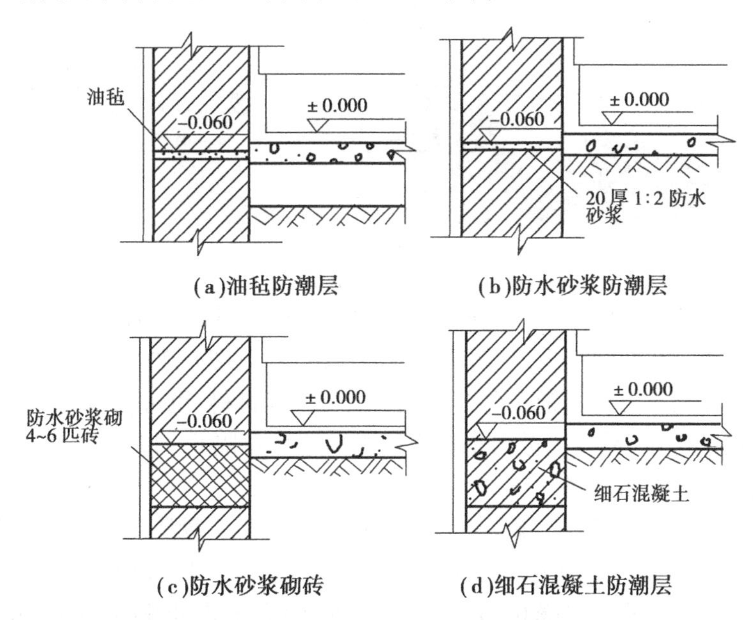

图 5.17 水平防潮层的做法

b. 防水砂浆防潮层。在防潮层位置抹一层 20 mm 或 30 mm 厚 1∶2防水砂浆。适用于抗震地区、独立砖柱和振动较大的砖砌体中,但砂浆易开裂影响防潮效果(见图 5.17(b))。

c. 防水砂浆砌砖。在防潮层位置用防水砂浆砌筑 4 ~6 匹砖(见图 5.17(c))。

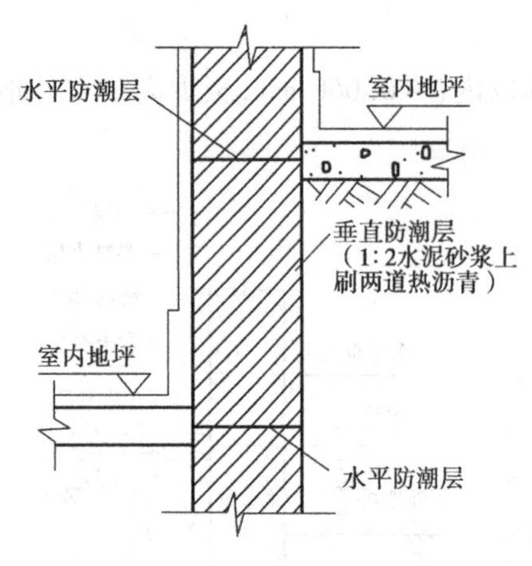

图 5.18　垂直防潮层位置

d. 细石混凝土防潮层。在防潮层位置浇筑 60 mm 厚与墙体等宽的 C15 或 C20 细石混凝土，内配 3φ6 或 3φ8 钢筋。这种做法抗裂性好，适用于整体刚度要求较高的建筑中（见图 5.17(d)）。

②垂直防潮层

当相邻两房间之间室内地面有高差或室内地坪低于室外地面时，垂直防潮层位置应在墙身内设置高低两道水平防潮层，并在靠土壤一侧设置垂直防潮层（见图 5.18）。

在需设垂直防潮层的墙面先用水泥砂浆抹面，刷上冷底子油一道，再刷热沥青两道；或采用掺有防水剂的砂浆抹面。

3）散水与明沟

①散水

在建筑物四周设坡度为 3% ~5% 的护坡，将地表积水排离建筑物（见图 5.19）。

图 5.19　散水

散水的宽度一般为 600 ~1 000 mm，坡度一般为 3% ~5%，当屋面排水方式为自由排水时，散水应比屋面檐口宽 200 mm，且散水应加滴水砖带（见图 5.20）。

散水一般是在素土夯实上铺三合土、灰土、混凝土等材料，也可用砖、石等材料铺砌而成。散水与外墙交接处应设分隔缝，散水整体面层纵向距离每隔 6 ~12 m 做一道伸缩缝，分隔缝内应用有弹性的防水材料嵌缝。

散水可用水泥砂浆、混凝土、砖、块石等材料做面层。在勒脚与散水交接处应留有缝隙（变形缝）。用粗沙或米石子填缝，沥青胶盖缝，以防渗水（见图 5.21）。

散水整体面层纵向距离每隔 6 ~12 m 做一道伸缩缝，缝内处理同勒脚与散水相交处。

②明沟

在建筑物四周设排水沟，将水有组织地导向集水井，然后流入排水系统。

明沟一般用混凝土浇筑而成，或用砖砌、石砌。沟底应做纵坡，坡度为 0.5% ~1%，坡向集水井（见图 5.22）。

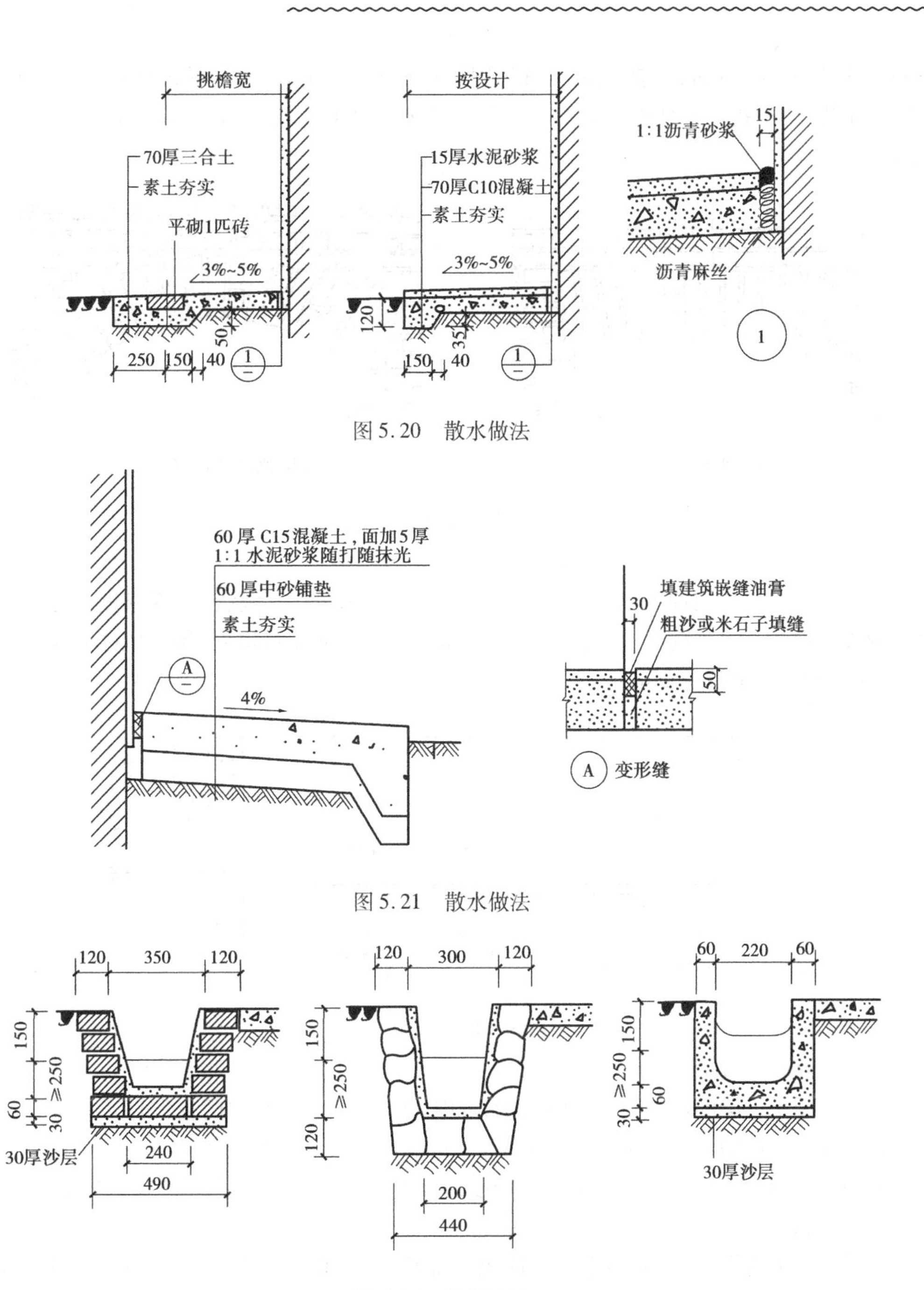

图5.20 散水做法

图5.21 散水做法

图5.22 明沟构造

4)门窗过梁

当墙体开设洞口时，为了承受上部砌体传来的各种荷载，并把这些荷载传给洞口两侧的墙体，常在门窗洞口上设置横梁，即门窗过梁。

门窗过梁的作用是承受洞口上部墙体和楼板传来的荷载，并把这些荷载传递给洞口两侧的墙体。形式有砖拱过梁、钢筋砖过梁和钢筋混凝土过梁3种。

①砖拱过梁（有弧拱和平拱）

平拱砖过梁，由砖竖砌和侧砌形成。高度为一砖长，砂浆灰缝上宽下小，上宽不大于

20 mm,下宽不小于 5 mm。砖拱过梁节约钢材和水泥,但施工麻烦,整体性差,不宜用于上部有集中荷载、振动较大或地基承载力不均匀以及地震区的建筑。净跨不应超过 1.20 m(见图 5.23)。

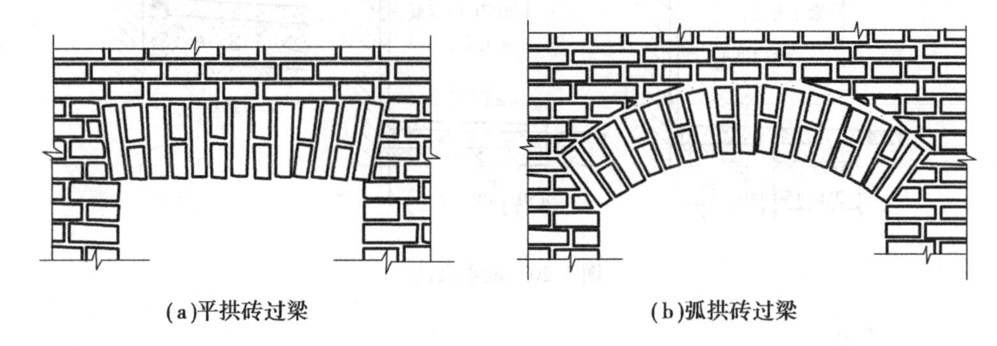

(a)平拱砖过梁　　(b)弧拱砖过梁

图 5.23　砖拱过梁

②钢筋砖过梁

钢筋砖过梁是指配置了钢筋的平砌砖过梁(见图 5.24)。做法:底部厚度不小于 30 mm 的水泥砂浆层内设 ϕ6 钢筋(间距小于 120 mm),钢筋伸入洞口两侧墙内的长度不应小于 240 mm。净跨不应超过 2 m。

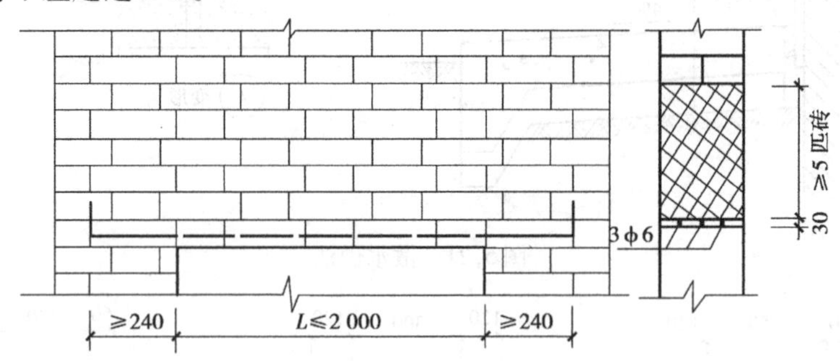

图 5.24　钢筋砖过梁

③钢筋混凝土过梁

钢筋混凝土过梁的承载力强,不受跨度的限制,可用于较宽的门窗洞口。对洞口上部有集中荷载以及房屋的不均匀沉降、振动都有一定的适应性。它坚固耐用、施工方便,目前已广泛采用。黏土实心砖墙的过梁,梁高常采用 60,120,240 mm;作为多孔砖墙的过梁,梁高则采用 90,180 mm 等。

当洞口上部有圈梁时,洞口上部的圈梁可兼作过梁,但过梁部分的钢筋应按计算用量另行增配。钢筋混凝土过梁的截面形状有矩形和 L 形。矩形截面的过梁一般用于内墙以及部分外混水墙,L 形过梁用于清水墙和有保温要求的外墙(见图 5.25)。

5)窗台

窗台是窗洞下部的构造,用来排除窗外侧流下的雨水和内侧的冷凝水,且具有装饰作用。按其构造做法分为外窗台和内窗台。

①外窗台

位于窗外的窗台称为外窗台。有悬挑窗台和不悬挑窗台两种。

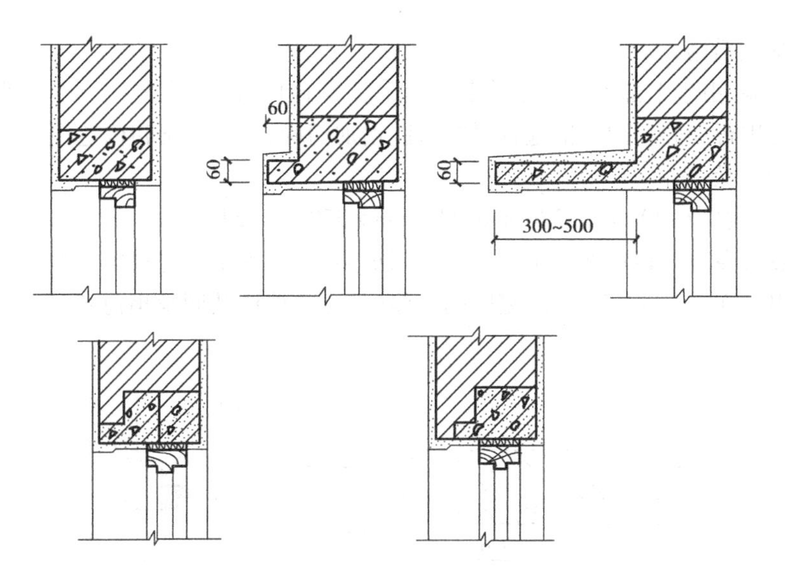

图5.25　钢筋混凝土过梁

外窗台悬挑方式做法是顶砌1匹砖出挑60 mm或将1砖侧砌并出挑60 mm或钢筋混凝土窗台(见图5.26)。

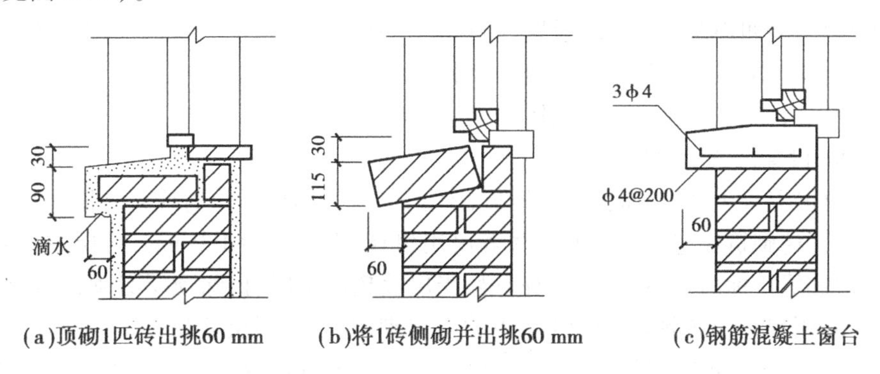

图5.26　外窗台做法

②内窗台

位于室内的窗台称为内窗台。一般为水平放置,通常结合室内装修选择水泥砂浆抹灰、木板或贴面砖等多种饰面形式。北方地区常在窗台下设置暖气槽(见图5.27)。

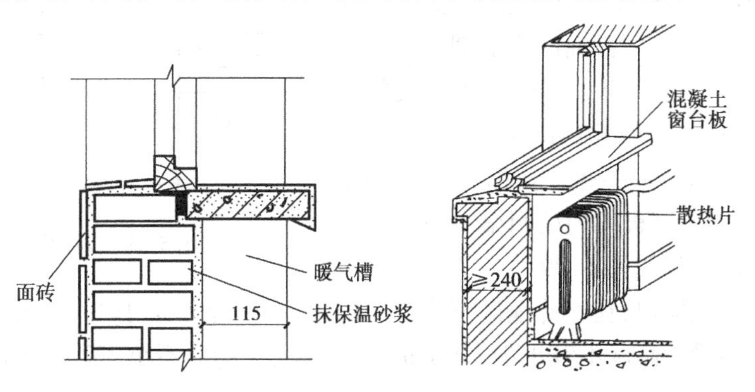

图5.27　内窗台

6)墙身加固措施

对于承重墙,由于上部承受集中荷载、开洞等,墙体的强度、稳定性会受到影响,因此,通常需要对墙身进行加固。加固措施:增加壁柱、增加门垛、设置圈梁和构造柱。

①壁柱和门垛

壁柱尺寸一般为 120 mm×370 mm,240 mm×370 mm,240 mm×490 mm。

门垛常设置在墙体转角处或丁字墙处或门窗洞口处(保证墙身稳定和便于安装门框)。

门垛凸出墙面不少于 120 mm,宽度同墙厚(使之与墙体共同承担荷载和稳定墙身)(见图 5.28)。

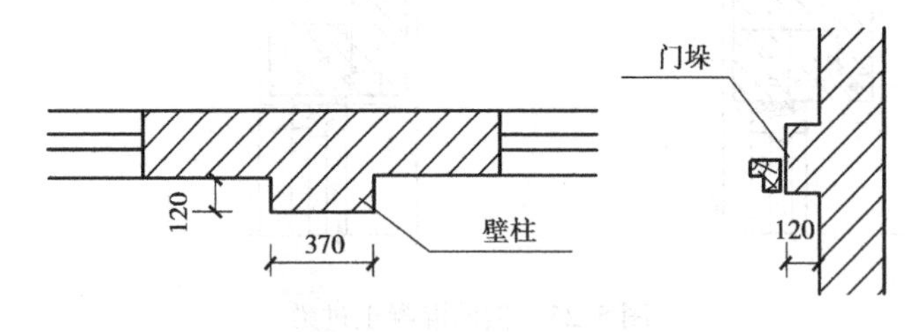

图 5.28 壁柱和门垛做法

②圈梁

圈梁是沿外墙四周及部分内墙设置在同一水平面上、连续、闭合交圈的按构造配筋的梁。圈梁可与楼板配合加强房屋的空间刚度和整体性,减少由于基础的不均匀沉降、振动荷载而引起的墙身开裂,在抗震设防地区,利用圈梁加固墙身更为必要。

A. 圈梁的设置位置及数量

装配式钢筋混凝土楼板、屋盖或木楼板、屋盖的砖房,横墙承重时应设置圈梁。其具体做法是:采用多孔砖砌筑住宅、宿舍、办公楼等民用建筑,当墙厚为 190 mm,且层数在 4 层以下时,应在底层和檐口标高处各设置一道圈梁;当层数超过 4 层时,除顶层必须设置圈梁外,宜层层设置。采用现浇钢筋混凝土楼(屋)盖的多层砌体房屋,当层数超过 5 层时,除在檐口标高处设置一道圈梁外,可隔层设圈梁,并与楼板现浇。未设置圈梁处的楼面板嵌入墙内的长度不小于 120 mm,并沿墙长配置不小于 2ϕ10 的纵向钢筋。

B. 现浇钢筋混凝土圈梁构造做法

圈梁应采用现浇混凝土,且宜连续地设置在同一水平面上,形成封闭状。当圈梁被门窗洞口截断时,应在洞口上部增设相同截面的附加圈梁。附加圈梁与圈梁的搭接长度不应小于两者中心线间的垂直间距的 2 倍,且不得小于 1 m(见图 5.29)。外墙圈梁顶宜与楼板设在同一标高,称为板平圈梁(见图 5.30)。采用预制板的内墙圈梁一般设在板底之下,称为板底圈梁(见图 5.29)。

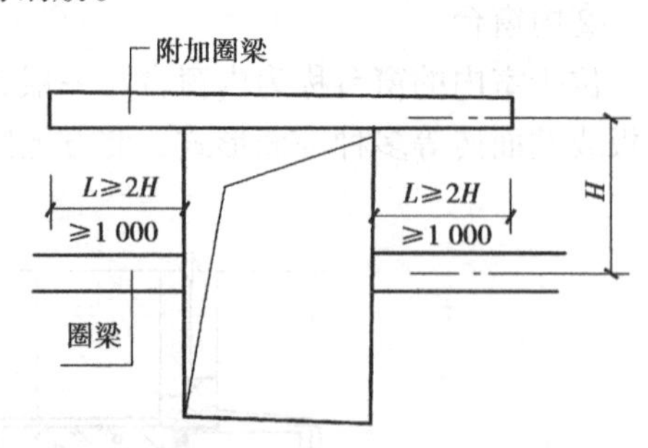

图 5.29 附加圈梁做法

圈梁宽度一般同墙厚,在寒冷地区可略小于墙厚,当墙厚不小于 190 mm 时,其宽度不宜小于 2/3 墙厚。圈梁的高度不宜小于 120 mm,对于多孔砖墙应不小于 200 mm,且应为砖厚的整倍数。

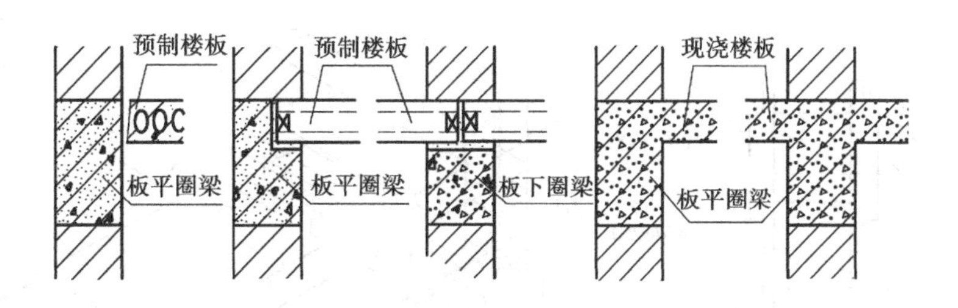

图5.30　钢筋混凝土圈梁

③构造柱

构造柱是从抗震角度考虑设置的。在多层砌体房屋墙体的规定部位,按构造配筋并按先砌墙后浇灌混凝土柱的施工顺序制成的混凝土柱,通常称为钢筋混凝土构造柱,简称构造柱。

A. 构造柱设置的位置

多层砌体构造柱一般设置在建筑物的四角、外墙的错层部位、横墙与外纵墙的交接处、较大洞口的两侧、大房间内外墙的交接处、楼梯间、电梯间以及某些较长墙体的中部。由于房屋层数和地震烈度不同,构造柱的设置要求也不同。

B. 构造柱的构造要点(见图5.31—图5.34)

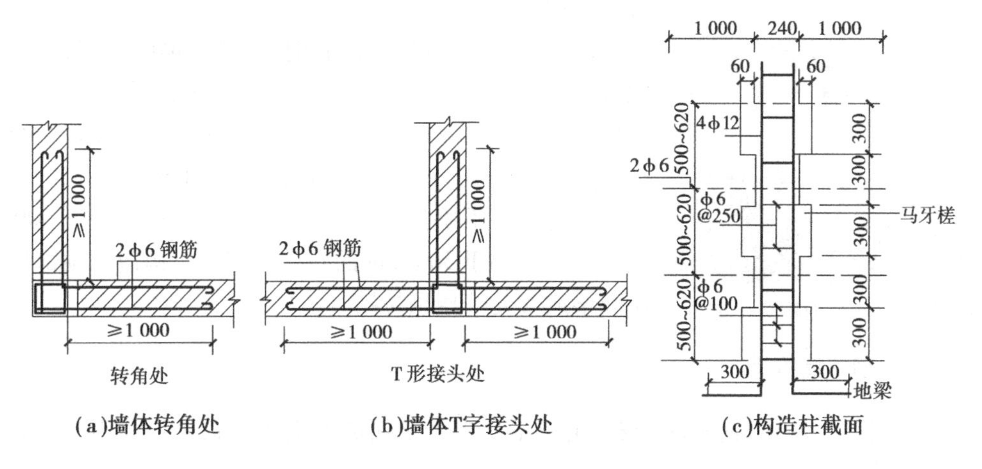

图5.31　构造柱

图5.32　某工程圈梁构造柱

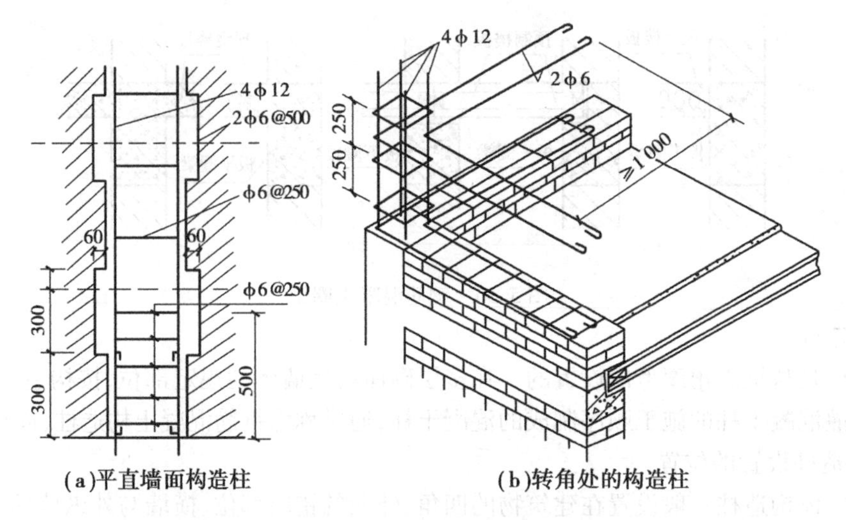

图 5.33　构造柱构造

图 5.34　平直墙面构造柱实例

构造柱的最小截面尺寸采用 240 mm × 180 mm,纵向钢筋采用 4ф12,箍筋间距不宜大于 250 mm,且在每层楼面上下各适当加密。

施工时,应先放构造柱的钢筋骨架,再砌砖墙,最后浇筑混凝土。构造柱与墙连接处应砌成马牙槎,即每 300 mm 高伸出 60 mm,每 300 mm 高再缩进 60 mm,沿墙高每 500 mm 设 2ф6 拉结钢筋,每边伸入墙内不小于 1 m。

构造柱可不单独设基础,但应伸入室外地面下 500 mm,或与埋深不小于 500 mm 的基础梁相连。构造柱顶部应与顶层圈梁或女儿墙压顶拉结。

5.2.2　砌块墙构造

砌块墙是将预制块材(砌块)按一定技术要求砌筑而成的墙体。砌块是利用工业废料和地方材料制成。

(1)砌块的类型与规格(见图 5.35)

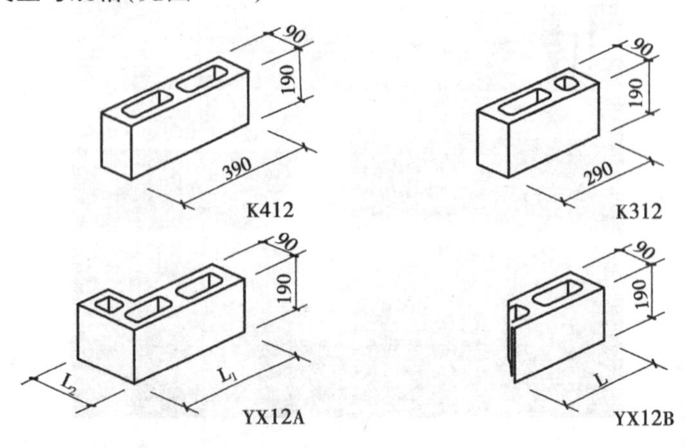

图 5.35　空心砌块的规格大小

①按材料砌块，可分为普通混凝土砌块、加气混凝土砌块、轻骨料混凝土砌块及利用各种工业废料制成的砌块。

②按砌块在组砌中的作用与位置，可分为主砌块和辅助砌块。

③按单块质量和幅面大小，可分为小型砌块、中型砌块和大型砌块。

(2)砌块墙的排列与组合

砌块排列组合图一般有各层平面、内外墙立面分块图。在排列组合时，应按门窗和墙面尺寸布置，对墙面进行合理的分块，正确选择砌块的规格尺寸，尽量减少砌块的规格类型，优先采用大规格的砌块作主要砌块。

(3)砌块墙构造

1)砌块墙的接缝处理

砌块在组砌时应使上下匹错缝，中型砌块搭接长度不少于砌块高度的1/3，且不少于150 mm，小型砌块搭接长度不少于90 mm。无法满足搭接长度时，应在水平灰缝内设置不小于2ϕ4 的钢筋网片，且网片两端均超过该垂直缝不小于300 mm。当竖缝宽度超过30 mm时，须用C20 细石混凝土灌实(见图5.36)。

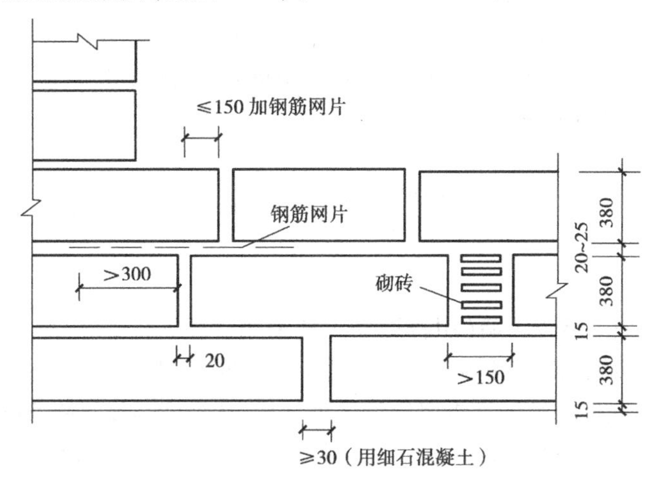

图5.36　砌块墙的接缝处理

2)设置圈梁

圈梁分为现浇和预制两种。工程实际中常采用槽形预制块作模板，在槽内先配置钢筋，然后浇筑混凝土(见图5.37)。

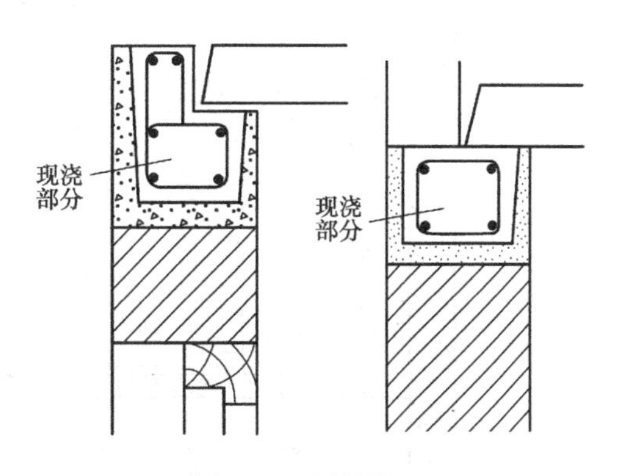

图5.37　圈梁设置

3)构造柱

砌块墙竖向加强的措施是在外墙转角及内外墙相交处设置构造柱。其构造做法是：构造柱与砌块墙连接处设拉结钢筋网片，每边深入墙内的长度不少于1 m。空心砌块上下孔对齐，在孔内分层插入 ϕ10 ~ ϕ20 的钢筋，然后分层浇筑C20 细石混凝土(见图5.38)。

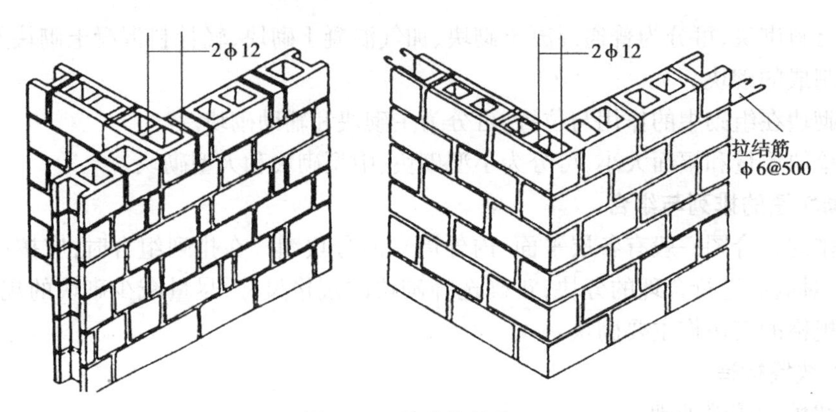

图 5.38　构造柱构造

5.2.3　隔墙构造

隔墙是指用于分隔建筑物内部空间的非承重构件，其本身质量由楼板或梁来承担。按构造方式分为块材隔墙、轻骨架隔墙和板材隔墙 3 大类。

隔墙应满足自重轻、厚度薄、便于拆卸、隔声、防潮、防水、防火等要求。自重轻，有利于减轻楼板的荷载；厚度薄，可增加建筑的有效空间；便于拆卸，能随使用要求的改变而变化；具有一定的隔声能力，使各使用房间互不干扰。

(1)块材隔墙

块材隔墙是指用普通砖、空心砖、加气混凝土砌块等块材砌筑的墙。常用的有普通砖隔墙和砌块隔墙。

1)普通砖隔墙

普通砖隔墙一般采用半砖隔墙(用普通黏土砖采用全顺式砌筑而成)。其构造做法是：为保证隔墙不承重，隔墙顶部与楼板相接处，应斜砌 1 匹砖，或留约 30 mm 的空隙塞木楔打紧，然后用砂浆填缝。隔墙两端的承重墙须留出马牙槎，并沿墙高度每隔 500 mm 砌入 2ϕ6 的拉结钢筋，深入隔墙不小于 500 mm。还应沿隔墙高度每隔 1 200 mm 设一道 30 mm 厚水泥砂浆层，内放 2ϕ6 钢筋(见图 5.39)。

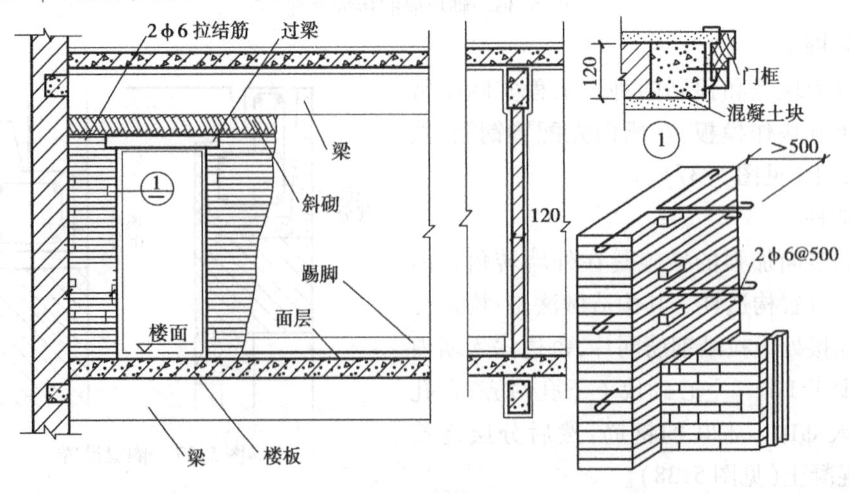

图 5.39　普通砖隔墙构造

2)砌块隔墙

砌块隔墙墙厚一般为90～120 mm。加固构造措施同普通砖隔墙,砌块不够整块时宜用普通黏土砖填补。砌筑时,先在墙下部实砌3～5匹实心黏土砖再砌砌块(见图5.40)。

图5.40　砌块隔墙实例

(2)**轻骨架隔墙(立筋式隔墙)**

轻骨架隔墙由骨架和面层两部分组成,骨架可分为木骨架和金属骨架,面板可分为板条抹灰、钢丝网板条抹灰、胶合板、纤维板及石膏板。

1)木骨架隔墙

骨架由上槛、下槛、墙筋、横撑或斜撑组成。面层是在木骨架上钉各种成品板材,如纤维板、胶合板、石膏板等,并在骨架、木基层板背面刷两遍防火涂料(见图5.41)。

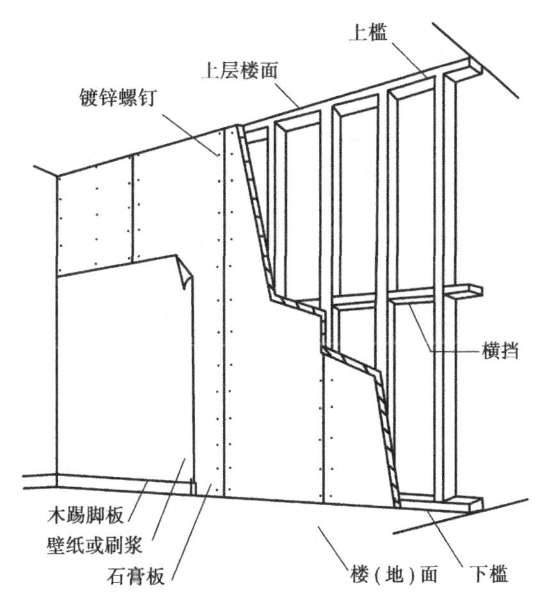

图5.41　木骨架隔墙构造

2)轻钢龙骨隔墙

骨架由沿顶龙骨、沿地龙骨、竖向龙骨、横撑龙骨、加强龙骨等组成。纸面石膏板、纤维水泥加压板、纤维石膏板、粉石英硅酸钙板等作面层(见图5.42、图5.43)。

(3)**板材隔墙**

板材隔墙是指单板相当于房间净高,面积较大,不依赖于骨架直接装配而成的隔墙。特

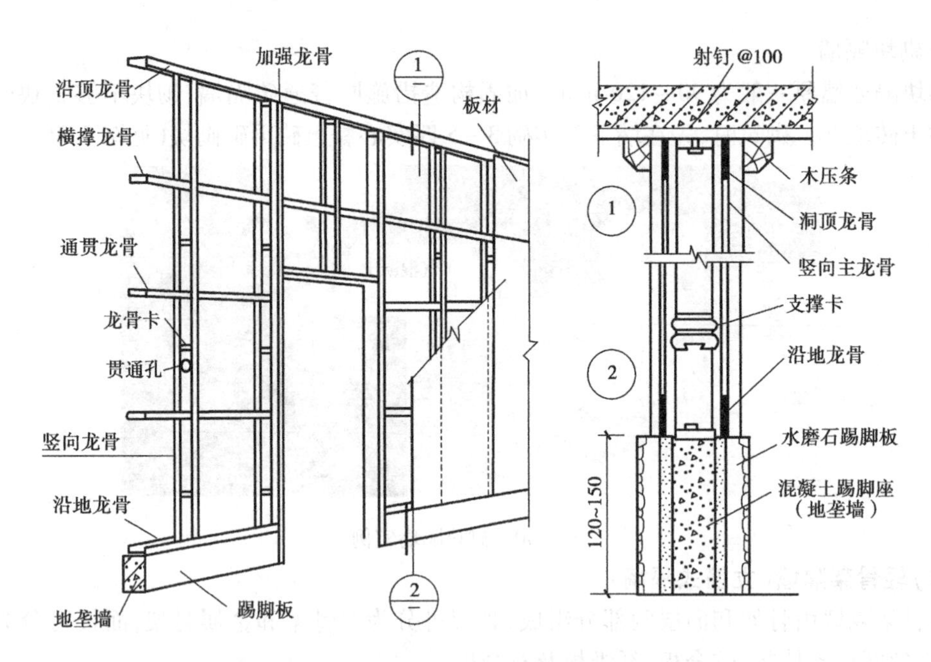

图 5.42　轻钢龙骨隔墙构造

图 5.43　轻钢龙骨隔墙实例

点具有自重轻、安装方便、施工速度快、工业化程度高等。安装时,条板下部先用一对对口木楔顶紧,然后用细石混凝土堵严,板缝用黏结砂浆或黏结剂进行黏结,并用胶泥刮缝,平整后再做表面装修。板材隔墙常采用的有预制条板,如加气混凝土条板、碳化石灰板、石膏珍珠岩板、水泥钢丝网夹芯板、复合彩色钢板等。

1)预制条板

预制条板的厚度大多为60 ~ 100 mm,宽度为600 ~ 1 000 mm。长度略小于房间净高。安装时,条板下部选用小木楔顶紧,然后用细石混凝土堵严板缝,用胶黏剂黏结,并用胶泥刮缝,平整后再做表面装修(见图5.44、图5.45)。

2)水泥钢丝网夹芯板复合墙板

水泥钢丝网夹芯板复合墙板(又称为泰柏板)是以50 mm厚的阻燃型聚苯乙烯泡沫塑

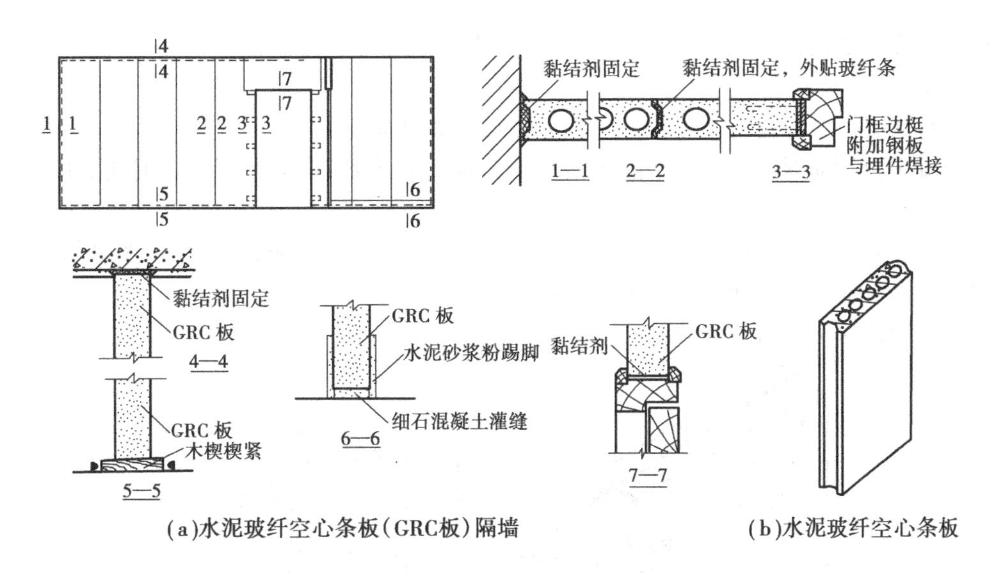

(a)水泥玻纤空心条板(GRC板)隔墙　　(b)水泥玻纤空心条板

图5.44　水泥玻纤空心条板(GRC)隔墙

料整板为芯材,两侧钢丝网间距70 mm,钢丝网格间距50 mm,每个网格焊一根腹丝,腹丝倾角45°,两侧喷抹30 mm厚水泥砂浆或小豆石混凝土,总厚度为110 mm。定型产品规格为1 200 mm×2 400 mm×70 mm。

水泥钢丝网夹芯板复合墙板安装时,先放线,然后在楼面和顶板处设置锚筋或固定U形码,将复合墙板与之可靠连接,并用锚筋及钢筋网加强复合墙板与周围墙体、梁、柱的连接(见图5.46)。

图5.45　预制条板隔墙实例

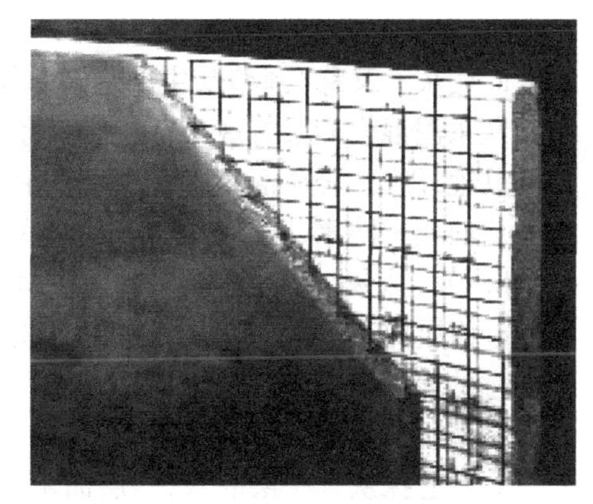

图5.46　水泥钢丝网夹芯板复合墙板

5.2.4　墙面装饰

(1)墙面装修的作用、分类

墙面装修的作用是保护墙体、改善墙体性能、满足房屋使用功能、美化室内外环境。

墙面装修分类:墙面装修按其所处的部位不同,分室外装修和室内装修;按材料及施工方式的不同,可分为抹灰类、贴面类、涂料类、裱糊类及铺钉类5大类。

(2)墙面装修的构造

1)抹灰类墙面装修

抹灰又称粉刷,是我国传统的饰面做法,是由水泥、石灰膏为胶结材料加入沙或石渣与水拌和成砂浆或石渣浆,抹到墙面上的一种操作工艺,属湿作业。

①基层处理

a. 砖石基层。做饰面前,应除去浮灰,必要时用水冲净。

b. 混凝土及钢筋混凝土基层。除去混凝土表面的脱模剂,还必须将表面打毛,用水除去浮尘。

c. 加气混凝土表面。抹灰前应将加气混凝土表面清扫干净,除去浮灰,浇水洇湿并涂刷一遍 107 胶水溶液或其他加气混凝土界面剂。

②抹灰构造层次(见图 5.47)

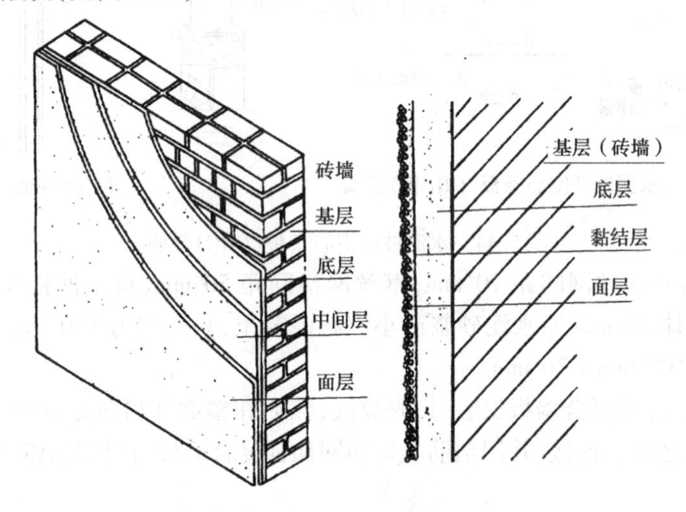

图 5.47 抹灰构造

a. 底灰。又称"刮糙",主要起与基层的黏结及初步找平的作用。对砖墙、石墙,水泥砂浆或石灰水泥混合砂浆打底。基层为板条基层时,应采用石灰砂浆作底灰,并在砂浆中掺入麻刀或其他纤维。轻质混凝土砌块墙的底灰多用混合砂浆或聚合物砂浆。对混凝土墙或湿度大的房间或有防水、防潮要求的房间,底灰宜选用水泥砂浆,底灰厚 5 ~ 15 mm。

b. 中层抹灰。主要起找平作用,厚度一般为 5 ~ 10 mm。

c. 面层抹灰。主要起装修作用,要求表面平整、色彩均匀、无裂缝,可做成光滑、粗糙等不同质感的表面。

按质量要求和主要工序划分,抹灰可分为以下 3 种标准:

a. 普通抹灰。一层底灰,一层面灰,总厚度≤18 mm。

b. 中级抹灰。一层底灰,一层中灰,一层抹灰面灰,总厚度≤20 mm。

c. 高级抹灰。一层底灰,数层中灰,一层面灰,总厚度≤25 mm。

③墙面局部处理

a. 墙裙。墙裙在室内抹灰中,对人群活动频繁、易受碰撞的墙面,或有防水、防潮要求的墙身,如门厅、走廊、厨房、浴室、厕所等处的墙面。高 1.5 m 或 1.8 m。具体做法:1∶3水泥砂浆打底,1∶2水泥砂浆或水磨石罩面,也可贴面砖、刷油漆或铺钉胶合板等(见图 5.48)。

b. 踢脚。踢脚是在内墙面和楼地面的交接处,为了遮盖地面与墙面的接缝,保护墙身,以及防止擦洗地面时弄脏墙面,常做踢脚线。$H = 120 \sim 150$ mm。形式有与墙平、凸出、凹进。材料一般和楼地面的材料相同(见图 5.49)。

c. 装饰线。为了增加室内美观,在内墙面与顶棚的交接处做成各种装饰线(见图 5.50)。

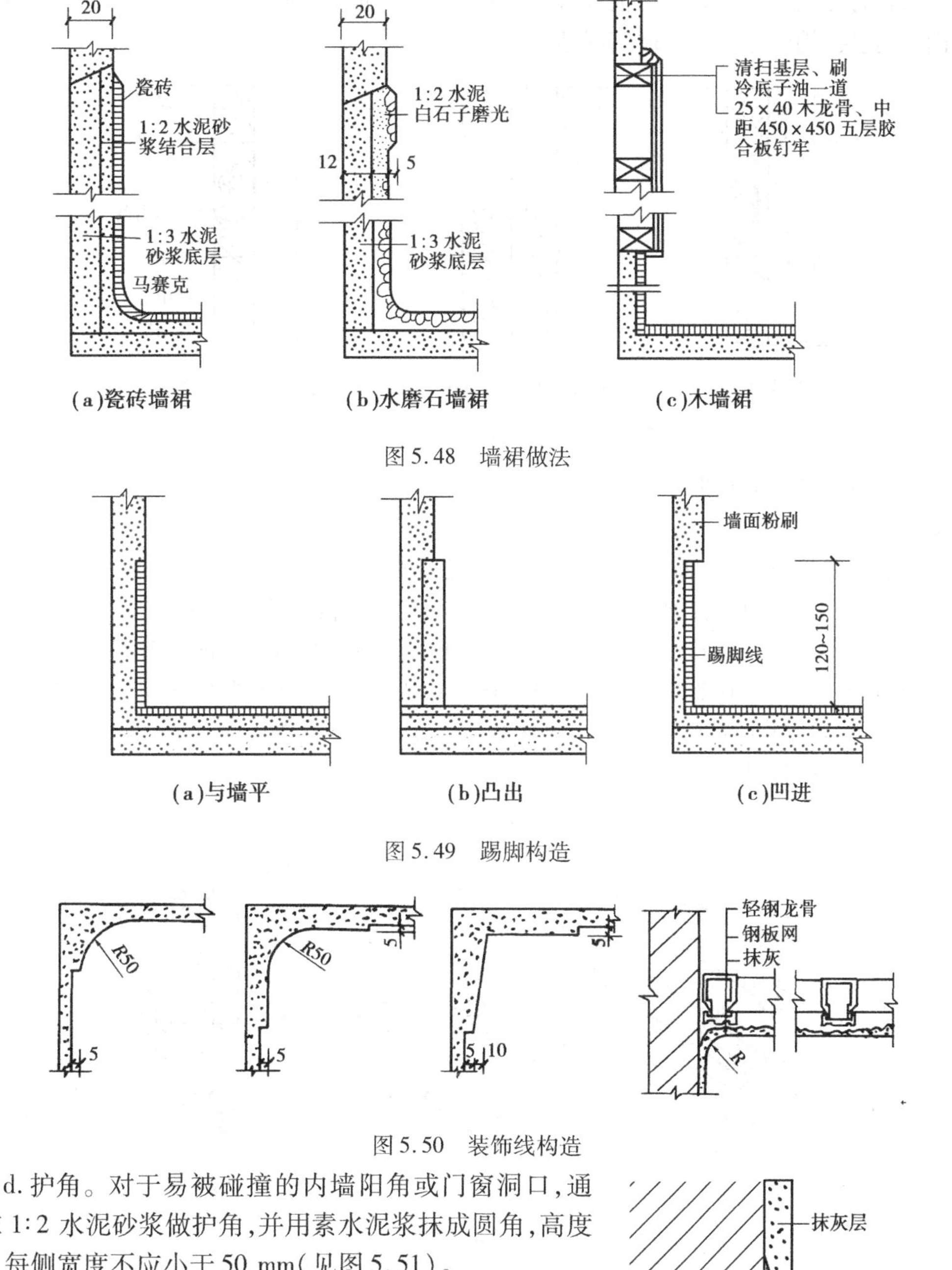

(a)瓷砖墙裙　(b)水磨石墙裙　(c)木墙裙

图 5.48　墙裙做法

(a)与墙平　(b)凸出　(c)凹进

图 5.49　踢脚构造

图 5.50　装饰线构造

d. 护角。对于易被碰撞的内墙阳角或门窗洞口，通常抹 1∶2 水泥砂浆做护角，并用素水泥浆抹成圆角，高度 2 m，每侧宽度不应小于 50 mm（见图 5.51）。

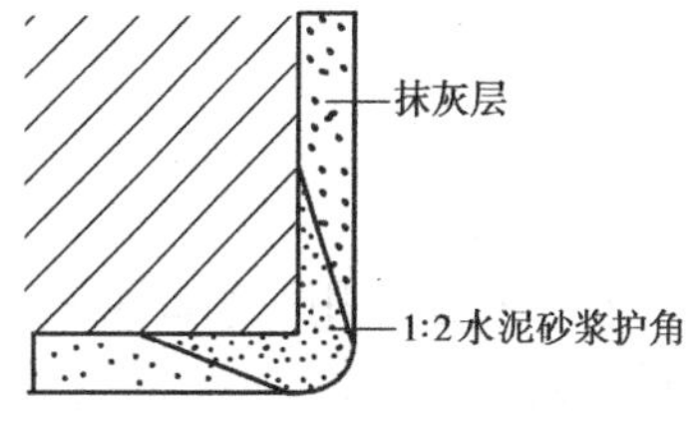

图 5.51　护角

e. 引条。外墙面因抹灰面积较大，由于材料干缩和温度变化，容易产生裂缝，常在抹灰面层做分格处理，称为引条线。引条线的做法是在底灰上埋放不同形式的木引条，面层抹灰完毕后及时取下引条，再用水泥砂浆勾缝，以提高抗渗能力（见图 5.52）。

2）贴面类墙面装修

贴面类装修是指将各种天然石材或人造板、块，通过绑、挂或直接粘贴于基层表面的装修做法。材料有花岗岩板和大理石板等天然石板；水磨石板、水刷石板、剁斧石板等人造石板；以及面砖、瓷砖、锦砖等陶瓷和玻璃制品。

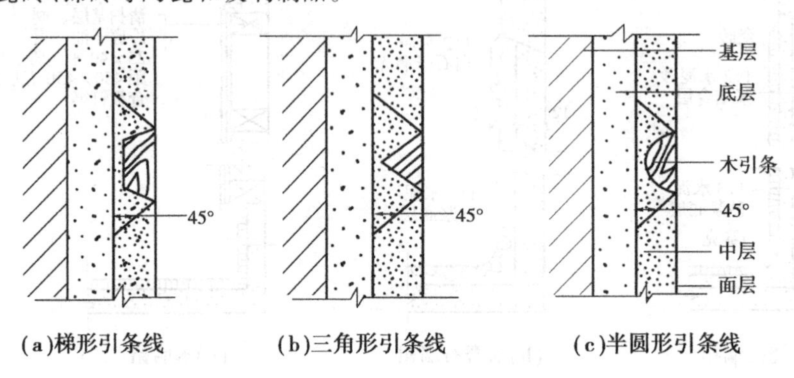

图5.52　木引条

①天然石板及人造石板墙面装修

A. 湿挂法

先在墙身或柱内预埋 φ6 铁箍，间距按石材的规格确定。在铁箍内立 φ8 ~ φ10 竖筋和横筋，形成钢筋网，再用双股铜线或镀锌铅丝穿过事先在石板上钻好的孔眼（人造石板则利用预埋在板中的安装环），将石板绑扎在钢筋网上，上下两块石板用不锈钢卡销固定。

石板与墙之间一般有 20 ~ 30 mm 缝隙，上部用定位活动木楔做临时固定，校正无误后，在板与墙之间分层浇筑 1∶2.5 水泥砂浆，每次灌入高度不应超过 200 mm。在砂浆初凝后，取掉定位活动木楔，继续上层石板的安装（见图5.53）。

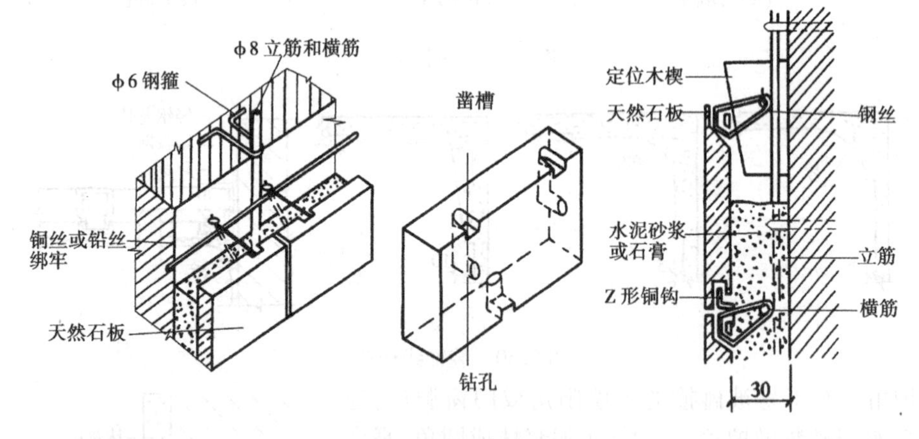

图5.53　石板墙面湿挂法

B. 干挂法

干挂石材法是用一组高强耐腐蚀的金属连接件，将饰面石材与结构可靠地连接，其间不做灌浆处理。

干挂法的特点是：装饰效果好，石材在使用过程中表面不会泛碱；施工不受季节限制，无湿作业，施工速度快，效率高，施工现场清洁；石材背面不灌浆，减轻了建筑物自重，有利于抗震；饰面石材与结构连接（或与预埋件焊接）构成有机整体，可用于地震区和大风地区；采用干挂石材法造价比湿挂法高 15% ~25%。

干挂法构造有无龙骨体系和有龙骨体系两种。

a. 无龙骨体系。根据立面石材设计要求,全部采用不锈钢的连接件,与墙体直接连接(焊接或栓接),通常用于钢筋混凝土墙面(见图5.54(a))。

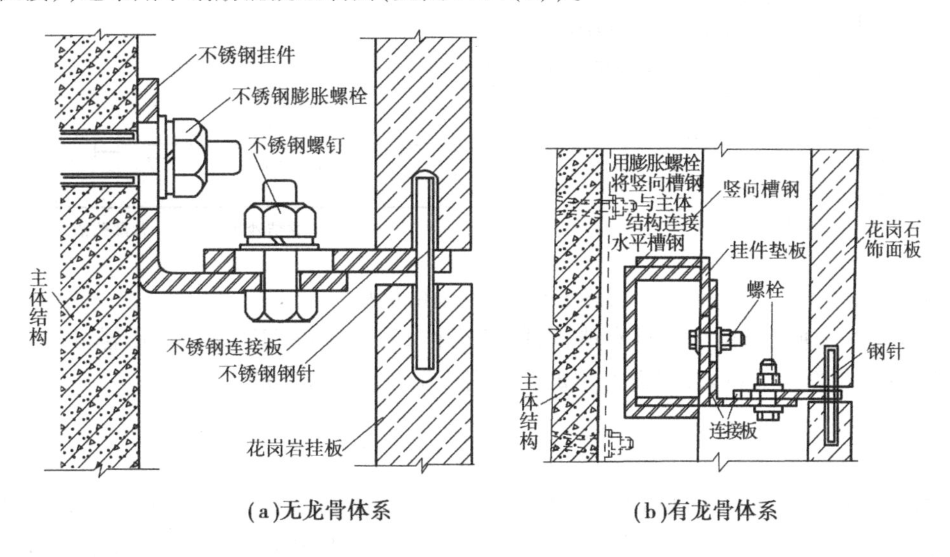

图5.54 石板面干挂法

b. 有龙骨体系。由竖向龙骨和横向龙骨组成。主龙骨可选用镀锌方钢、槽钢、角钢,该体系适用于各种结构形式(见图5.54(b))。

用于连接件的舌板、销钉、螺栓一般均采用不锈钢,其他构件视具体情况而定。密封胶应具有耐水、耐溶剂和耐大气老化及低温弹性、低气孔率等特点,且密封胶应为中性材料,不对连接件构成腐蚀。

②陶瓷面砖、陶瓷锦砖墙面装修

A. 面砖材料

a. 釉面砖。精陶制品,主要用于内墙。

b. 墙地砖。贴外墙面砖为面砖;铺地面砖为地砖,分无釉及釉面砖。

c. 陶瓷锦砖。纸匹砖,瓷质产品。

d. 玻璃马赛克。与陶瓷锦砖相似,是透明的玻璃质饰面材料,它质地坚硬、色泽柔和,具有耐热、耐蚀、不龟裂、不褪色、造价低的特点。

e. 劈离砖。以黏土为原料烧制而成。

B. 铺贴方法

面砖安装前先将表面清洗干净,然后将面砖放入水中浸泡,贴前取出晾干或擦干;用15 mm厚1∶3水泥砂浆打底找平;10 mm厚1∶0.2∶2.5水泥石灰膏砂浆或用掺有107胶(水泥用量的5%～10%)的1∶2.5水泥砂浆满刮于面砖背面,将面砖贴于墙上(见图5.55)。

C. 陶瓷锦砖墙面装修

锦砖反贴在标准尺寸为325 mm×325 mm或500 mm×500 mm的牛皮纸上;施工时,将纸面朝外整块粘贴在1∶1水泥细砂砂浆上,用木板压平;砂浆硬结后,洗去牛皮纸,修整。

3)涂料类墙面装修

①特点

涂料类墙面装修是指利用各种涂料敷于基层表面而形成完整牢固的膜层,起到保护和装

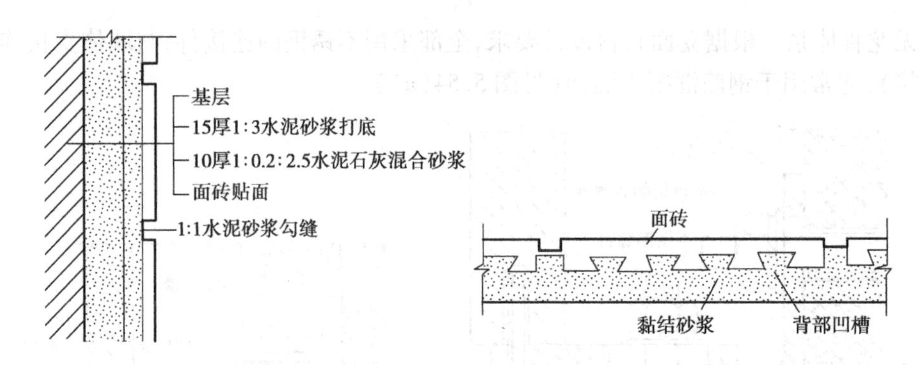

图 5.55　面砖铺贴方法

饰墙面作用的一种装修做法。具有造价低、装饰性好、工期短、工效高、自重轻，以及操作简单、维修方便、更新快等特点，因而在建筑上得到广泛的应用和发展。

②涂料分类

A. 无机涂料

无机涂料有普通无机涂料和无机高分子涂料。普通无机涂料，如石灰浆、大白浆、可赛银浆等，多用于一般标准的室内装修。无机高分子涂料有 JH80-1 型、JH80-2 型、JHN84-1 型、F832 型、LH-82 型、HT-1 型等。无机高分子涂料有耐水、耐酸碱、耐冻融、装修效果好、价格较高等特点，多用于外墙面装修和有耐擦洗要求的内墙面装修。

B. 有机涂料

有机涂料依其主要成膜物质与稀释剂不同，有溶剂型涂料、水溶性涂料和乳液涂料 3 类。

a. 溶剂型涂料。有传统的油漆涂料、苯乙烯内墙涂料、聚乙烯醇缩丁醛内（外）墙涂料、过氯乙烯内墙涂料等。

b. 水溶性涂料。有聚乙烯醇水玻璃内墙涂料（即 106 涂料）、聚合物水泥砂浆饰面涂层、改性水玻璃内墙涂料、108 内墙涂料、ST-803 内墙涂料、JGY-821 内墙涂料及 801 内墙涂料等。

c. 乳液涂料。又称乳胶漆，有乙丙乳胶涂料、苯丙乳胶涂料等，多用于内墙装修。

③构造做法

建筑涂料的施涂方法，一般可分刷涂、滚涂和喷涂。

施涂溶剂型涂料时，后一遍涂料必须在前一遍涂料干燥后进行，否则易发生皱皮、开裂等质量问题。

施涂水溶性涂料时，要求与做法同上。每遍涂料均应施涂均匀，各层应结合牢固。

在湿度较大，特别是遇明水部位的外墙和厨房、厕所、浴室等房间内施涂涂料时，应选用耐洗刷性较好的涂料和耐水性能好的腻子材料（如聚醋酸乙烯乳液水泥腻子等）。

用于外墙的涂料，应具有良好的耐水性、耐碱性，还应具有良好的耐洗刷性、耐冻融循环性、耐久性和耐玷污性。

4）裱糊类墙面装修

裱糊类墙面装修是将各种装饰性的墙纸、墙布、织锦等卷材类的装饰材料裱糊在墙面上的一种装修做法。墙体饰面装饰性强、造价较经济、施工方法简捷高效、材料更换方便，并且在曲面和墙面转折处粘贴，可以顺应基层，获得连续的饰面效果。

装饰材料有 PVC 塑料壁纸、复合壁纸、玻璃纤维墙布等。

裱糊类墙面装修应作基层处理，对有防水和防潮要求的墙体，应对基层作防潮处理，在基层涂刷均匀的防潮底漆。面层应采用整幅裱糊,裱糊的顺序为先上后下,先高后低。

5)铺钉类墙面装修

铺钉类墙面装修是将各种天然或人造薄板镶钉在墙面上的装修做法,其构造与骨架隔墙相似,由骨架和面板两部分组成。施工时先在墙面上立骨架(墙筋),然后在骨架上铺钉装饰面板。

骨架分木骨架和金属骨架两种。

室内墙面装修用面板,一般采用硬木条板(见图5.56)、胶合板、纤维板、石膏板及各种吸声板。

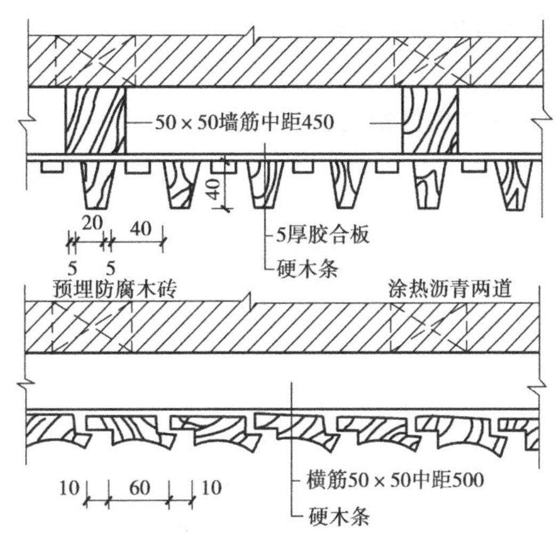

图5.56 硬木条墙面装修构造

项目小结

①墙体是建筑重要的承重构件,设计中需满足强度、刚度和稳定性的要求。同时,墙体也是建筑重要的围护构件,设计中需要满足各种不同的使用功能要求。墙体有4种承重方案,即横墙承重、纵墙承重、纵横墙承重及墙柱混合承重。墙体按不同的分类方式有多种类型。

②砖墙和砌块墙都是块材墙,由块材和胶结材料组砌而成。既可作承重墙,也可作非承重墙。墙身的细部构造包括墙脚(墙身防潮层、勒脚、散水、明沟)、门窗洞口(窗台、过梁)和墙身加固措施(壁柱、门垛、圈梁、构造柱)等。

③隔墙是非承重墙,有块材隔墙、骨架隔墙和板材隔墙。砌筑隔墙属于重质隔墙,一般要求在结构上考虑支承关系;骨架隔墙多与室内装修相结合;条板隔墙施工安装方便,可结合墙体热工要求预制加工,是建筑工业化发展所提倡的隔墙类型。

④民用建筑的装修可分为抹灰类、贴面类、涂料类、裱糊类及铺钉类。墙面装修的构造层次主要有基层和饰面层两大部分,基层要保证面层材料附着牢固,同时对有特殊使用要求的场所要有针对性地进行处理;饰面层应保证房屋美观、清洁和使用要求。

复习思考题

1. 墙体在设计上有哪些要求?
2. 标准砖自身尺度有何关系?砖模与建筑模数如何协调?
3. 结合实际工程,说明砖墙组砌的要点是什么。
4. 常见的过梁有几种?它们的适用范围和构造特点是什么?
5. 结合实际工程,简述各种隔墙的构造做法。
6. 砌块墙的组砌要求有哪些?
7. 试述墙面抹灰和石材贴面装修构造。

项目 6 楼地层

项目概述

楼板层和地坪层统称楼地层，它是房屋的重要组成部分。楼板层是建筑物中用于分隔上下楼层空间的水平构件，也是承重构件，承受人、物件、设备的质量，并将其传递给墙或柱，同时对墙体起着水平支撑的作用。地坪层是指建筑物底层与土壤相接的水平构件，承受作用于其上的各种荷载，并将其传递给土层或地基。

项目包括楼板类型及构造、顶棚构造、地面构造、阳台与雨棚。

情景介绍

我们每天都接触地面、楼面，已直接感受到楼地面有各式各样的不同面层，如木地面、水磨石地面、大理石地面、水泥地面、瓷砖地面及塑料地面等，除了面层的不同，地坪层、楼板层还有哪些构造层次，还有哪些不同的楼板类型，顶棚的形式、阳台雨棚的构造又如何，这些都是我们要认识和了解的。

任务6.1 认识楼板层

任务描述

了解楼板的构造组成、楼板的类型。

任务实施

组织同学小组讨论或参观正在做楼层施工的工地，认识不同的楼板类型及楼板构造形式。

任务引导

6.1.1 楼板层的构造组成及楼板类型

(1)楼板的构成

楼板一般由面层、结构层和顶棚层等基本层组成(见图6.1)。当基本层不能满足使用要求时，增设相应的附加层。

①面层。起着保护楼板层、分布荷载和各种绝缘作用。

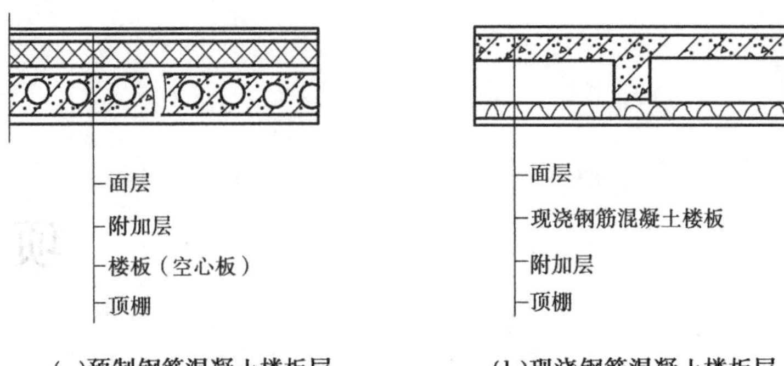

图6.1 楼板层的组成

②结构层。是楼板层的承重部分,起到承重、水平支撑的作用。

③顶棚层。主要作用是保护楼板、安装灯具、安装水平管线设备等。

④附加层。又称功能层,主要用以满足隔声、防水、隔热、保温等绝缘作用。

(2)楼板的类型

根据承重结构所用材料不同,楼板可分为木楼板、钢筋混凝土楼板和压型钢板组合楼板等多种类型(见图6.2)。

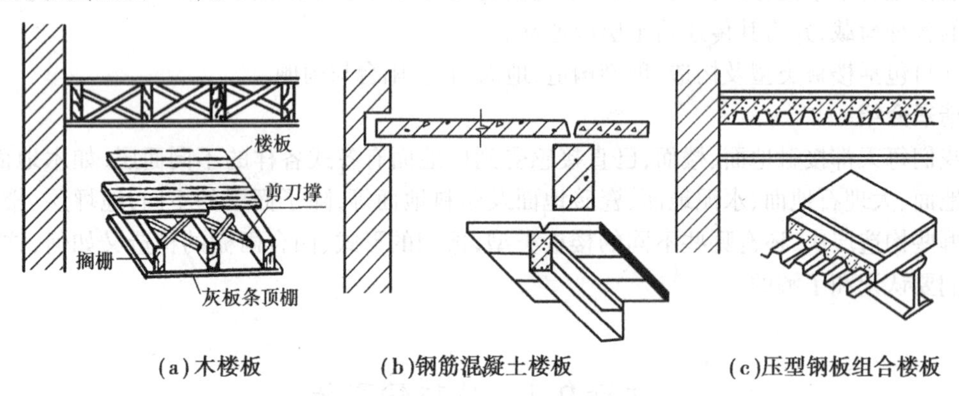

图6.2 楼板的类型

①木楼板由木梁和木地板组成。这种楼板的构造虽然简单,自重也较轻,但防火性能不好,不耐腐蚀,又由于木材昂贵,故一般工程中应用较少。当前它只应用于装修等级较高的建筑中。

②钢筋混凝土楼板是目前应用最广泛的楼板类型,因为钢筋混凝土楼板造价低廉,容易成型,强度高,耐火性和耐久性好,且便于工业化生产。

③压型钢板组合楼板是近年来在钢筋混凝土楼板基础上发展起来的一种新型楼板。利用钢衬板作为楼板的受弯构件和底模,既提高了楼板的刚度和强度,又加快了施工速度,适用于大空间、荷重大的高层民用建筑和工业建筑。但因造价高,推广使用受限制。

知识链接

楼板的设计要求

楼板是房屋的水平承重结构,它的主要作用是承受人、家具等荷载,并把这些荷载和自重传给承重墙或柱,楼板应满足以下要求:

(1)坚固要求

楼板层应有足够的强度,能够承受自重和不同要求下的荷载。同时要求具有一定的刚度,即在荷载作用下,挠度变形不应超过规定数值。

(2)隔声要求

楼板的隔声包括隔绝空气传声和固体传声两个方面,楼板的隔声量一般在40~50 dB。空气传声的隔绝可采用空心构件,并通过铺垫焦砟等材料来达到。隔绝固体传声应减少对楼板的撞击来达到,在地面上铺设橡胶、地毯可以减少一些冲击量,达到满意的隔声效果。

(3)便于敷设管线的要求

由于现代建筑中的各种服务设施更加完善,有更多的管道、线路将借楼板层来敷设。为保证室内平面布置更加灵活,空间使用更加完整,在楼板层的设计中,必须仔细考虑各种设备管线的走向。

(4)热工和防火要求

一般楼板应有一定的保温和隔热性能,即地面应有舒适的感觉。防火要求应符合防火规范的规定。非预应力钢筋混凝土预制楼板耐火极限为1.0 h,预应力钢筋混凝土楼板耐火极限为0.5 h,现浇钢筋混凝土楼板为1~2 h。

6.1.2　钢筋混凝土楼板

钢筋混凝土楼板按施工方法分为现浇钢筋混凝土楼板和预制钢筋混凝土楼板两种。

(1)现浇钢筋混凝土楼板

现浇钢筋混凝土楼板是指在施工现场架设模板、绑扎钢筋和浇注混凝土,经养护达到一定强度后拆除模板而成的楼板。这种楼板的施工工序多,劳动强度大。它的优点是楼板整体性、耐久性、抗震性好,刚度大。

常用的现浇钢筋混凝土楼板按结构类型分为板式楼板、梁板式楼板、无梁楼板及压型钢板组合楼板。

1)板式楼板

当承重墙的间距不大时,将楼板的两端直接支承在墙体上,而不设梁和柱,这种楼板称为板式楼板。板式楼板的荷载传递途径为荷载→板→墙→基础。

当板的长边与短边之比大于2.0时,在荷载作用下,板基本上只在短边方向有变形,而在长边方向变形很小,这表明荷载主要传递到板的长边上,即单向受力,称为单向板,板内受力钢筋沿短边方向配置。当板的长边与短边之比小于等于2.0时,在荷载作用下,板在两个方向都发生变形,即双向受力,称为双向板,板内受力钢筋沿两个方向配置(见图6.3)。

2)梁板式楼板

梁板式楼板,也称肋梁楼板,一般由板、次梁、主梁组成。板支承在次梁上,次梁支承在主梁上,主梁支承在墙或柱上,次梁的间距即为板的跨度(见图6.4)。

当肋梁楼板中的板为单向板时,称为单向板肋梁楼板。单向板肋梁楼板由主梁、次梁、板组成。荷载传递途径为荷载→板→次梁→主梁→柱→基础。

当肋梁楼板中的板为双向板时,称为双向板肋梁楼板。双向板肋梁楼板由梁、板组成。荷载传递途径为荷载→板→梁→柱→基础。

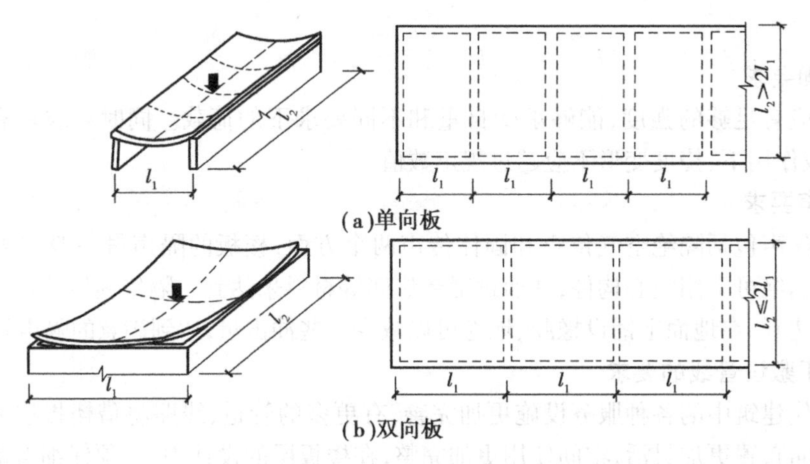

图 6.3　板式楼板

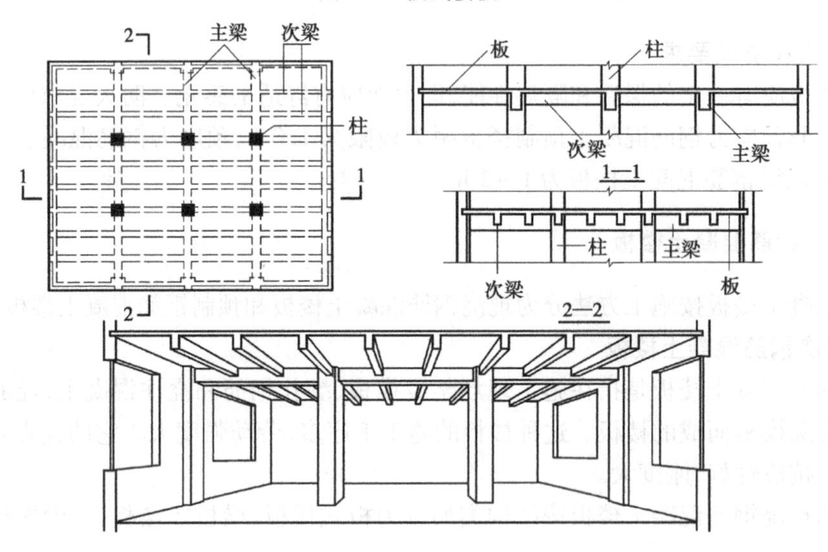

图 6.4　梁式楼板

双向板肋梁楼板沿两个方向设置受力钢筋,短边方向的钢筋放在板的下侧。

当双向板肋梁楼板的板跨相同,且两个方向的梁截面也相同时,就形成了井式楼板。井式楼板实际上是一块扩大了的双向板。井式楼板有正交式和斜交式两种,可形成造型美观、跨度较大的中间无柱空间,常用于公共建筑的门厅、大厅、会议室、小型礼堂等(见图6.5)。

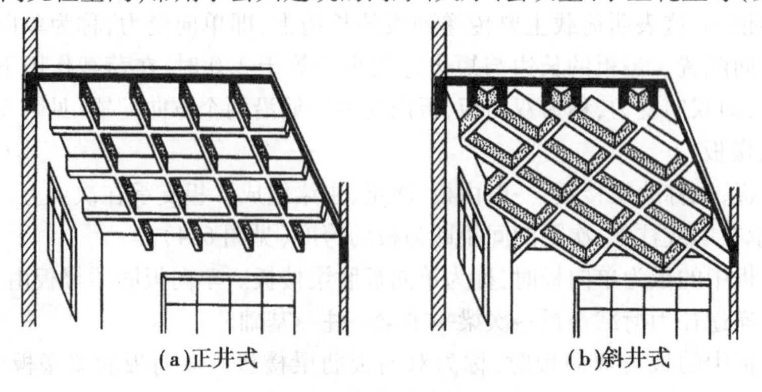

图 6.5　井式楼板

3)无梁楼板

无梁楼板是将板直接支承在墙上或柱上,而不设梁的楼板。为减小板在柱顶处的剪力,常在柱顶加柱帽和托板等形式增大柱的支承面积(见图6.6)。

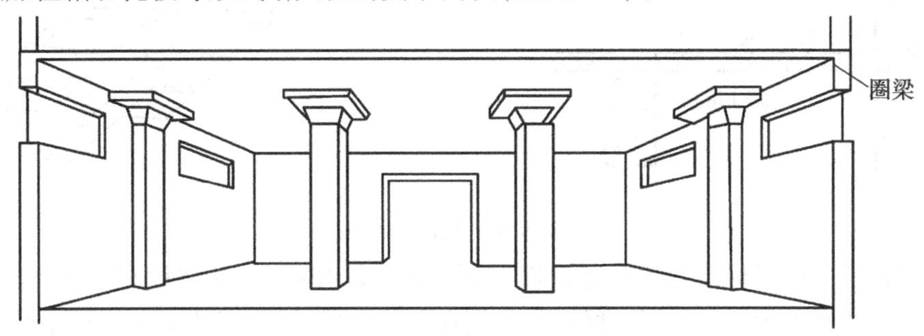

图6.6　无梁楼板

4)压型钢板组合楼板

压型钢板组合楼板主要由钢梁、组合板和楼面层3部分组成,组合板包括现浇混凝土和钢衬板。由于混凝土承受剪力与压力,钢衬板承受下部的压弯应力,因此,压型钢衬板起着模板和受拉钢筋的双重作用。这样组合楼板受正弯矩部分只需配置部分构造钢筋即可。此外,还可利用压型钢板肋间的空隙敷设室内电力管线,从而充分利用了楼板结构中的空间。压型钢板组合楼板在国外高层建筑中得到广泛的应用(见图6.7)。

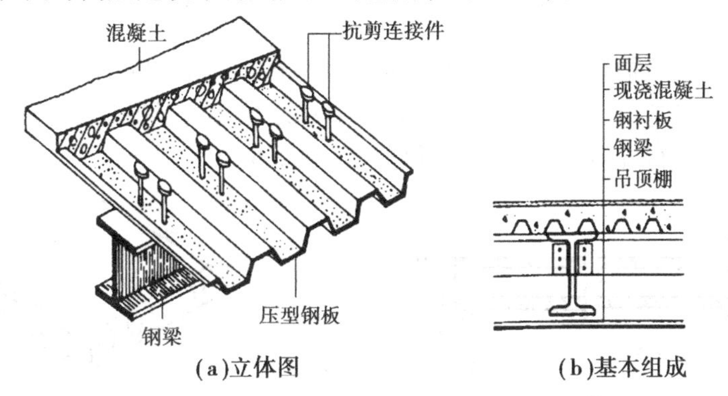

(a)立体图　　(b)基本组成

图6.7　压型钢板组合楼板

(2)预制钢筋混凝土楼板

预制钢筋混凝土楼板系指在构件预制加工厂或施工现场外预先制作,然后运到工地现场进行安装的钢筋混凝土楼板。这种楼板可以节省模板,加快施工速度,缩短工期,但楼板的整体性差。

1)预制板的种类

预制楼板可分为预应力和非预应力两种。预应力楼板是指在预制加工中通过张拉钢筋,使钢筋回缩时挤压混凝土,从而在构件受拉部位的混凝土中建立预压应力,在安装受荷以后,板所受到的拉应力和预先给的压应力平衡,以提高构件的抗裂能力和刚度。预应力楼板的板形规整,节约材料,自重减轻,造价降低。预应力楼板和非预应力楼板相比,可节约钢材30%～50%,节约混凝土10%～30%。

根据预制板的截面形式,预制钢筋混凝土楼板常用类型有实心平板、槽形板和空心板3种。

①实心平板上下板面平整，制作简单，宜用于跨度小的走廊板、楼梯平台板、阳台板、管沟盖板等处。板的两端支承在墙或梁上（见图6.8）。

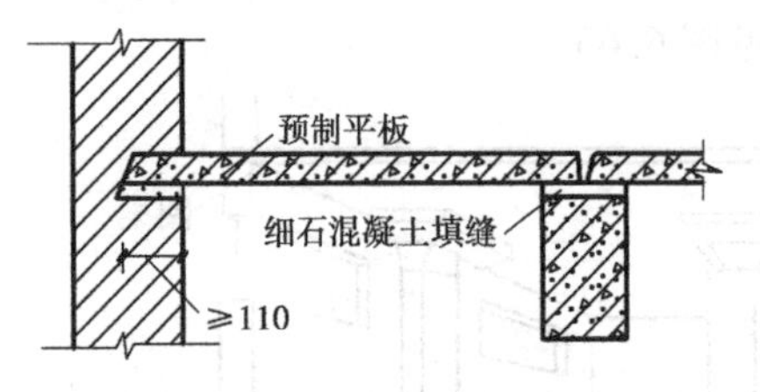

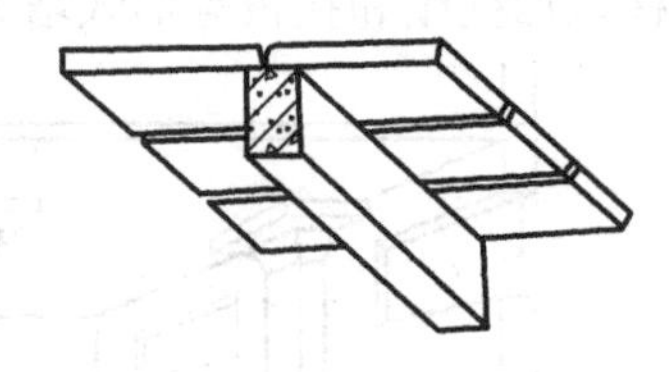

图6.8　实心平板

②槽形板是一种梁板结合的预制构件，即在实心板的两侧及端部设有边肋，作用在板上的荷载都由边肋来承担，当板的跨度较大时，则在板的中部每隔1 500 mm增设横肋一道。槽形板减轻了板的自重，具有省材料、便于在板上开洞等优点，但隔声效果差（见图6.9）。

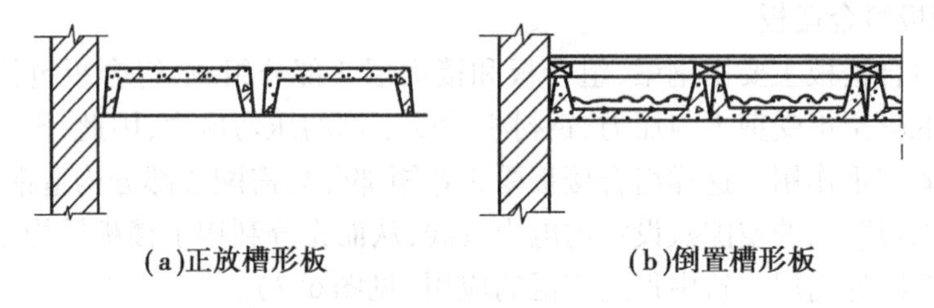

(a)正放槽形板　(b)倒置槽形板

图6.9　槽形板

③空心板是将预制板抽孔后制作而成，可提高构件的承载能力和刚度，减轻自重，节省材料。空心板上下板面平整，孔洞形状有圆形、长圆形和矩形等，以圆孔板的制作最为方便，应用最广。空心板板面不得开口，板端钢筋不得剪断（见图6.10）。

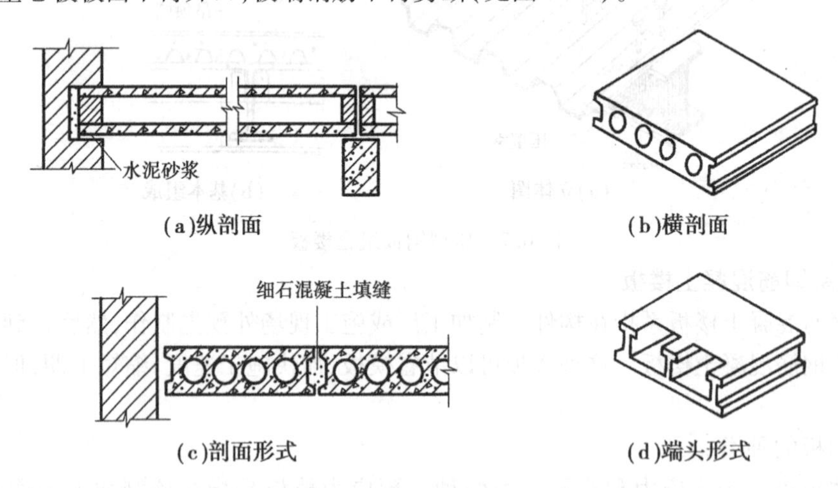

(a)纵剖面　(b)横剖面　(c)剖面形式　(d)端头形式

图6.10　空心板

2）预制板的结构布置原则和方式

结构布置原则如下：

①减少板的规格、类型。

②优先选用宽板，窄板作调剂用。

③避免出现三面支承（见图6.11）。

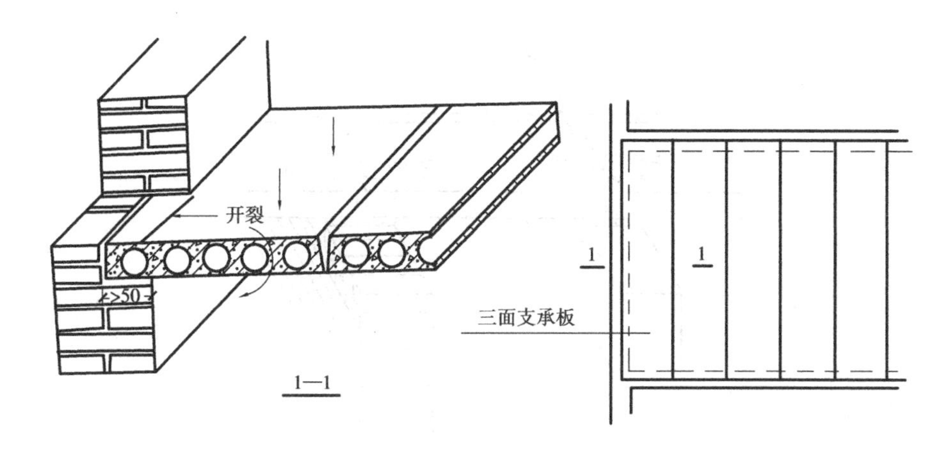

图6.11　三面支承板

④按支承楼板的墙或梁的净尺寸计算楼板的块数,不够整块数的尺寸可通过调整板缝或于墙边挑砖或增加局部现浇板等办法来解决。

⑤遇有上下管线、烟道、通风道穿过楼板时,为防止圆孔板开洞过多,应尽量将该处楼板现浇。

预制楼板的结构布置方式应根据房间的平面尺寸及房间的使用要求进行结构布置,选择一种或几种板进行布置。

在砖混结构中,横墙承重一般适用于横墙间距较密的宿舍、办公楼及住宅建筑等,由于开间较小,预制板可直接搁置在墙上或圈梁上,称为板式结构。当房间比较大时,如教学楼、实验楼等开间进深都较大的建筑中,可以把预制板搁置在梁上,或者直接搁在纵墙上,称为梁板式结构(见图6.12)。

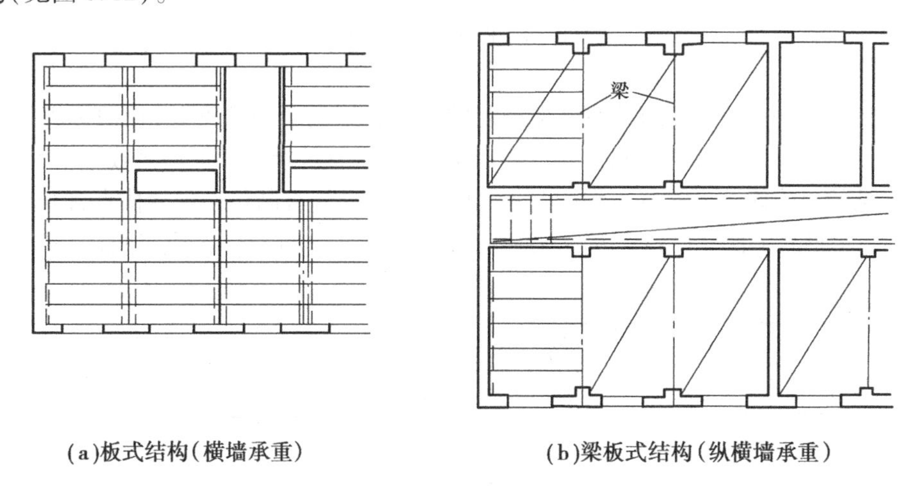

(a)板式结构(横墙承重)　　(b)梁板式结构(纵横墙承重)

图6.12　预制板的布置

3)预制板的搁置要求

板在墙或梁上应有足够的搁置长度并坐浆。搁置在钢筋混凝土梁上时不小于80 mm;搁置在墙上时不小于100 mm(见图6.13)。

当采用梁板式结构时,预制板在梁上的搁置方式一般有两种:一种是板直接搁置在梁上(见图6.14(a));另一种是把板搁置在花篮梁或十字梁上,板面与梁顶面平齐(见图6.14

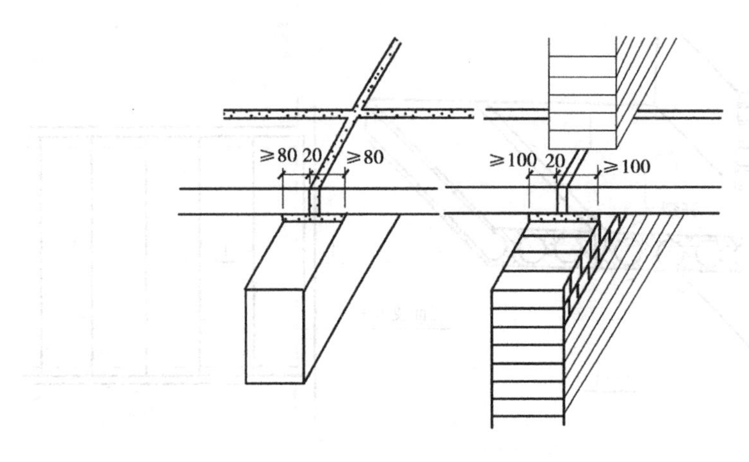

图6.13　板在梁和墙上的搁置长度

(b)、(c))。在梁高不变的情况下,采用后一种方法,房间提高了一个板厚的净空高度。

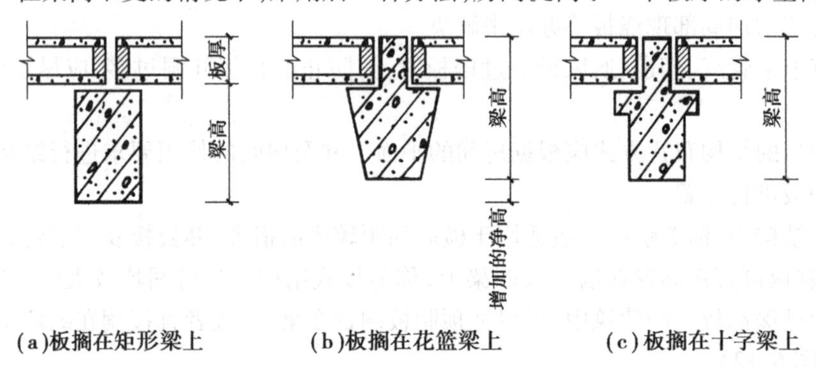

图6.14　板在梁上的搁置

4)板缝处理

在一座建筑物中,预制板的类型要尽可能的少。为了便于板的安装,板的标志尺寸和构造尺寸之间有10~20 mm的差值,这样就形成了板缝,在板缝填入水泥砂浆或细石混凝土(即灌缝)。常见的板间侧缝形式有3种(见图6.15),V形缝具有制作简单的优点,但易开裂,连接不够牢固;U形缝上面开口较大易于灌浆,但仍不够牢固;凹形缝连接牢固,但灌浆捣实较困难。

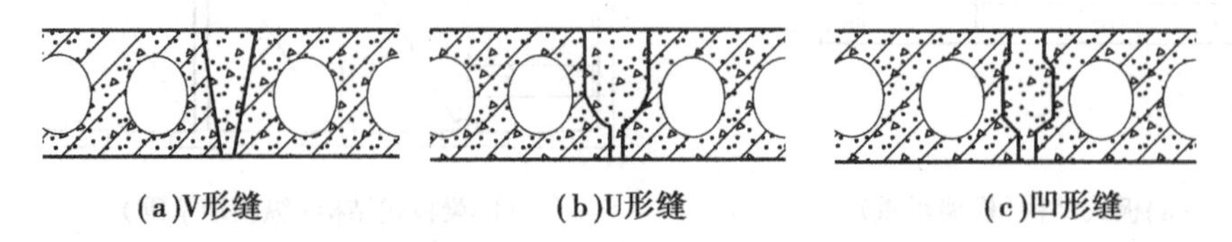

图6.15　侧缝连接形式

空心板当板的横向尺寸与房间大小有差额,出现不足以排一块板的缝隙时,可通过以下方法来处理:

①缝隙<60 mm时,调整板缝宽度。

②缝隙60~120 mm时,沿墙边挑两匹砖。

③120 mm<缝隙<200 mm或因竖向管道沿墙边通过时,局部可现浇板带。

④缝隙 >200 mm 重新选择板规格(见图6.16、图6.17)。

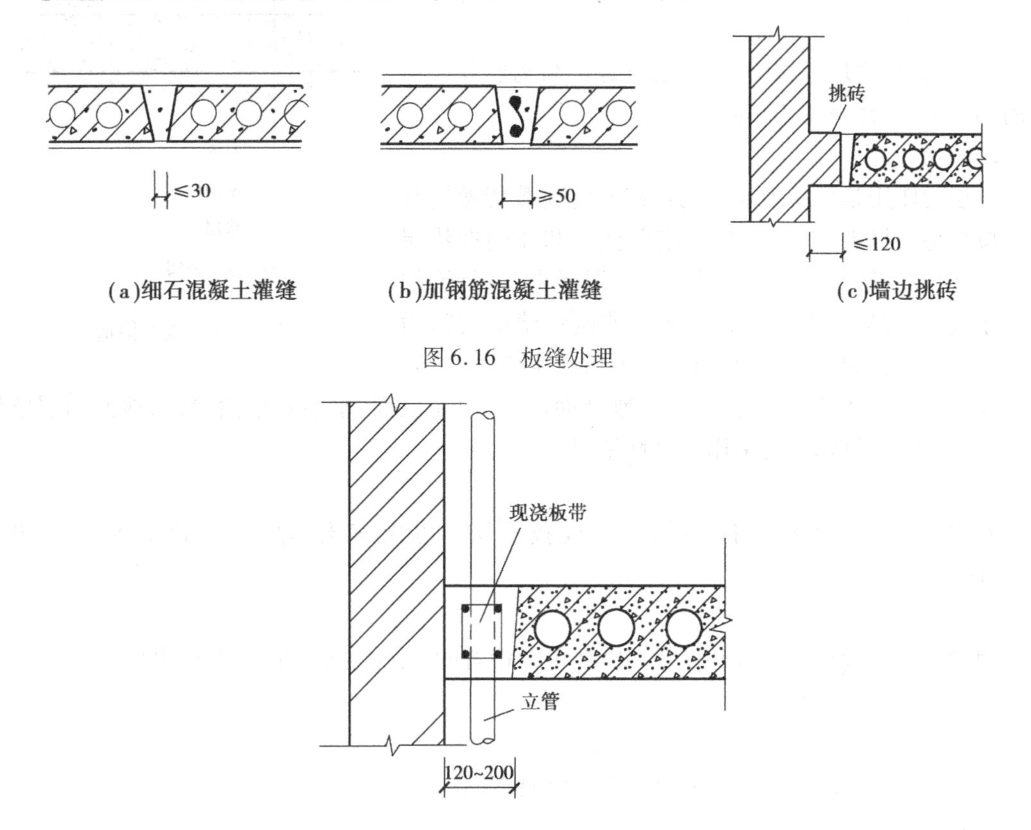

图6.16　板缝处理

图6.17　立管穿过板带

任务6.2　认识地坪层、了解地面构造

任务描述

认识地坪层、了解地面构造。

任务实施

组织同学观察自己所在教室或宿舍楼的地面形式或参观正在做地面施工的工地,认识地面的构造形式。

任务引导

6.2.1　地坪层与地面构造

(1)地坪层的构造

地坪层是指建筑物底层与土壤相交接的水平部分,承受上部荷载,并将其均匀传给地基,地坪的基本组成部分有面层、垫层和基层,对有特殊要求的地坪,常在面层和垫层间增加附加层(见图6.18)。

1)面层

地坪的面层又称地面,与楼面一样,直接承受人、家具、设备等各种物理和化学作用,起着保护结构层和美化室内的作用,与楼面做法相同。

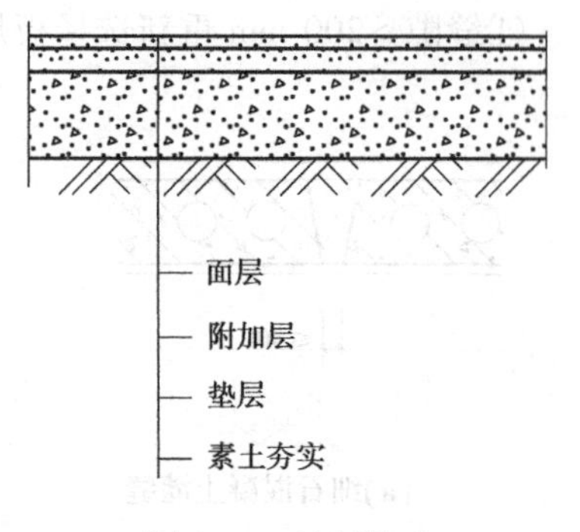

图6.18　地坪构造

2)垫层

垫层的作用是承受地面上的荷载并将荷载传递给基层。按照垫层材料不同,可分为刚性垫层和非刚性垫层两大类:刚性垫层一般为50～100 mm混凝土,有足够的整体刚度,受力后不产生塑性变形。非刚性垫层材料为灰土、沙和碎石、炉渣等松散材料,受力后产生塑性变形。当地面面层为整体性面层时,常采用刚性面层,如水泥地面、水磨石地面等;当地面面层整体性较差时,如块料地面,常采用非刚性垫层。

3)基层

基层是垫层与土壤层间的结合层或找平层。可用灰土、碎砖、三合土等,厚100～150 mm。

4)附加层

附加层是为满足某些特殊使用功能要求而设置的,如结合层、保温层、防水层等。

(2)地面的类型及构造

地面类型常以面层所用材料命名,由于材料品种繁多,地面种类也很多。根据地面的构造特点,可分为现浇整体地面、块材地面、木地板及卷材地面等。

1)现浇整体地面

①水泥砂浆地面

水泥砂浆地面构造简单、坚固、能防潮防水而造价又较低。但水泥地面导热系数大,冬天感觉冷,而且表面起灰,不易清洁。水泥砂浆地面有单层和双层两种做法。单层做法是先在结构层上刷素水泥砂浆结合层一道,再用20 mm厚1∶2水泥砂浆压实抹光。双层做法是先以15～20 mm厚1∶3水泥砂浆打底、找平,再以5～10 mm厚1∶2或1∶5的水泥砂浆抹面,目前以双层做法为主(见图6.19)。

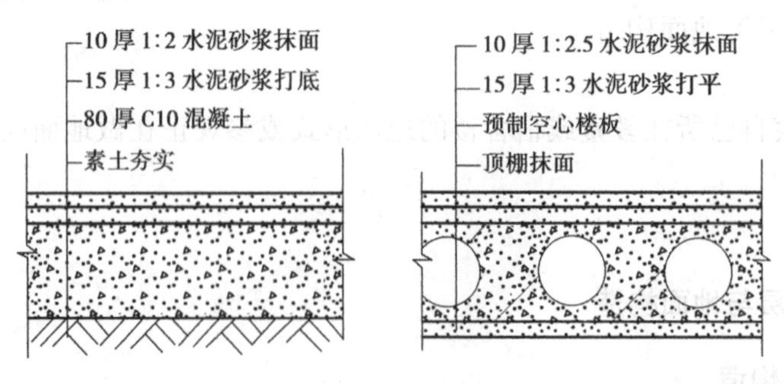

图6.19　水泥砂浆地面

②水磨石地面

水磨石地面一般分两层施工。在刚性垫层或结构层上用10～20 mm厚的1∶3水泥砂浆找平,面铺10～15 mm厚1∶1.5～2的水泥白石子,防止地面开裂,施工中先将找平层做好,在找平层上按设计为 1 m×1 m 方格的图案嵌固玻璃塑料分格条(或铜条、铝条),用 1∶1水泥砂浆固定,将拌和好的水泥石屑铺入压实,经浇水养护达到适当强度后,用磨石机加水抛磨,待磨光后打蜡即成(见图 6.20)。

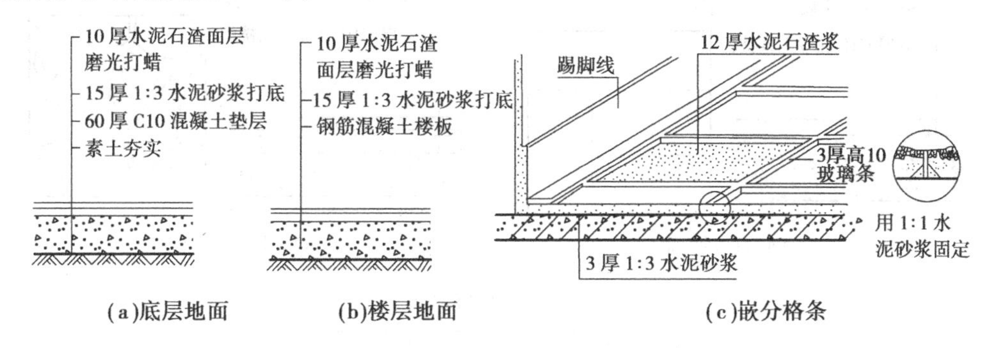

图 6.20　水磨石地面

水磨石地面具有良好的耐磨性、耐久性、防水防火性,并具有质地美观,表面光洁,不起尘,易清洁等优点。

2)块材类地面

块材类地面是用各种预制的铺地用砖或板材所做的地面,包括缸砖、陶瓷锦砖、水泥花砖、大理石板、花岗石板、塑料板及木地面等。为使面层铺得平整,黏结牢固,垫层与面层之间需要做结合层,大多数面层可用水泥砂浆做结合层,塑料板则需用黏合剂。

用缸砖、陶瓷锦砖、大理石、花岗岩等铺设的块材地面是在基层上找平,洒水润湿,刷素水泥浆一道,用 15 ~20 mm 厚 1∶2 ~1∶4干硬性水泥砂浆铺平拍实,砖块间灰缝宽度约 3 mm(见图 6.21、图 6.22)。

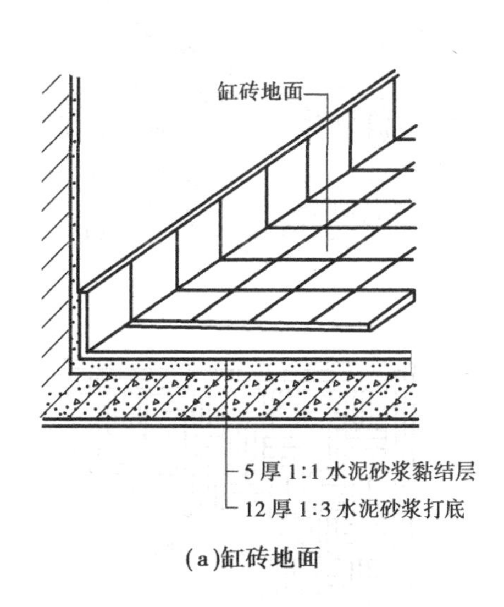

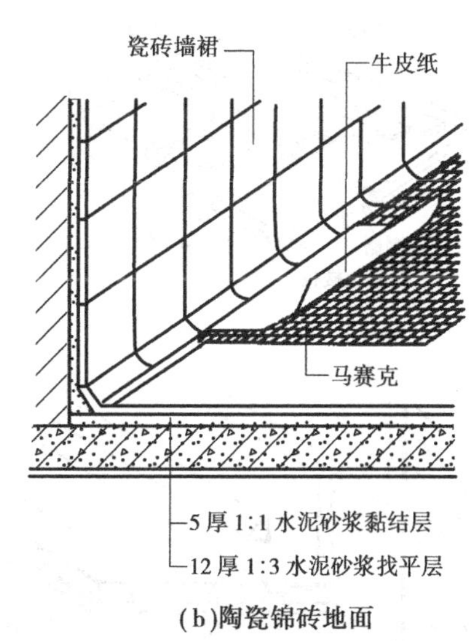

图 6.21　块材类地面

木地面常用的构造方式有实铺式、空铺式和粘贴式 3 种。

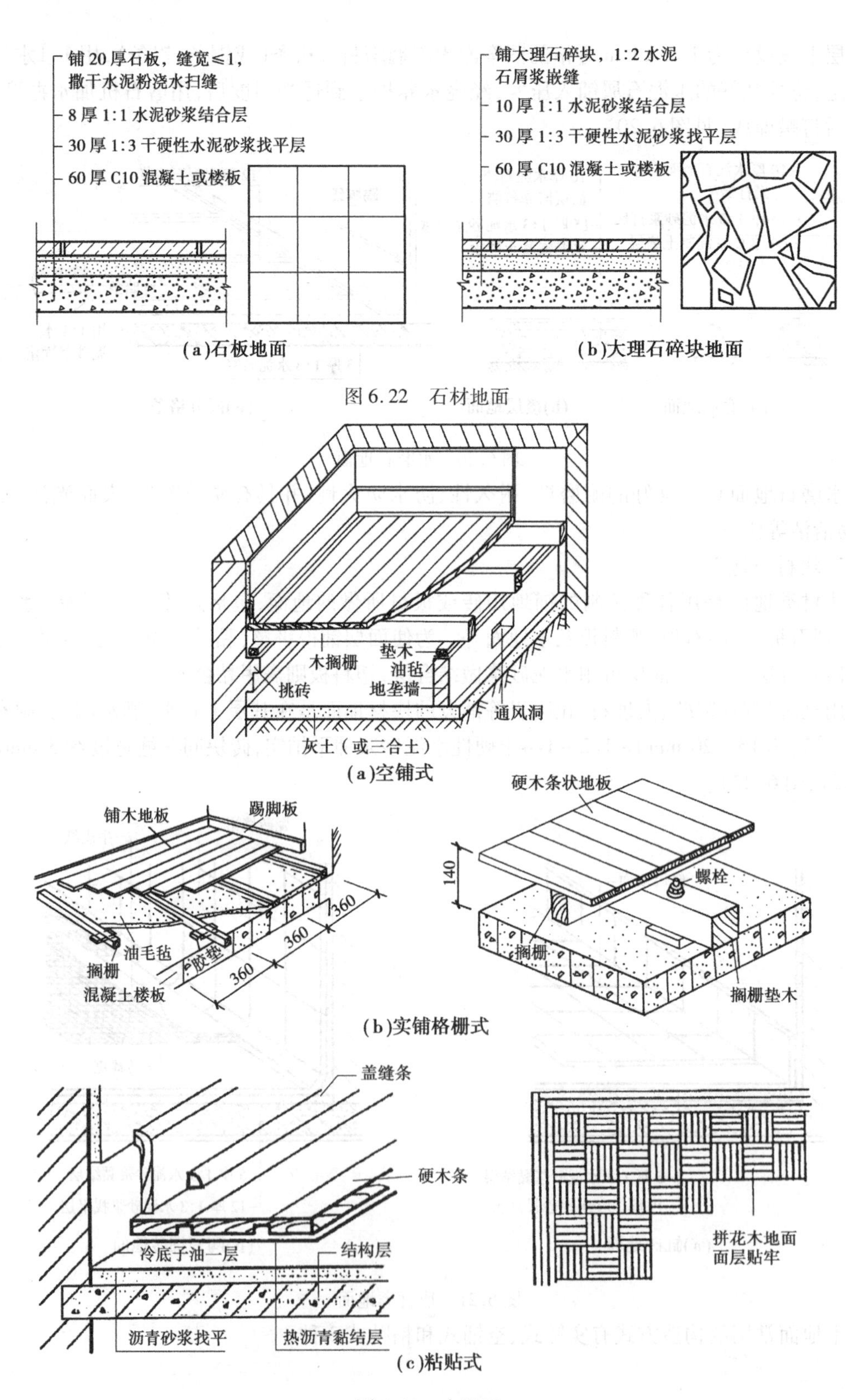

图 6.22　石材地面

图 6.23　木地面

空铺木地面常用于底层地面，由于占用空间多，费材料，因而采用较少。但为防止房屋底层房间受潮或满足某些特殊使用要求，如舞台、体育比赛场、幼儿园等的地层需要有较好的弹性，需将地层架空形成空铺地层。

实铺木地面是在结构层上设置木龙骨，在木龙骨上钉木地板的地面。木龙骨断面一般为50 mm×50 mm，每隔800 mm左右设横撑一道。木地面有单层和双层两种做法。双层木地面是用20 mm厚的普通木板与龙骨成45°方向铺钉，面层用硬木拼花地板。

粘贴式木地面，是采用石油沥青、环氧树脂、聚氨酯或聚醋酸乙烯等胶结材料将木地板粘贴在找平层上（见图6.23）。

知识链接

楼地面的细部构造

（1）楼板上的隔墙

楼板上设立隔墙时，应尽量采用轻质隔墙，可根据使用要求，搁置在楼板的任何位置；如采用自重较大的砖、砌块隔墙，则应避免完全由一块板承担，通常将隔墙设置在两块板的接缝处（见图6.24）。

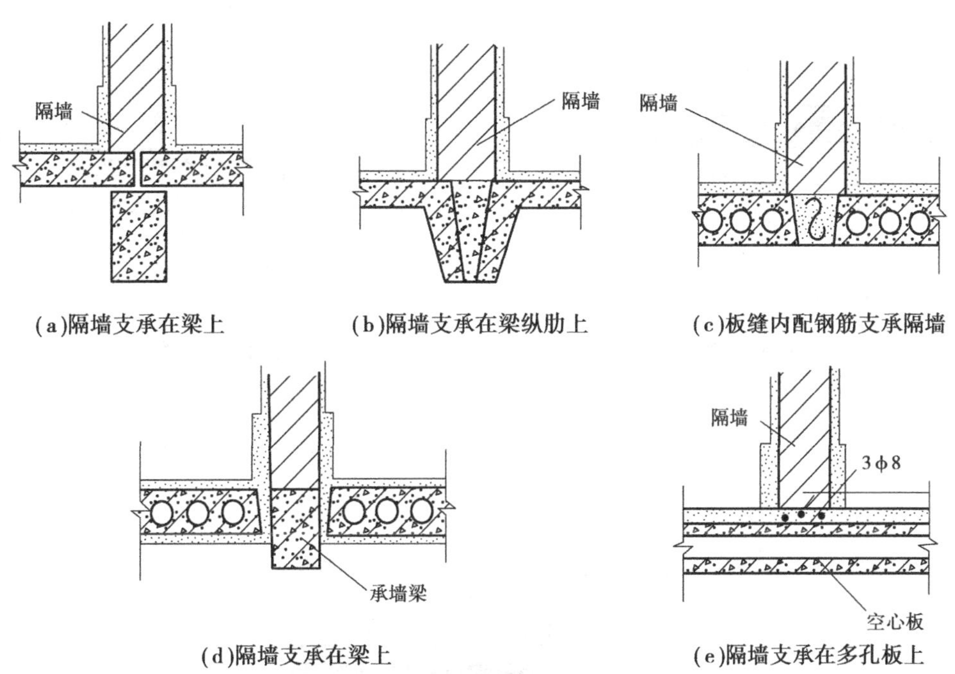

图6.24　隔墙在楼板上的搁置

（2）楼地面排水防水

在用水频繁的房间，如厨房、卫生间、实验室等，地面容易积水，且容易发生渗漏水现象，因此应做好楼地面排水防水。

①排水。地面找坡 1% ~1.5%,设地漏(见图 6.25)。

②防水。有水房间的楼地面应采用现浇钢筋混凝土楼板,面层通常采用防水性较好的整体材料,如现浇水泥砂浆、水磨石或贴瓷砖等。有水房间地面低 30 ~50 mm 或设高 20 ~30 mm 门槛(见图 6.26)。对防水要求较高的房间,还应在楼板与面层之间设置防水层。常用的有卷材、防水涂料、防水砂浆等。为了防止四周墙脚受水,应将防水层沿周边向上泛起 100 ~150 mm(见图 6.27)。当竖向管道穿过楼地面时,也容易产生渗漏,也应进行处理,如图 6.28 所示。

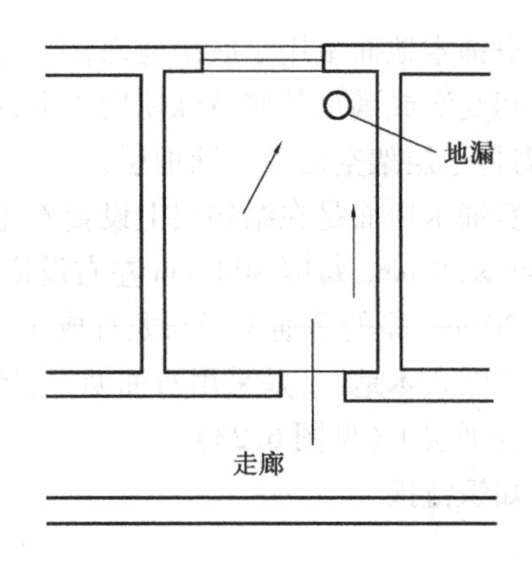

图 6.25　有水房间地面排水

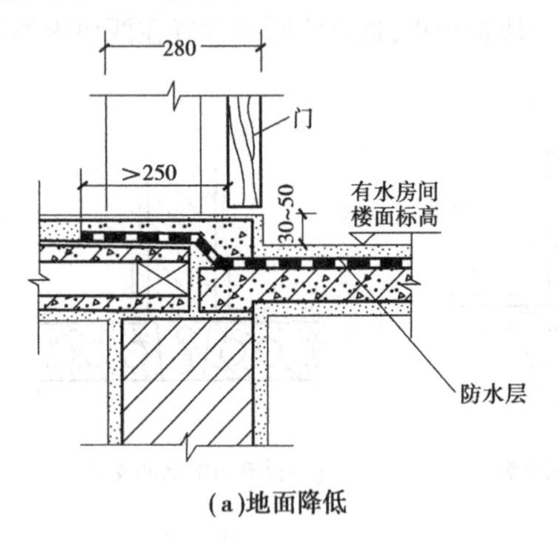

(a)地面降低

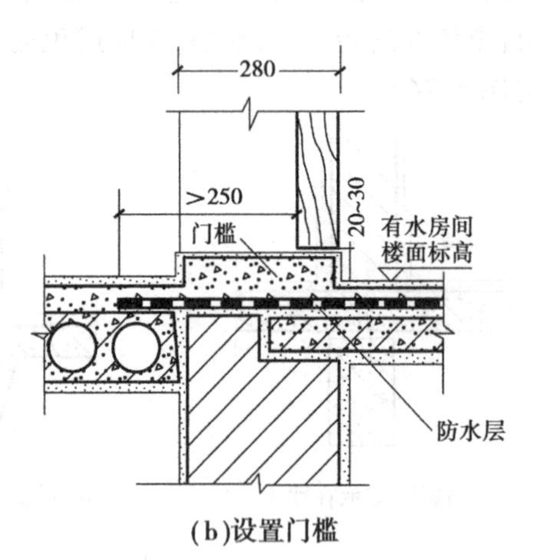

(b)设置门槛

图 6.26　有水房间地面防水

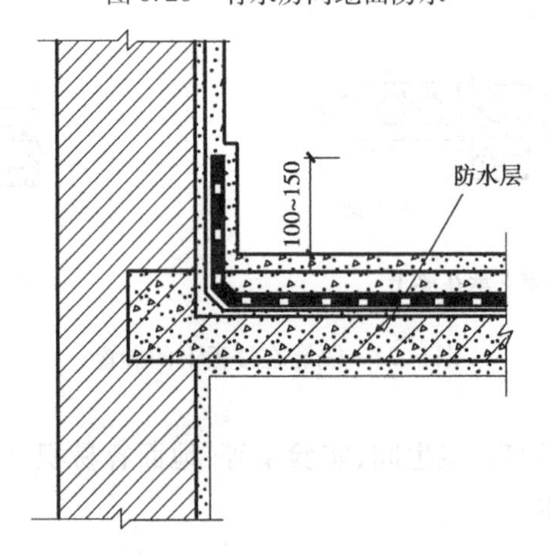

图 6.27　有水房间墙身防水

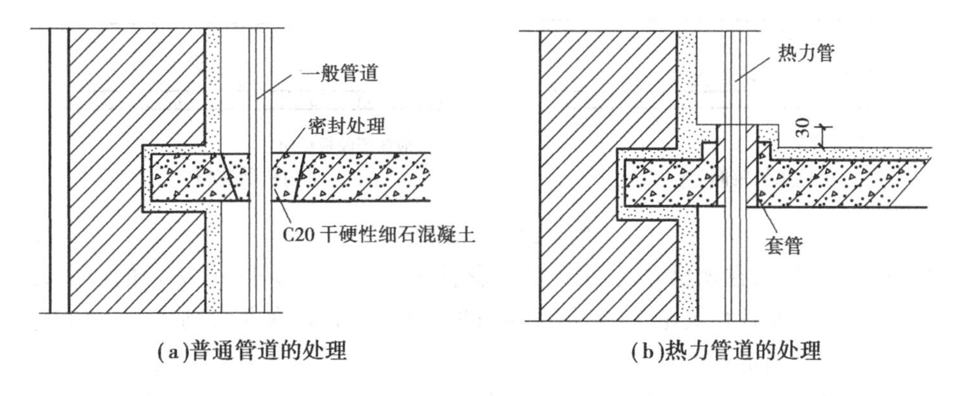

(a)普通管道的处理　　(b)热力管道的处理

图6.28　管道穿过楼板时的处理

任务6.3　认识顶棚

任务描述

了解顶棚构造形式。

任务实施

组织同学观察身边建筑物顶棚的形式或参观正在做顶棚施工的工地,认识顶棚的构造形式。

任务引导

6.3.1　顶棚概念及要求

顶棚是楼板层下面的装修层,又称天花板,是建筑物室内主要饰面之一。对顶棚的要求是表面光洁,美观,能反射光线,改善室内照度以提高室内装饰效果;对某些有特殊要求的房间,还要求顶棚具有隔声吸音或反射声音、保温、隔热、管道敷设等方面的功能,以满足使用要求。

6.3.2　顶棚构造

顶棚的构造形式有两种:直接式顶棚和悬吊式顶棚。设计时,应根据建筑物的使用功能、装修标准和经济条件来选择适宜的顶棚形式。

(1)直接式顶棚

当要求不高或楼板底面平整时,在楼板底面填缝刮平后直接喷刷大白浆、石灰浆等涂料,以增加顶棚的反射光照作用。当楼板底部不够平整或室内装修要求较高时,可在板底进行抹灰装修。抹灰可用纸筋灰、水泥砂浆和混合砂浆等,其中纸筋灰应用最普遍(图6.29(a))。某些有保温、隔热、吸声要求的房间,以及楼板底不需要敷设管线而装修要求又高的房间,可于楼板底面用砂浆打底找平后,用黏结剂粘贴墙纸、泡沫塑料板、铝塑板或装饰吸音板等,形成贴面顶棚(见图6.29(b))。

(2)悬吊式顶棚

悬吊式顶棚又称"吊顶",它通过悬挂构件与主体结构相连,悬挂在屋顶或楼板下面。这类顶棚在使用功能和美观上都有一定作用。在使用功能上,吊顶可提高楼板的隔声能力,或

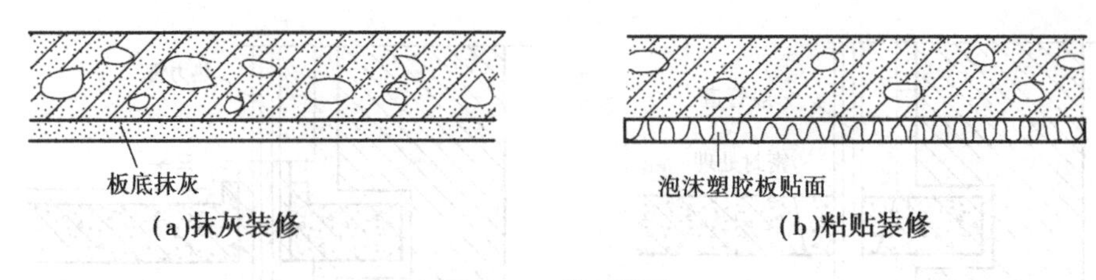

图 6.29　吊顶构造

利用吊顶安装管道设施;在观感方面,吊顶的色彩、材质及图案,都可提高室内的装饰效果。

吊顶龙骨分为主龙骨和次龙骨,主龙骨为吊顶的承重结构,次龙骨则是吊顶的基层。主龙骨通过吊筋或吊件固定在楼板结构上,次龙骨用同样的方法固定在主龙骨上。龙骨可用木材、轻钢、铝合金等材料制作,主龙骨间距通常不超过 2 m。悬吊主龙骨的吊筋为 ϕ8 ~ ϕ10 钢筋,次龙骨间距视面层材料而定,一般为 300 ~600 mm。

面层是顶棚最直观的部分,要求美观、新颖、耐用。面层有抹灰面层、金属板材面层、木板材面层、石膏板材面层等类,规格、大小各异(见图 6.30)。

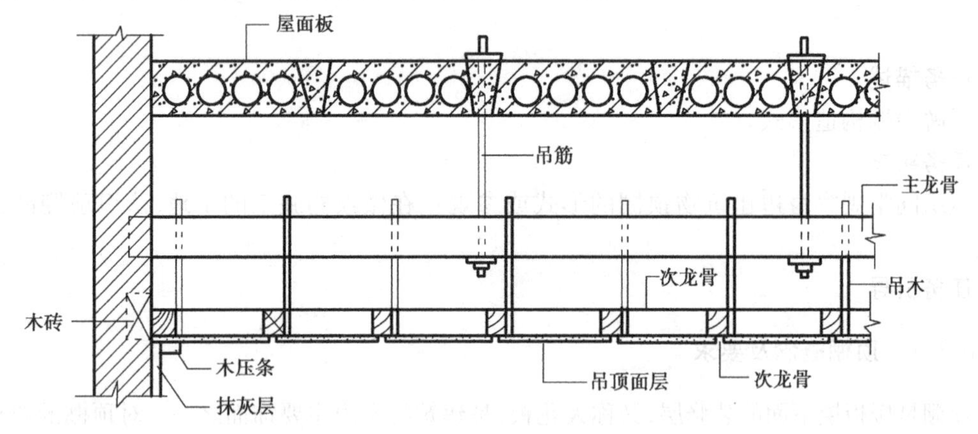

图 6.30　吊顶构造

1)木质板材吊顶构造

木质板材的种类有胶合板、纤维板、刨花板、木丝板及装饰吸音板等,常见规格是 915 mm × 1 830 mm,1 150 mm × 2 350 mm 等(见图 6.31)。

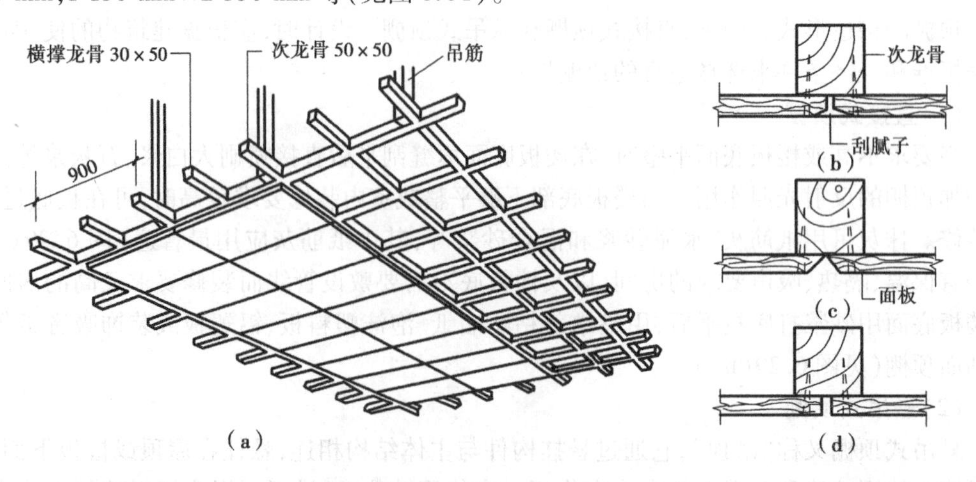

图 6.31　木质板材吊顶构造

2)金属板材吊顶构造

金属板材吊顶常采用轻钢龙骨和铝合金龙骨,金属板材的种类有铝合金板、不锈钢板、镀锌钢板等。当吊顶无吸音要求时,条形铝合金板采取密铺形式,不留间隙;当吊顶有吸音要求时,条形铝合金板的铺设留有间隙,条板上面加铺吸音材料(见图6.32)。

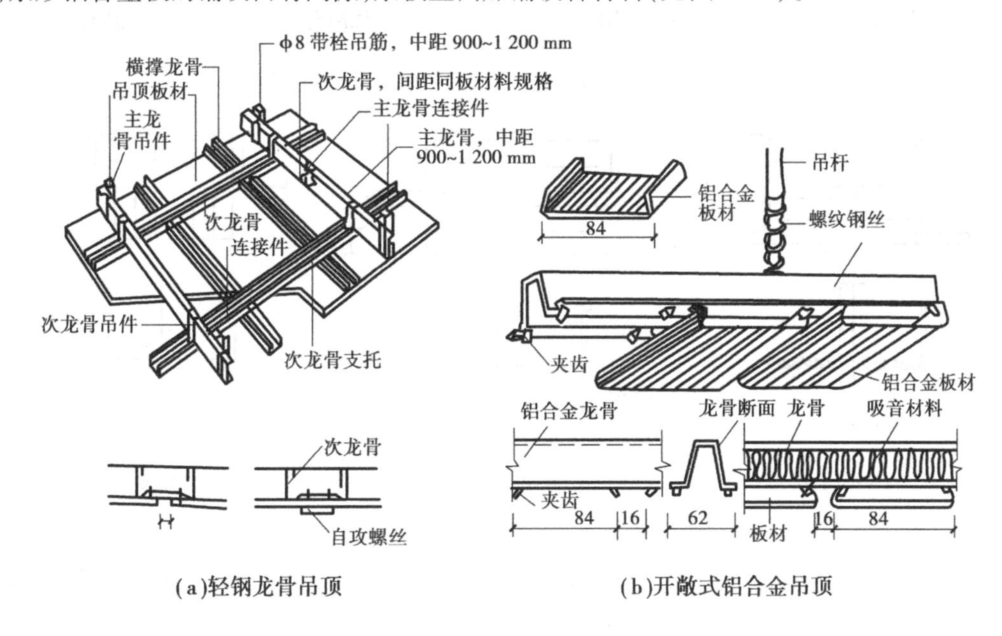

(a)轻钢龙骨吊顶　　(b)开敞式铝合金吊顶

图6.32　金属板材吊顶

任务6.4　认识阳台和雨篷

任务描述

了解阳台和雨篷的类型及构造。

任务实施

组织同学小组讨论或参观正在做阳台施工的工地,认识阳台的构造形式。

任务引导

6.4.1 阳台

阳台是多层或高层建筑中不可缺少的室内外过渡空间,为人们提供户外活动的场所。阳台的设置对建筑物的外部形象也起着重要的作用。

阳台按与外墙的相对位置,可分为凸阳台(也称挑阳台)、凹阳台、半凸阳台(也称半凹半挑阳台)及转角阳台(见图6.33)。

阳台结构布置方式有墙承式、挑梁式和挑板式。墙承式即把阳台板直接支承在两侧的横墙上(见图6.34(a));挑梁式是在阳台两端伸出挑梁,阳台板搁置在挑梁上(见图6.34(b));挑板式是将阳台板悬挑(见图6.34(c))。

为防止雨水注入室内,要求阳台地面低于室内地面20~30 mm,并采取必要的排水措施。

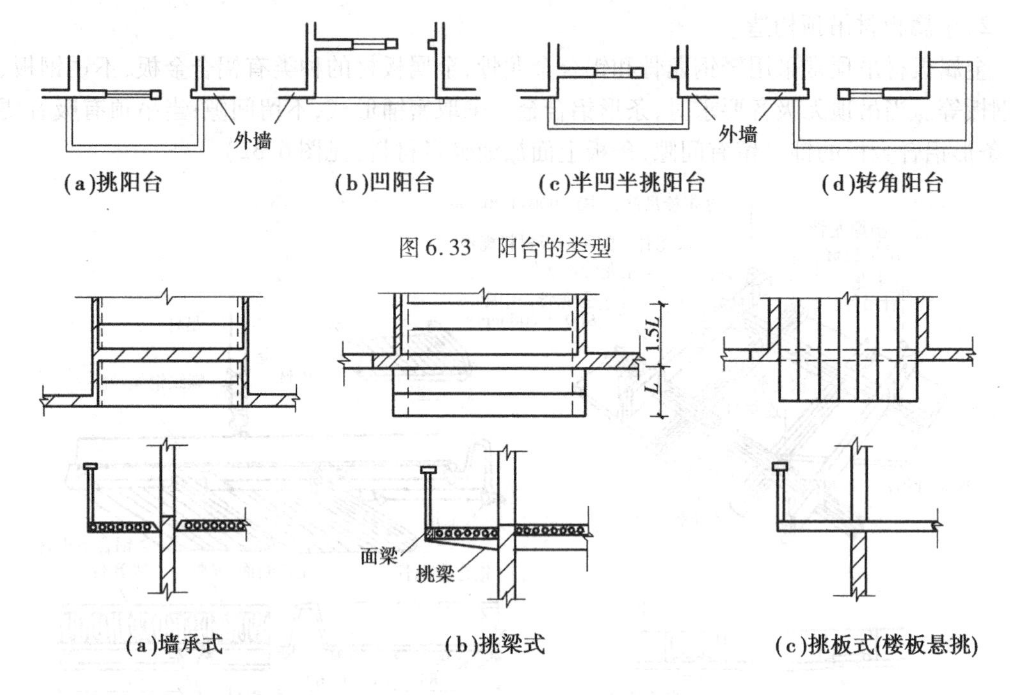

(a)挑阳台　(b)凹阳台　(c)半凹半挑阳台　(d)转角阳台

图 6.33　阳台的类型

(a)墙承式　(b)挑梁式　(c)挑板式(楼板悬挑)

图 6.34　阳台结构布置

阳台排水有外排水和内排水两种。内排水适用于高层建筑和高标准建筑,即在阳台内设置地漏和排水管,将雨水经落水管直接排入地下管网。外排水适用于低层和多层建筑,即在阳台一侧或两侧的栏杆下设排水孔,阳台面抹出 1% 的排水坡度,将水导向排水孔,排水孔内埋置直径为 40 ~ 50 mm 的镀锌钢管或塑料管,外挑长度不小于 80 mm,以防雨水溅到下层阳台(见图 6.35)。

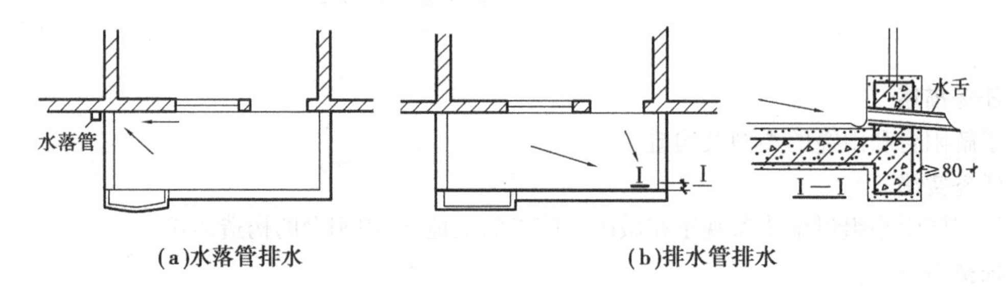

(a)水落管排水　(b)排水管排水

图 6.35　阳台排水处理

6.4.2　雨篷

雨篷是建筑物入口处位于外门上部用以遮挡雨水、保护外门免受雨水侵害的水平构件。多采用现浇钢筋混凝土悬臂板。常见的有挑板式、挑梁板式两种。为防止雨篷倾覆,常将雨篷与入口门上过梁(或圈梁)浇在一起。挑板式是将板与过梁或圈梁现浇在一起,板的出挑长度为 0.9 ~ 1.5 m,宽度应比门洞宽 250 mm; 挑梁板式的挑梁一般制成反梁式,其余构造同板式雨篷(见图 6.36)。

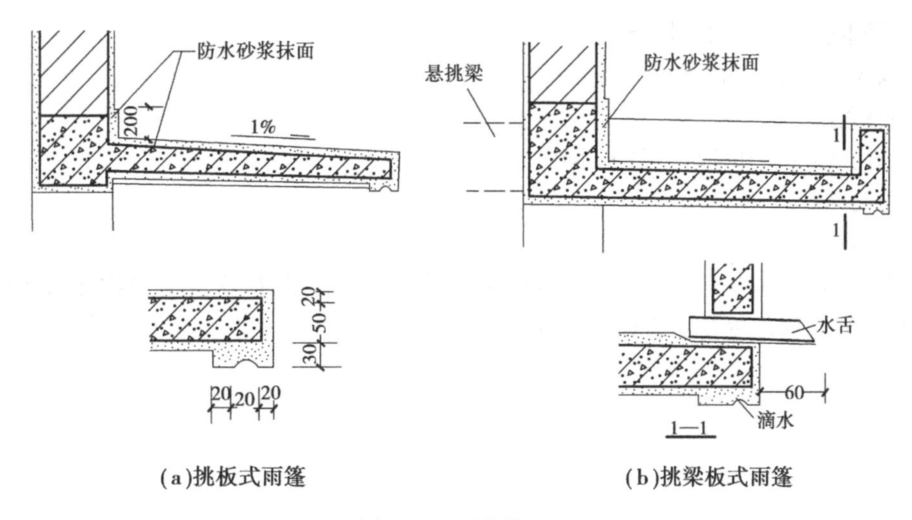

图6.36　雨篷构造

项目小结

①楼地层包括楼板层和地坪层。楼板层是楼房的分层构件，楼板层的基本组成部分有面层、结构层和顶棚3部分，地坪层的基本组成部分有面层、垫层和基层3部分，有特殊要求时增设附加层。楼地层要满足安全、使用功能和经济等方面的要求。

②根据钢筋混凝土楼板的施工方法不同，可分为现浇钢筋混凝土楼板和预制钢筋混凝土楼板。现浇钢筋混凝土楼板有板式楼板、肋梁楼板、无梁楼板及压型钢板组合楼板。预制钢筋混凝土楼板常用的板型有实心平板、槽形板、空心板等，应注意加强楼板的整体性。

③根据面层所用的材料及施工方法不同，常见地面有现浇整体地面、块材地面、木地板及卷材地面等。

④顶棚是楼板层下面的装修层。顶棚按构造方式不同有直接式顶棚和悬吊式顶棚两种类型。直接式是直接在楼板底喷刷、抹灰和贴面。悬吊式顶棚悬挂在屋顶或楼板下，由骨架和面板组成，简称吊顶或吊顶棚。

⑤阳台可视为楼板向室外的延伸。按阳台与外墙的位置关系有凸阳台、半凸阳台、凹阳台、转角阳台。阳台的结构布置方式有墙承式、挑梁式和挑板式。雨篷是建筑出入口的挡雨设施，根据板的支承方式不同，有挑板式和挑梁板式。

复习思考题

1. 简述题：

(1)分析现浇肋形楼板的布置原则和传力特点。

(2)压型钢板组合楼板有何特点？构造要求如何？

(3)装配式钢筋混凝土楼板的结构布置原则有哪些？板缝如何调整？

(4)简述水磨石地面的构造。

(5)阳台板的结构布置形式有哪些?

2. 画图题:

(1)图示楼板层和地坪层的基本组成。

(2)图示吊顶的构造。

3. 实训题:

按书中图示轻钢龙骨吊顶,组装吊筋、主龙骨及主龙骨吊件、次龙骨及次龙骨吊件,加强对吊顶构件的空间位置及安装构造的认识。

项目 7 楼梯

项目概述

楼梯是建筑物中最重要的垂直交通设施，只要建筑有楼层（2 层及 2 层以上），那么，楼梯将必不可少。楼梯联系了建筑中标高不同的楼层，是建筑空间解决垂直交通和人员紧急疏散的主要手段。与楼梯一样担负垂直交通重任的还有电梯、自动扶梯、台阶、坡道和爬梯。电梯和自动扶梯是楼梯的代步工具，主要联系的是建筑不同标高的楼层，电梯常用于 7 层及 7 层以上的多层及高层建筑中，有时也用于标准较高的低层建筑，如旅馆、医院等；自动扶梯常用于人流量较大且持续的公共建筑，如商场、航空港等建筑；台阶主要联系建筑的室内外高差，也用于联系室内局部高差；坡道用于建筑中有无障碍交通要求的高差之间的联系，如汽车通行坡道、展览建筑中的残疾人轮椅坡道等；爬梯常设于建筑外墙，主要用于检修或消防人员专用。

项目包括楼梯概况、钢筋混凝土楼梯构造、楼梯细部构造、台阶与坡道、电梯与自动扶梯。

情景介绍

作为最重要的垂直交通设施，我们每天都在使用楼梯，楼梯显得既普通又重要，如果要进行楼梯设计有些什么样的基本要求，楼梯、台阶、坡道等又是怎样构造的。

任务 7.1 了解楼梯基本尺度

任务描述

了解公共建筑中楼梯的基本尺度。

任务实施

组织同学观察身边诸如教学楼、医院、商场、住宅等建筑中的楼梯，测量尺寸，分析总结公共场所楼梯的规律性尺度，思考若要进行楼梯设计，应该满足什么要求。

任务引导

7.1.1 楼梯的组成

楼梯一般由楼梯段、休息平台和楼梯扶手 3 部分组成（见图 7.1）。

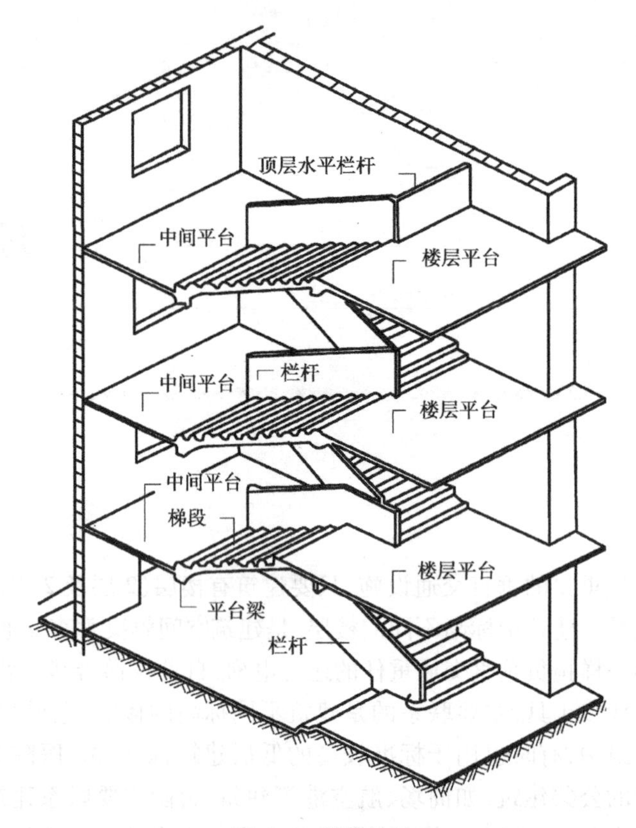

图 7.1　楼梯的组成

(1)楼梯段

楼梯段设于两楼梯平台之间,又称楼梯跑或楼梯斜段,是联系建筑不同楼层的重要构件。楼梯段由斜梁、踏步块等组成。从适用和安全考虑,一个楼梯段的踏步数量一般不超过 18 级,也不少于 3 级。

(2)楼梯平台

楼梯中的平台设于两楼梯段之间,主要作方向转换和缓解疲劳之用,故有时也称为休息平台。楼梯平台可分为楼层平台和中间平台,楼层平台台面标高和楼层标高相同,中间平台往往平分楼层层高。一般情况下,为保证行人交通顺畅及方便家具搬运,楼梯平台的深度不得小于楼梯段的宽度。

(3)楼梯栏杆

栏杆是楼梯的安全防护措施,设于楼梯段边缘和平台临空一侧,要求楼梯栏杆必须坚固可靠,并保证有足够的安全高度。

7.1.2　楼梯的类型

(1)按位置分类

楼梯可分为室外楼梯和室内楼梯。

(2)按使用性质分类

楼梯可分为主要楼梯和辅助楼梯,室外有疏散楼梯和防火楼梯。

(3)**按材料分类**

楼梯可分为木楼梯、钢筋混凝土楼梯和金属楼梯。

(4)**按平面形式分类**

楼梯可分为直跑楼梯、双跑楼梯、多跑楼梯、圆形楼梯、螺旋楼梯、弧形楼梯、桥式楼梯及剪刀式楼梯等(见图7.2)。

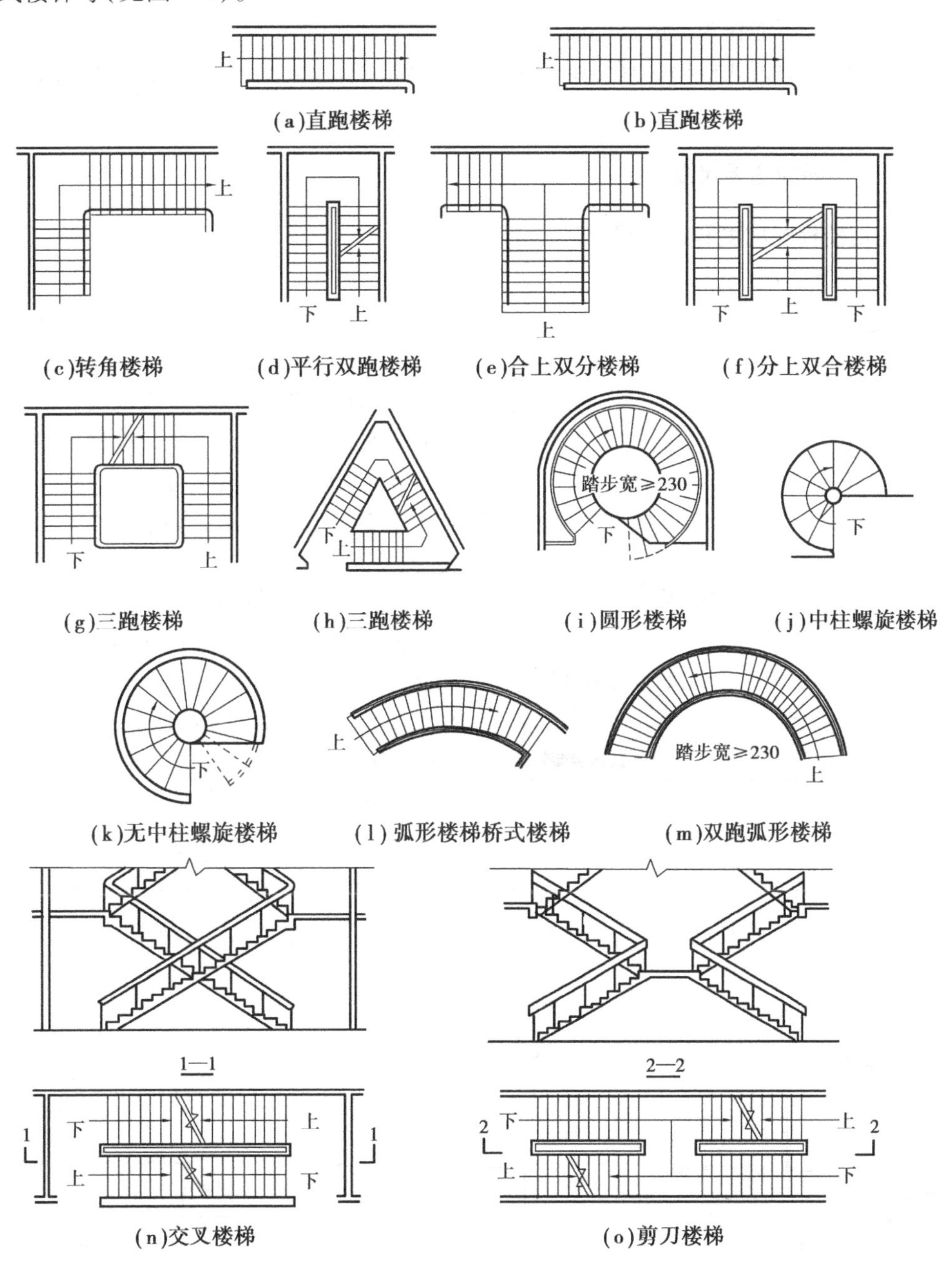

图7.2　楼梯的形式

①直跑楼梯。直观、简洁,适合层高较低的建筑,也常用于严肃、庄重的办公楼等公共建筑。

②双跑楼梯。有平行双跑、曲尺双跑、合上双分、分上双合等形式，是公共建筑中应用最广泛的一种。它紧凑、方便，双跑楼梯能节省楼梯间面积。

③多跑楼梯。有三跑楼梯、四跑楼梯、六跑楼梯、八跑楼梯等形式，有较大的楼梯井，常常结合电梯一起设计。

④圆形楼梯、螺旋楼梯、弧形楼梯。造型流畅、优美，是很好的装饰楼梯，但这类楼梯的踏步面有宽窄变化，不能作为疏散楼梯而用。

⑤桥式楼梯、剪刀式楼梯。其使用有多种选择，常用于人流量较大的公共建筑，如商场等建筑。

7.1.3 楼梯的主要尺度

(1)确定楼梯的坡度和踏步尺寸

1)楼梯的坡度

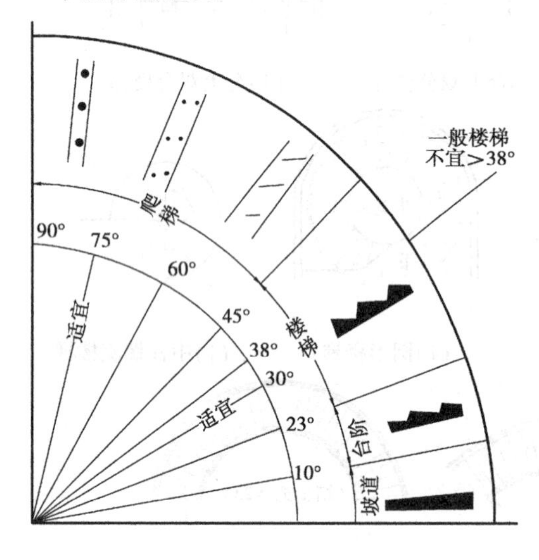

图 7.3 楼梯的坡度

楼梯是垂直交通设施，坡度过大或过小都将会给人们的使用带来不便，因此，需要确定楼梯合适的坡度。楼梯的坡度指的是楼梯段和水平面所形成的夹角。楼梯的坡度范围20°~45°，楼梯的适宜坡度是26°~33°。当坡度小于20°时，设坡道；当坡度大于45°时，设爬梯(见图 7.3)。

楼梯的坡度应根据建筑物的使用性质、层高便于通行、节省面积等因素确定，一般公共建筑的人流通行量大，坡度应该平缓一点；住宅建筑人流通行量较小，坡度可陡一点，但最好不超过38°。

2)楼梯的踏步尺寸

楼梯的坡度其实是由楼梯段上的踏步尺寸所决定的。踏步由踏面和踢面组成，踏面宽 b 和踢面高 h 之比构成了楼梯的坡度(见图 7.4(a))。踏面越窄、踢面越高，则楼梯的坡度越陡；反之，踏面越宽、踢面越矮，则楼梯的坡度越缓。

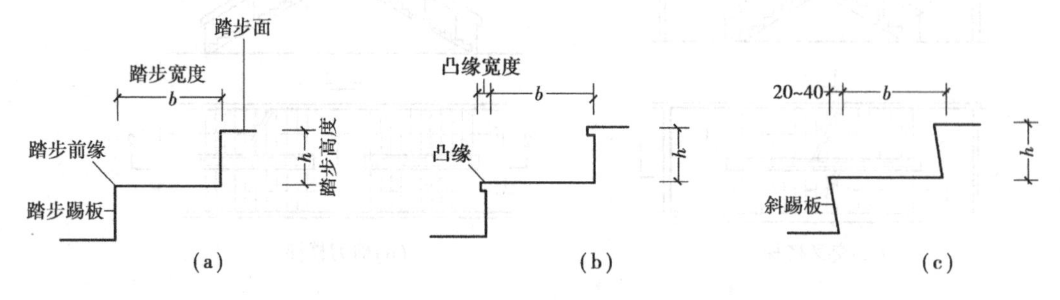

图 7.4 楼梯的踏步尺寸

楼梯踏步尺寸的确定与人的步距有关，计算公式为

$$b + h = 450 \text{ mm} \quad 或 \quad b + 2h = 600 \text{ mm}$$

式中　b——踏步的踏面宽；

h——踏步的踢面高；

600 mm——成人的平均步距。

公式计算的结果是 $b=300$ mm，$h=150$ mm，这是一般公共建筑的踏步尺寸（这时楼梯的坡度是 26°37′）。在实际工程中，踏面宽 b 的取值范围是 250～300 mm，踢面高 h 的取值范围是 140～180 mm。250 mm 的数值其实就是人的平均鞋长，为能让人们上下楼梯更舒适，踏面宜适当宽一点，具体规定见表 7.1。由于踏面宽度往往受到楼梯间进深的限制，可将踏面的前缘挑出，形成突缘，突缘宽度一般为 20～40 mm 或使踢面倾斜（见图 7.4（b）、（c））。

表 7.1　楼梯踏步的最小宽度和最大高度

建筑类别	最小宽度 b/mm	最大高度 h/mm
住宅公用楼梯	250（260 ～ 300）	180（150 ～ 175）
幼儿园	260（260 ～ 280）	150（120 ～ 150）
医院、疗养院等楼梯	280（300 ～ 350）	160（120 ～ 150）
学校、办公楼等楼梯	260（280 ～ 340）	170（140 ～ 160）
剧院、会堂等楼梯	220（300 ～ 350）	200（120 ～ 150）

注：括号中的数值为常用踏步尺寸。

（2）确定楼梯栏杆扶手高度

楼梯栏杆是楼梯的安全防护措施，其高度是指踏步上缘到栏杆扶手上表面的垂直距离。一般室内楼梯栏杆扶手的高度不得小于 900 mm，在托幼建筑中，除设置成人栏杆扶手以外还应增设幼儿扶手，其高度一般取 500 ～ 600 mm；室外楼梯栏杆扶手的高度不得小于 1 050 mm；楼梯井临空一侧的水平栏杆长度不小于 500 mm 时，高度不得小于 1 000 mm。儿童使用的楼梯，梯井净宽大于 0.2 m 时，要采取安全措施：不易攀爬，且栏杆间距不得大于 110 mm（见图 7.5）。

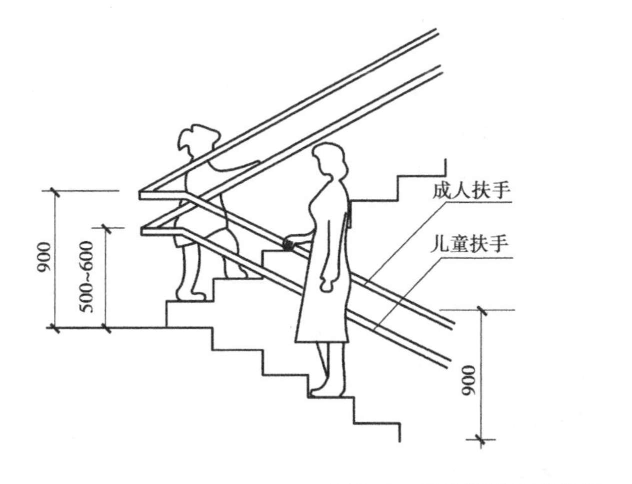

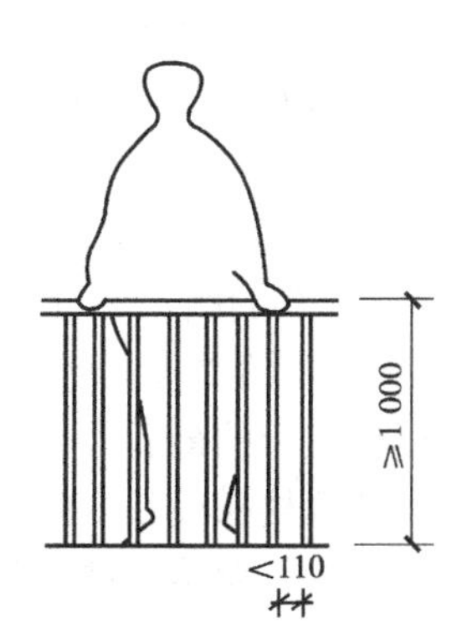

图 7.5　楼梯栏杆扶手高度

（3）确定楼梯的平面尺寸

楼梯的平面尺寸包括楼梯段的宽度 B、楼梯平台的深度 D、楼梯段的长度 L（见图 7.6）。

1）楼梯段宽度 B 的确定

楼梯段的宽度应根据人流量、防火要求及建筑物的使用性质等因素确定，在公共建筑中，净宽按每股人流 0.55 m +（0 ~ 0.15）m 计算，并不少于两股人流（见图 7.7）。若楼梯间的开间已定，双跑楼梯楼梯段宽度 B 的计算公式为

$$B = \frac{A - C}{2}$$

式中　B——楼梯段的宽度；

A——楼梯间的净开间；

C——楼梯井的宽度，其值一般取 C 为 60，160，200 mm 等。

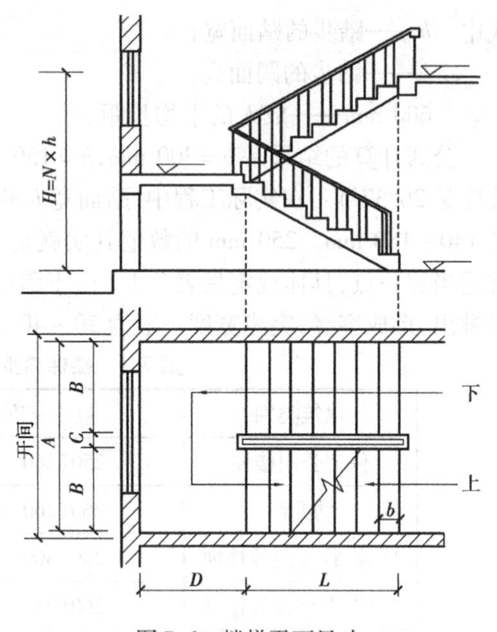

图 7.6　楼梯平面尺寸

2）楼梯平台深度 D 的确定

楼梯段的平台深度是指楼梯平台边缘到楼梯间墙面间的净距。考虑交通顺畅、方便家具搬运等因素，规范规定楼梯平台深度不得小于楼梯段的宽度，即

$$D \geqslant B$$

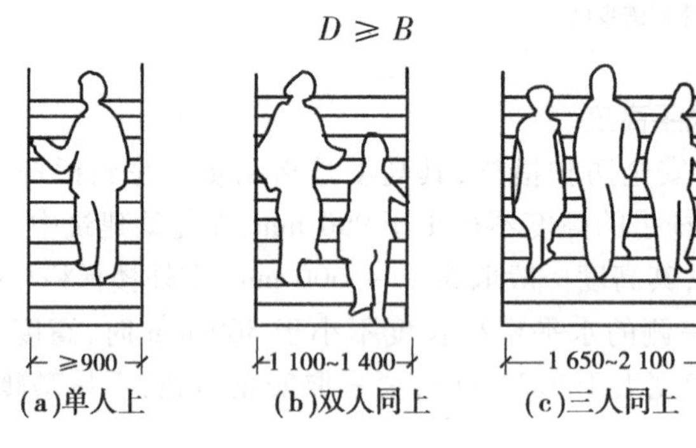

图 7.7　楼梯段宽度及平台深度的确定

3）楼梯段长度 L 的确定

楼梯段长度是指楼梯始末两踏步之间的水平距离。楼梯段的长度与踏步宽度以及该楼梯段的踏步数量有关，楼梯长度 L 的计算公式为

$$L = (N - 1)b$$

式中　L——楼梯段的长度；

N——楼梯的踏步数量；

b——楼梯的踏步宽度。

由于楼梯上行的最后一个踏步面的标高与楼梯平台的标高一致，其宽度已计入平台的深度，因此，在计算楼梯段长度时应该减去一个踏步宽度。

若是双折式等跑楼梯，则楼梯段的长度 L 的计算公式为

$$L_1 = L_2 = \left(\frac{N}{2} - 1\right)b$$

式中　L_1——第一跑楼梯段的长度；

L_2——第二跑楼梯段的长度；

N——楼梯的踏步数量；

b——楼梯的踏步宽度。

从以上内容可知，楼梯各平面尺寸之间的相对关系为

$$净开间 = 2B + C$$

$$净进深 = 2D + L$$

式中　B——楼梯段的宽度；

C——楼梯井的宽度；

D——楼梯平台的深度；

L——楼梯段的长度。

4）确定楼梯剖面尺寸

楼梯剖面尺寸主要包括楼梯的踏步数量 N、楼梯段的高度 H_n、楼梯的净高 H_0。

①楼梯的踏步数量 N

楼梯的踏步数量与建筑的层高、楼梯的踏步踢面高有关系，即

$$N = \frac{H}{h}$$

式中　N——楼梯的踏步数量；

H——建筑的层高；

h——楼梯的踏步踢面高。

②楼梯段的高度 H_n

楼梯段的高度 H_n 与该楼梯段的踏步数量和踏步踢面高有关系，即

$$H_n = N_n \times h$$

式中　H_n——楼梯段的高度；

N_n——楼梯段的踏步数量；

h——楼梯段的踏步踢面高。

③楼梯净高 H_0

不管是楼梯段上的净高还是楼梯平台上的净高，都应保证行人的正常通行及心理感觉，同时，还要考虑家具的搬运，一般情况下楼梯段的净高应大于2.2 m，楼梯平台的净高应大于2.0 m（见图7.8）。

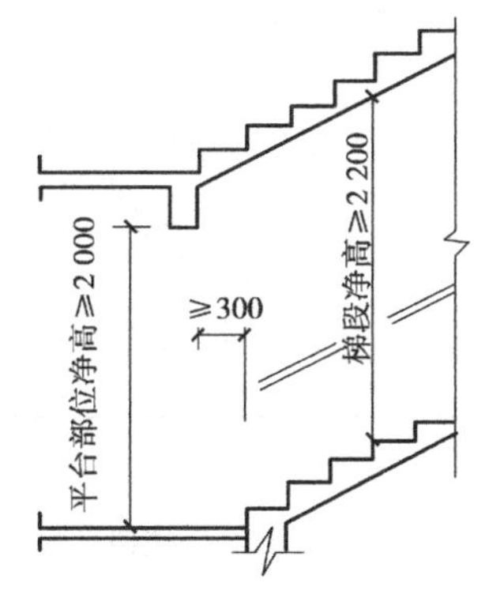

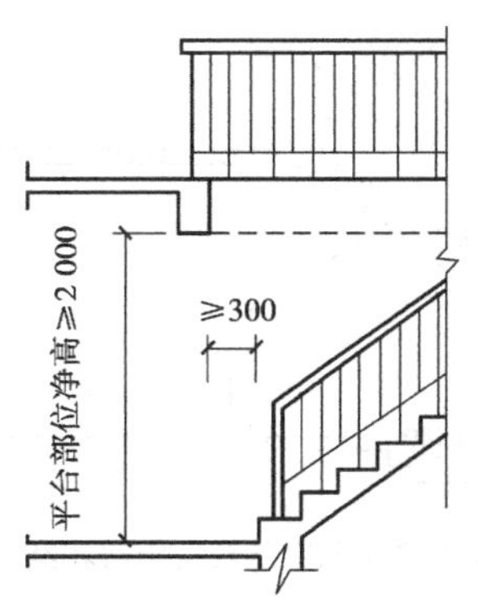

图7.8　楼梯的净高

在住宅建筑中，为降低交通面积在平面中的比例，常把楼梯平台下作出入口，为保证楼梯平台下的净高大于2.0 m，通常需要对底层楼梯间作必要的处理，处理手法有以下4种：

a. 将底层楼梯设计成不等跑，第一跑段长一些，第二跑段短一些，即可以抬高中间平台。若楼梯间的进深足够，则能满足要求(见图7.9(a))。

b. 降低中间平台下的地面标高，即把部分室外台阶内移，这种方法需要注意的是不能把所有的台阶都移进来，为防止雨水流进室内，室外一般需要保留1级台阶(该台阶至少高0.06 m)。若建筑室内外高差足够时，即可采用这种方法(见图7.9(b))。

c. 以上两种方法相结合(见图7.9(c))。

d. 将底层楼梯设计成直跑楼梯。这种方法一定要保证雨篷底到楼梯段上的净距大于2.0 m(见图7.9(d))。

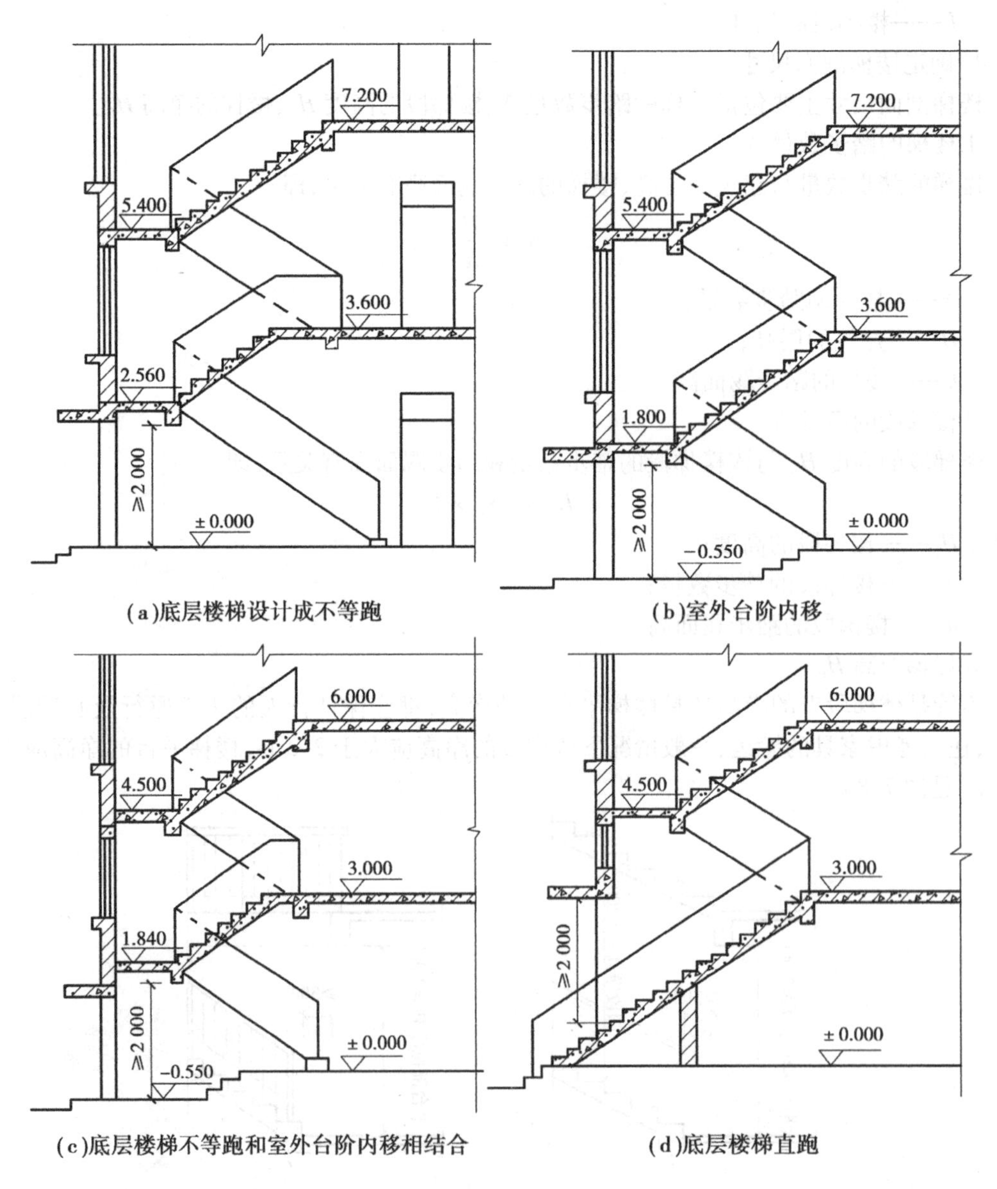

图7.9　底层楼梯间的设计

任务7.2　详细了解钢筋混凝土楼梯构造

任务描述

了解钢筋混凝土楼梯构造。

任务实施

根据任务组织同学参观合适的工地，分析目前应用最广泛的钢筋混凝土楼梯的基本构造。

任务引导

在众多的楼梯形式中，钢筋混凝土楼梯工程中应用最广泛，是比较重要的一种楼梯形式。

钢筋混凝土楼梯按施工方式，可分为现浇式钢筋混凝土楼梯、预制式钢筋混凝土楼梯和装配整体式钢筋混凝土楼梯3种。现浇式钢筋混凝土楼梯是指楼梯段、楼梯平台等整浇在一起的楼梯，它整体性好，刚度大，有利于抗震，能适应复杂平面，但施工周期长，现场湿作业多，比较适合工程较小，抗震要求高的建筑；预制式钢筋混凝土楼梯施工速度快，有利于建筑工业化，但它整体性差，现场施工需要必要的吊装设备；而装配整体式钢筋混凝土楼梯则发挥了前两者的优点。

7.2.1　现浇式钢筋混凝土楼梯

现浇式钢筋混凝土楼梯根据传力特点，可分为板式楼梯和梁板式楼梯，梁板式楼梯又称梁式楼梯。

(1)板式楼梯

板式楼梯的楼梯段是一整块板，楼梯板承受梯段上的荷载，通过平台梁把力传递给承重墙或柱，用到的板材有平板或槽形板。有时也会取消一端或两端的平台梁，使楼梯板、平台板连接成一体，组合成一块折形板(见图7.10)。

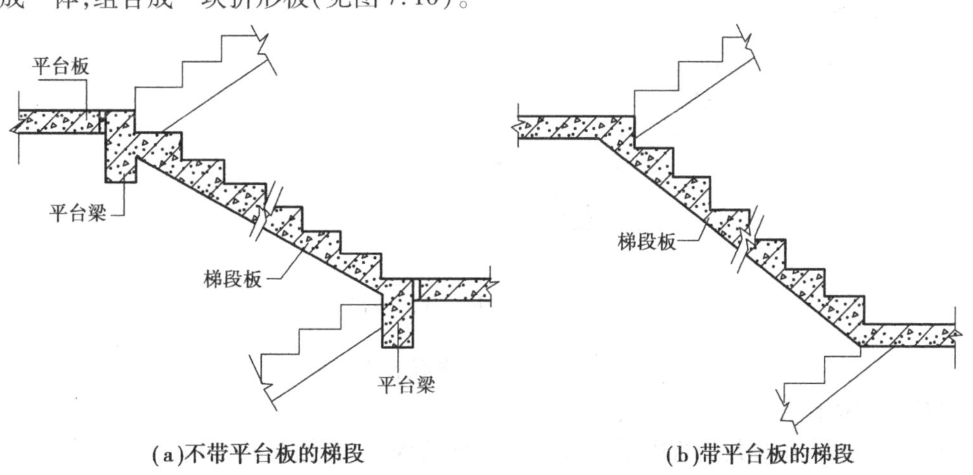

图7.10　现浇式钢筋混凝土板式楼梯

板式楼梯底板平整，外形简洁，适合于楼梯段跨度小于3 m的楼梯。

(2)梁式楼梯

楼梯段跨度较大的楼梯若还选用板式楼梯,将会带来板厚较厚,自重太大的缺点,此时可选用梁式楼梯。梁式楼梯由踏步板和斜梁组成,楼梯板把梯段上的荷载先传递给斜梁,再通过平台梁把力传递给承重墙或柱。梁式楼梯适合于楼梯段跨度大于3 m的楼梯。

梁式楼梯在结构布置上,可分为单梁和双梁。

1)双梁式楼梯

双梁式楼梯是将斜梁布置在楼梯踏步的两边,踏步板的跨度即是楼梯段的宽度,这种楼梯有时把斜梁布置在楼梯踏步板下面,称为正梁(见图7.11(a));有时把斜梁放在楼梯踏步板上面,称为反梁(见图7.11(b))。从受力的角度看,正梁式楼梯传力较为合理,而反梁式楼梯能保持底板平整,可防止拖洗踏步板时的污水四处流淌。

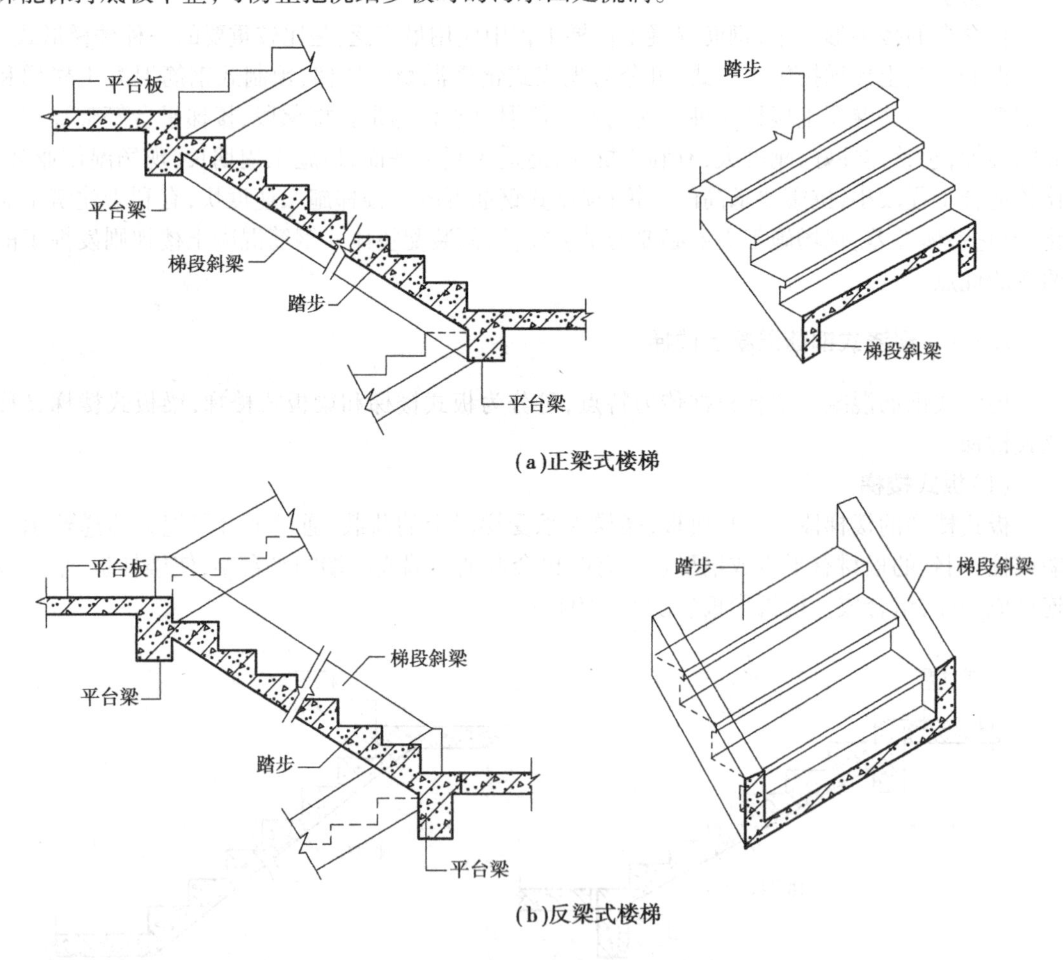

图7.11 现浇式钢筋混凝土梁式楼梯

2)单梁式楼梯

单梁式楼梯是在公共建筑中采用较多的一种结构形式,因为它的造型优美、轻盈。这种楼梯的踏步板由一根斜梁支承。梯梁布置有两种形式:

①单梁悬臂式楼梯,是将斜梁布置在楼梯踏步的一端,而将踏步的另一端向外悬臂挑出。

②将斜梁布置在楼梯踏步的中间,让踏步向两端向外悬臂挑出(见图7.12)。

7.2.2　装配式钢筋混凝土楼梯

装配式钢筋混凝土楼梯按构造方式，可分为小型、中型、大型构件装配式楼梯。

(1)**小型构件装配式楼梯**

小型构件装配式楼梯是将楼梯的梯段和平台划分成若干部分，分别预制成小构件装配而成。由于构件的尺寸小，质量轻，制作、运输、装配都较容易，但构件数量多，施工速度慢，适合于吊装能力较差的情况。小型构件装配式楼梯可按楼梯段、平台进行划分。

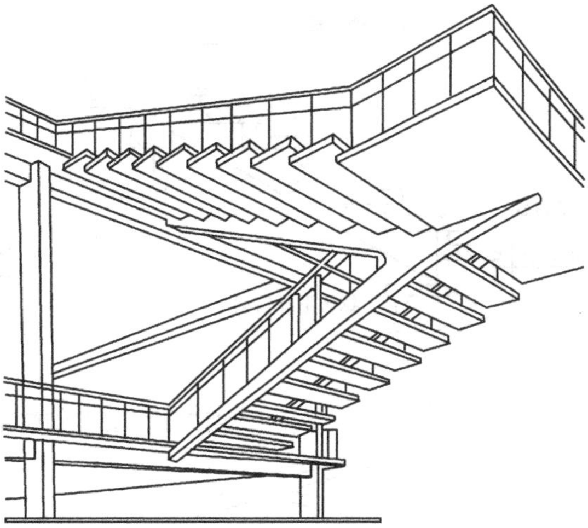

图7.12　现浇式悬臂楼梯

1)楼梯段

楼梯段上的主要预制构件是踏步、斜梁、楼梯板。

①预制踏步

钢筋混凝土预制踏步断面形式有一字形、三角形、L形3种(见图7.13)，断面厚度为40～80 mm。

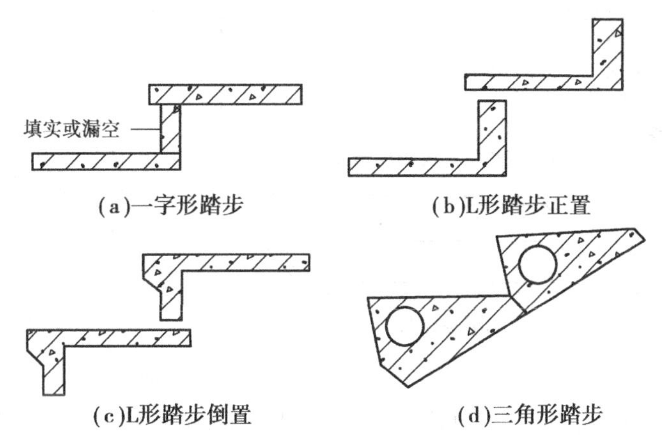

图7.13　预制踏步块的形式

一字形踏步制作简单，自重轻，踢面可漏空或填实，但因为受力不合理，一般只适合简易梯或室外梯。

L形踏步自重也轻，受力合理，但拼装后底面形成折板，易积灰。L形踏步的搁置方式有两种：一种是正置，即踢面在下搁置；另一种是倒置，即踢面在上搁置。

预制踏步的结构布置主要有梁承式、墙承式和悬挑式3种。

a.梁承式楼梯。是指踏步搁置在预制斜梁上的楼梯形式(见图7.14)。梁承式楼梯传力明确，运用较多。一般一字形踏步、L形踏步搁置在锯齿形梁上，三角形踏步搁置在矩形梁上。

b.悬挑式楼梯。是指踏步的一端固定，另一端悬挑的楼梯形式(见图7.15)。悬挑式楼梯不设斜梁和平台梁，构造简单，但要防止倾覆。从结构上考虑，悬挑式楼梯主要选用一字形

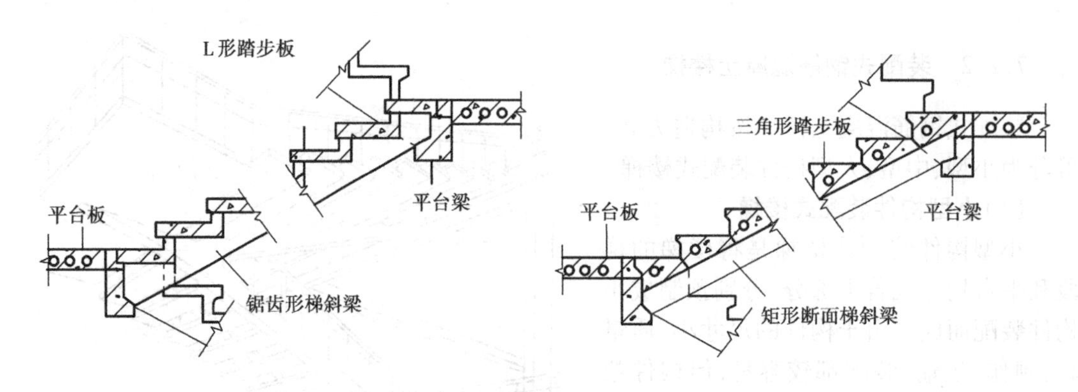

图 7.14　预制钢筋混凝土梁式楼梯

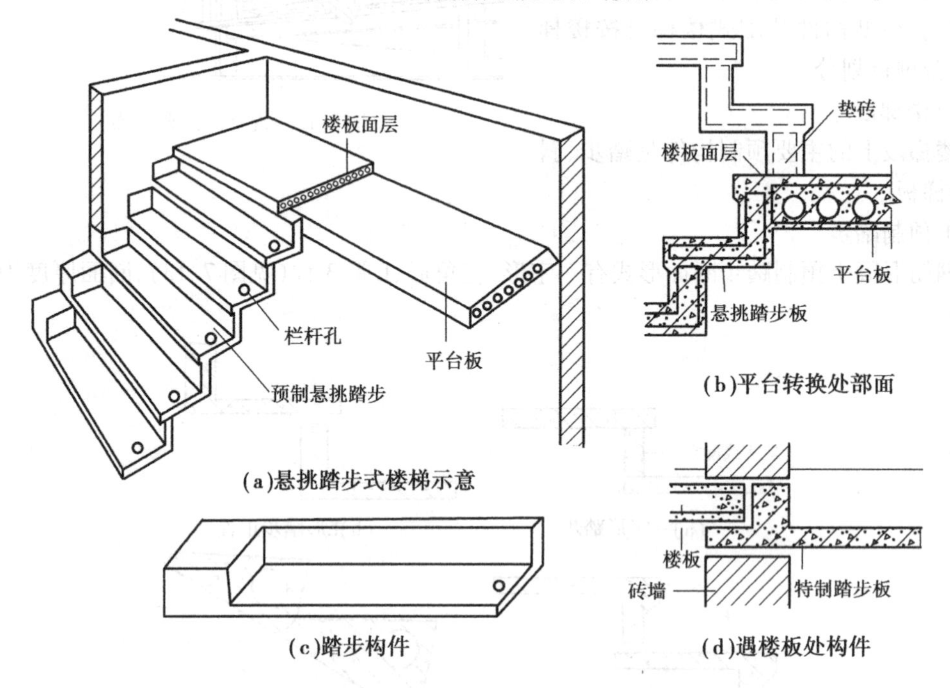

图 7.15　预制钢筋混凝土悬臂式楼梯

或 L 形踏步，楼梯间两侧的墙体厚度不应该小于 240 mm，踏步悬挑长度不超过 1 500 mm。此外，因悬挑式楼梯抗震性能比较差，地震地区不宜采用，适用于非地震区。

c. 墙承式楼梯。是指踏步搁置在墙上的楼梯形式(见图 7.16)。墙承式楼梯踏步上的荷载直接传递给墙体，不需要斜梁和平台梁，故构造简单、安装方便。这种楼梯主要选用一字形或 L 形踏步，适用于直跑式楼梯，若是双折式平行楼梯，则需要在楼梯井处设置墙体，以支承踏步。这种设置会给人流通行、家具搬运带来不便，特别是会遮挡视线，可在适当位置开设观察孔。

②预制楼梯斜梁

钢筋混凝土预制斜梁根据断面形式有矩形梁和锯齿形梁两种。矩形梁用于搁置三角形踏步，锯齿形梁用于搁置一字形踏步、L 形踏步(见图 7.17)。斜梁一般按跨度的 1/12 估算其断面的有效高度。

③楼梯板

钢筋混凝土预制板式楼梯是带踏步的整板，由于没有斜梁，楼梯底板平整，其有效厚度可

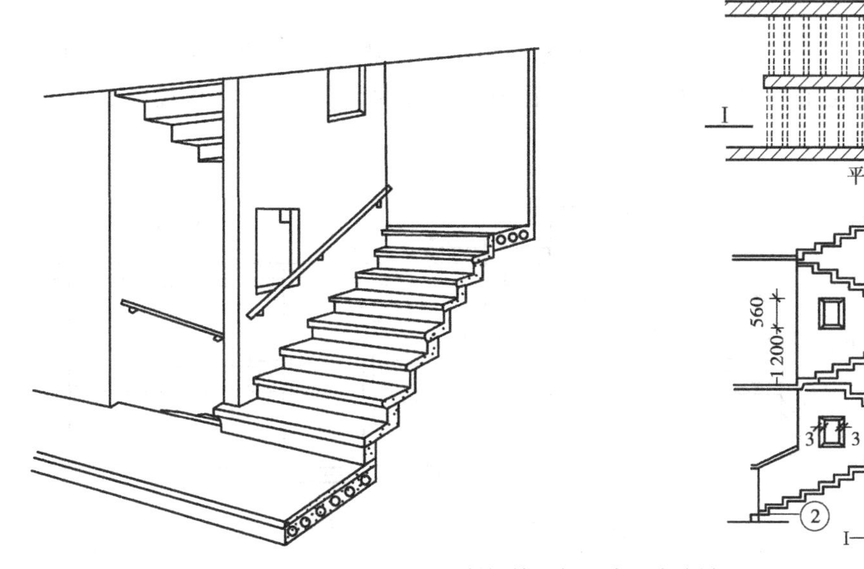

图 7.16　预制钢筋混凝土墙承式楼梯

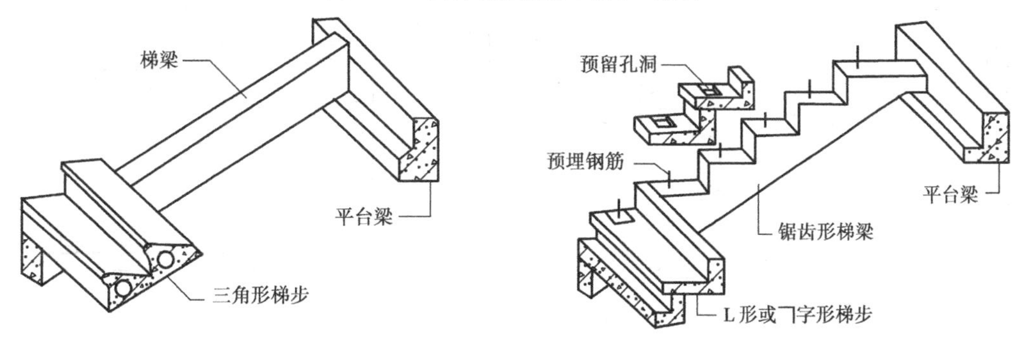

图 7.17　预制楼梯斜梁

以按 L/30 ~ L/20 估算。为减轻自重,可横向抽孔制作成空心构件(见图 7.18)。

2)楼梯平台

楼梯平台的主要预制构件是平台梁和平台板。

①平台梁

平台梁用于支承斜梁、梯段板的传力。平台梁根据断面形式有矩形梁和 L 形梁两种,其构造高度按跨度的 1/12 估算(见图 7.19)。

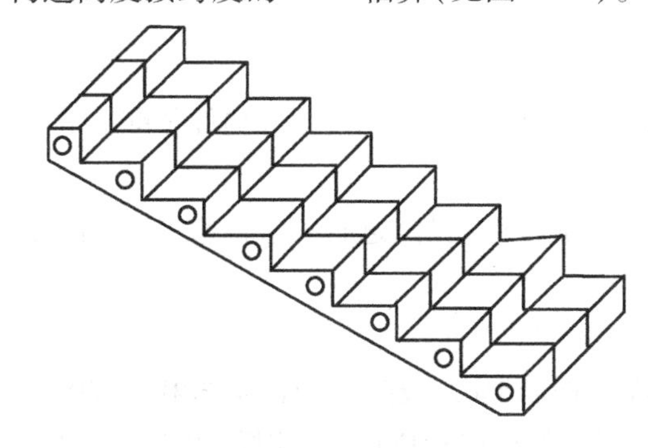

图 7.18　预制楼梯板

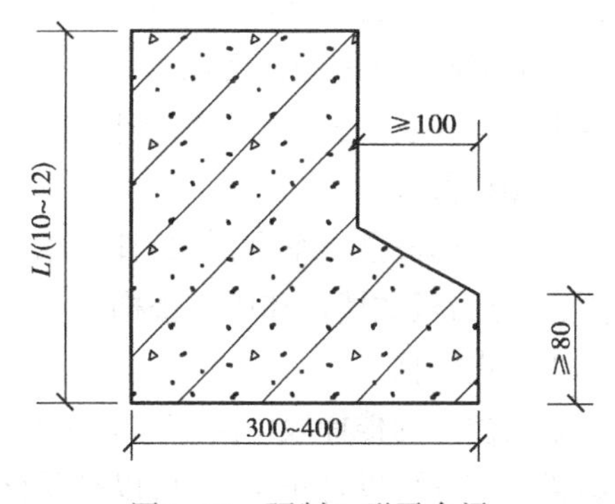

图 7.19　预制 L 形平台梁

②平台板

平台板布置于平台梁上,可平行于梁布置,也可垂直于梁布置,前者的受力较为合理。平台板有钢筋混凝土空心板、槽形板或平板。若平台上有管道井,则不宜布置空心板(见图7.20)。

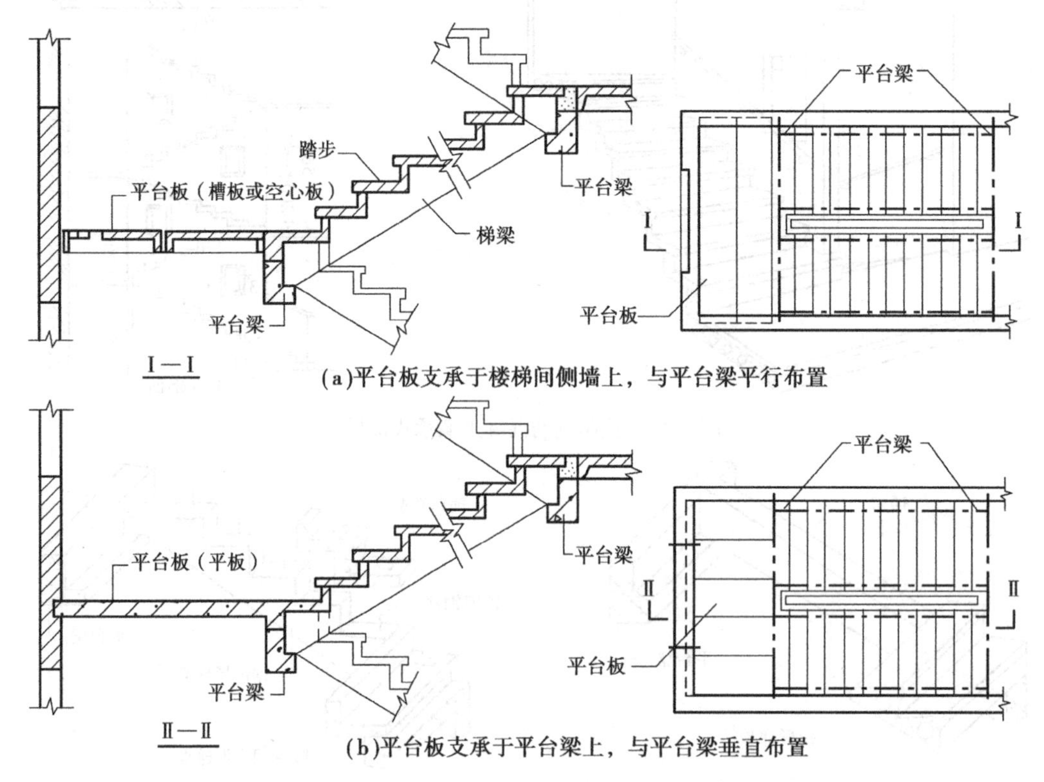

图7.20 平台板与平台梁的布置

3)构件的连接构造(见图7.21)

踏步板与斜梁连接:踏步板与斜梁连接一般是斜梁支承踏步处用水泥坐浆;或斜梁上预埋钢筋,插入踏步板上的预留孔,然后用水泥填实;也有用膨胀螺丝连接的。

斜梁或梯段板与平台梁连接:一般是在两者连接处预埋铁件,然后进行焊接。

斜梁或梯段板与梯基连接:在楼梯底层起步处,斜梁或梯段板下应制作梯基,梯基常用砖、毛石、混凝土或钢筋混凝土基础梁。

(2)中型构件装配式楼梯

中型构件装配式楼梯是将楼梯划分成梯段和平台两个部分,分别预制成构件装配而成。

1)楼梯段

预制楼梯段是将整个楼梯斜段(踏步、梯段等)制成一个构件,进行安装。按其结构形式不同,可分为板式楼梯和梁式楼梯。

①梁式楼梯

梁式楼梯的楼梯段由踏步与斜梁组成,像现浇式钢筋混凝土楼梯一样,梁式楼梯的楼梯中斜梁的布置可以是正梁,也可以是反梁布置。一般把斜梁布置成反梁,这样,可以有效地提高楼梯段的净高。

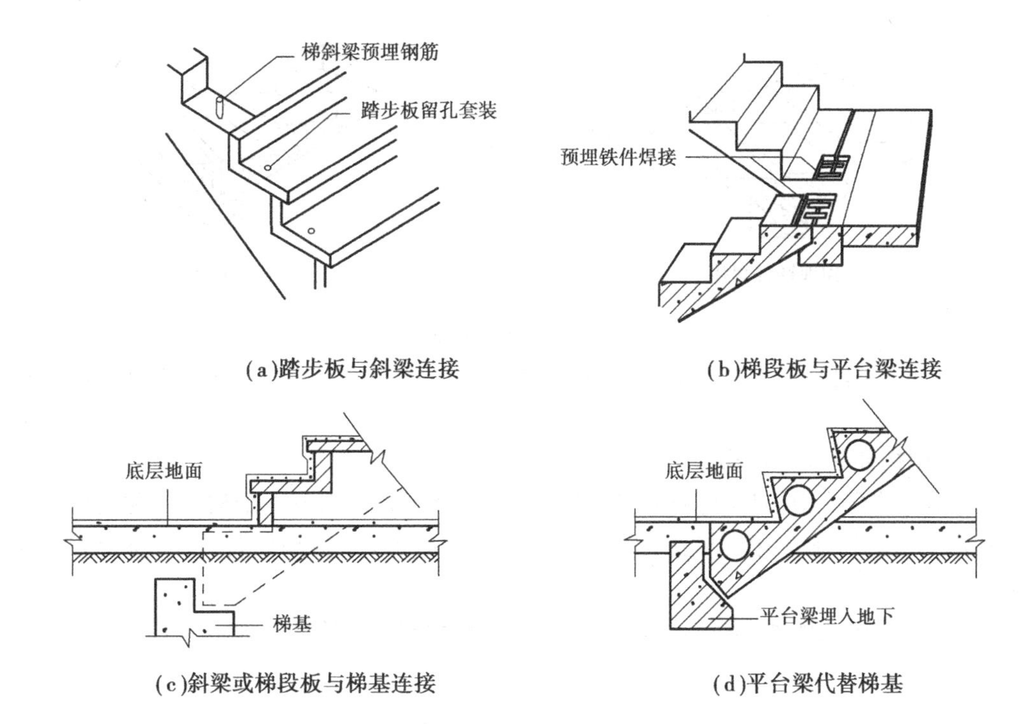

(a)踏步板与斜梁连接

(b)梯段板与平台梁连接

(c)斜梁或梯段板与梯基连接

(d)平台梁代替梯基

图7.21 连接构造

梁式楼梯的楼梯段的构造形式有实心、空心、折板形3种。空心梁式楼梯只能横向抽孔，折板形梁式楼梯用料最省、自重最轻，但底板不平整，容易积灰。

②板式楼梯

板式楼梯的楼梯段由踏步与板组成，两者制作成一体。

板式楼梯有实心和空心两种类型。实心楼梯的自重较大，为减轻自重，可将板制作成空心板。空心板楼梯板有横向抽孔和纵向抽孔两种。横向抽孔制作方便(见图7.18)，应用较广。楼梯板板厚较厚时，可以纵向抽孔。

2)楼梯平台

中型构件装配式楼梯常将平台板与平台梁组合在一起制作成一个构件。这种带梁的平台板一般采用槽形板，将与梯段连接一侧的板肋制成L形梁即可。

在生产、吊装能力不足时，可将平台板与平台梁分开预制，平台梁采用L形断面，平台板采用平板或空心板。

3)构件的连接构造

中型构件装配式楼梯构件连接主要涉及楼梯段与楼梯平台梁的连接。

为方便楼梯段与楼梯平台梁的连接，平台梁一般采用L形梁，L形平台梁出挑的翼缘顶面有平面和斜面两种。平顶面翼缘使梯段搁置处的构造较复杂，而斜顶面翼缘简化了梯段搁置处的构造，使用较多(见图7.22)。

楼梯段与楼梯平台梁的连接处，要有可靠的支承面，一般在梯段安装之前铺设水泥砂浆坐浆，使构件间的接触面贴紧，受力均匀；就位后，把预埋铁件进行焊接。有的是将梯段预留孔套接在平台梁的预埋插铁上，孔内用水泥砂浆填实。

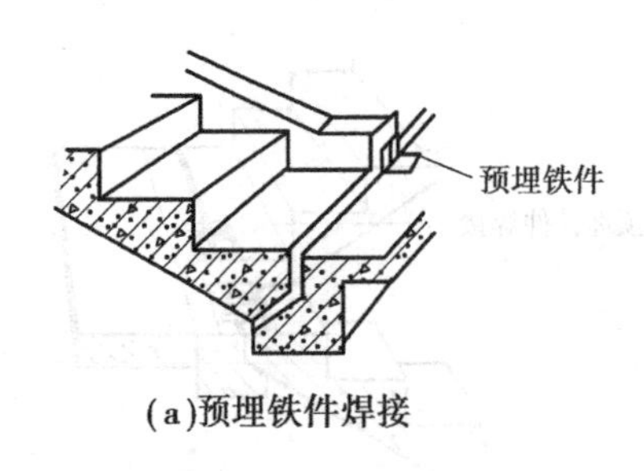

(a)预埋铁件焊接

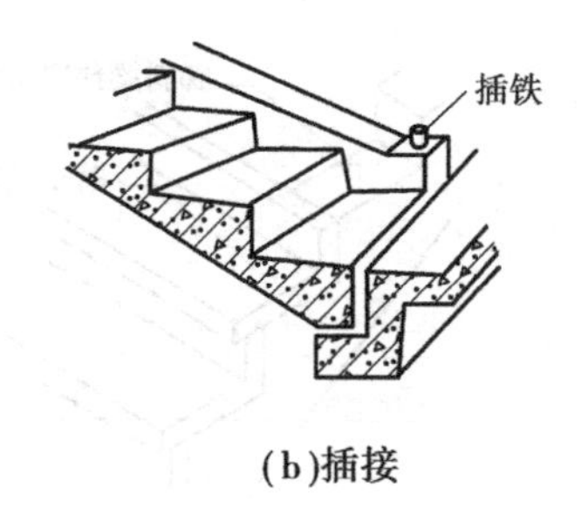

(b)插接

图 7.22　连接构造

在楼梯底层起步处,斜梁或梯段板下也应制作梯基(其构造做法同中型构件装配式楼梯)。

(3)**大型构件装配式楼梯**

大型构件装配式楼梯是将楼梯的梯段和平台两个部分预制成一个构件装配而成。大型构件种类数量更少,施工速度更快,但施工时需要大型的起重运输设备,主要用于大装配式建筑。

大型构件装配式楼梯按结构形式不同,有板式楼梯和梁式楼梯两种。

任务 7.3　了解楼梯细部构造

任务描述

了解民用建筑楼梯细部构造。

任务实施

组织同学参观身边的楼梯,分析楼梯扶手、防滑条等细部构造。

任务引导

7.3.1　踏步踏面的防滑构造

楼梯踏步的踏面应耐磨、光洁、便于清洁并防滑。踏步面层常采用水泥砂浆、水磨石、地板砖、大理石、花岗石等。

楼梯是垂直交通设施,确保安全是楼梯最起码的要求。为防止行人在上下楼梯时不慎滑倒,踏步表面应有防滑措施,即在踏面近踏口处设置防滑条。防滑条的材料要求能特别耐磨,常采用金刚砂、螺纹钢筋等制作成略高于踏面的防滑条;也可在踏面近踏口处凿凹槽以增加踏面的粗糙度,增强摩擦力;还有的是用带槽口的金属材料,如铜片、钢片等包踏口,既能防滑,又起保护作用(见图 7.23)。防滑条的长度一般是踏步长度每边减去 150 mm。

7.3.2　栏杆和扶手

楼梯的防护构件是栏杆和扶手,通常设于楼梯段及平台临空一侧,三股人流时两侧设扶手,四股人流时加中间扶手。

(1)**栏杆**

按构造做法分为空花栏杆、实心栏板和组合式栏杆 3 种。

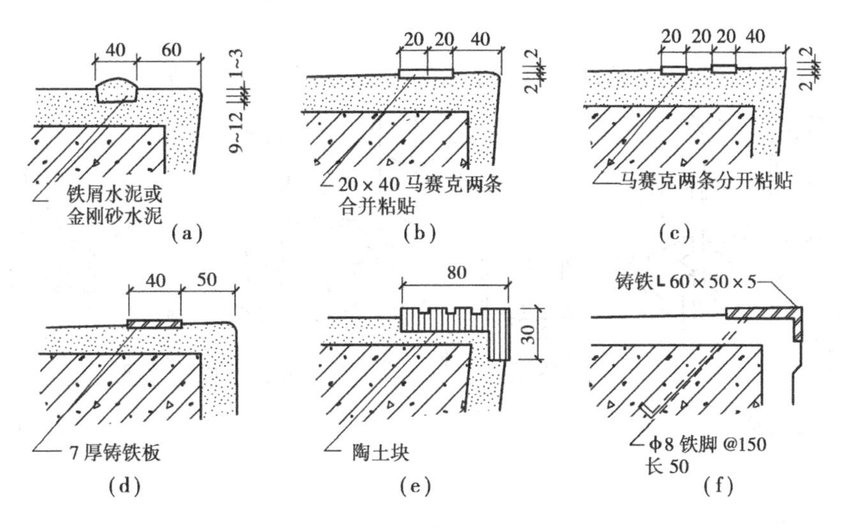

图7.23 踏面的防滑条构造

1)空花栏杆

空花栏杆不仅起防护作用,而且还有较强的装饰作用。它常采用方钢、圆钢或扁钢等金属材料及木材制作,常见的栏杆截面尺寸有圆钢 F16—F25 mm,方钢 15 mm×15 mm—25 mm×25 mm,扁钢(30 ~ 50)mm×(3 ~ 6)mm,钢管 F20 ~ F50 mm(见图7.24)。

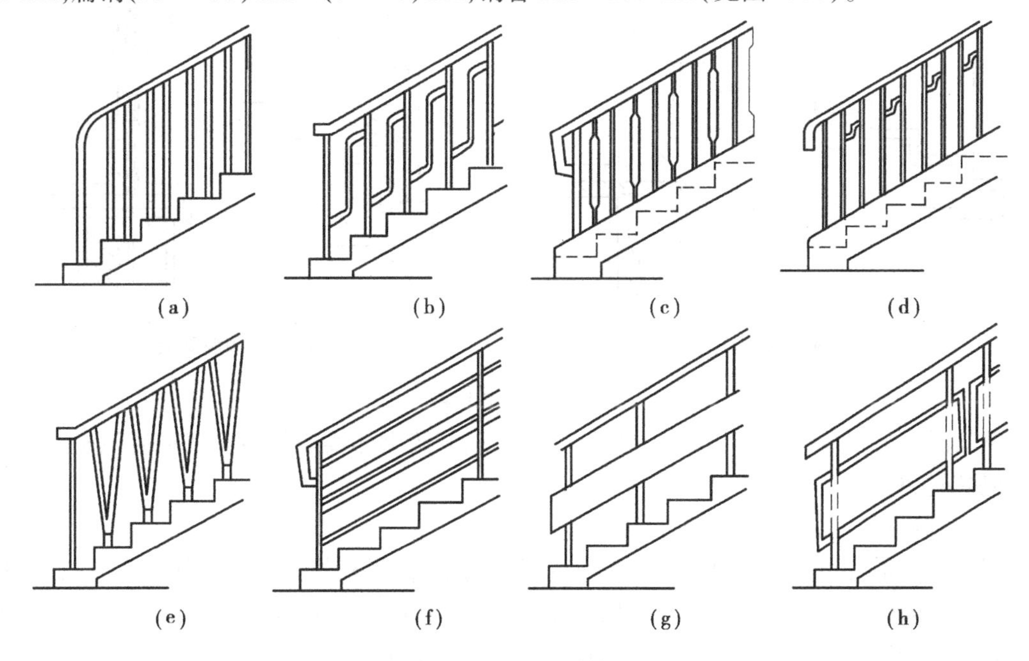

图7.24 空花栏杆

幼儿园、住宅等有儿童的建筑,为防止儿童坠落,栏杆垂直杆件的净距不应大于110 mm,且最好不要设计有便于攀爬的花饰,如某些横向杆件。

栏杆与踏步的连接方式有铆接、焊接和螺栓连接3种形式(见图7.25)。

①焊接。在踏面上预埋铁件,然后把栏杆焊接在预埋铁件上。

②铆接。将栏杆底端制作成燕尾铁,插入踏步的预留孔洞内,用水泥砂浆或细石混凝土

填实。

③螺栓联接。常用的螺栓联接方法是用膨胀螺丝联接栏杆与踏步。

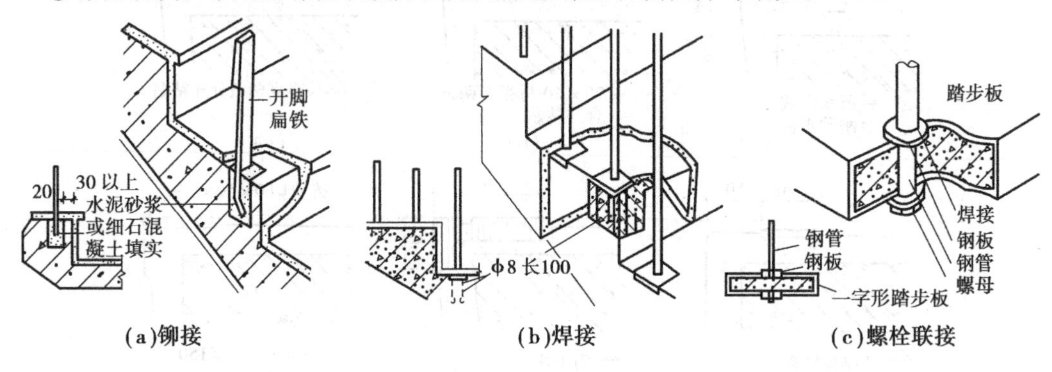

图 7.25 栏杆与踏步的联接

2)实心栏板

实心栏板常采用钢筋混凝土、加筋砖砌体、钢化玻璃等材料制作(见图 7.26)。

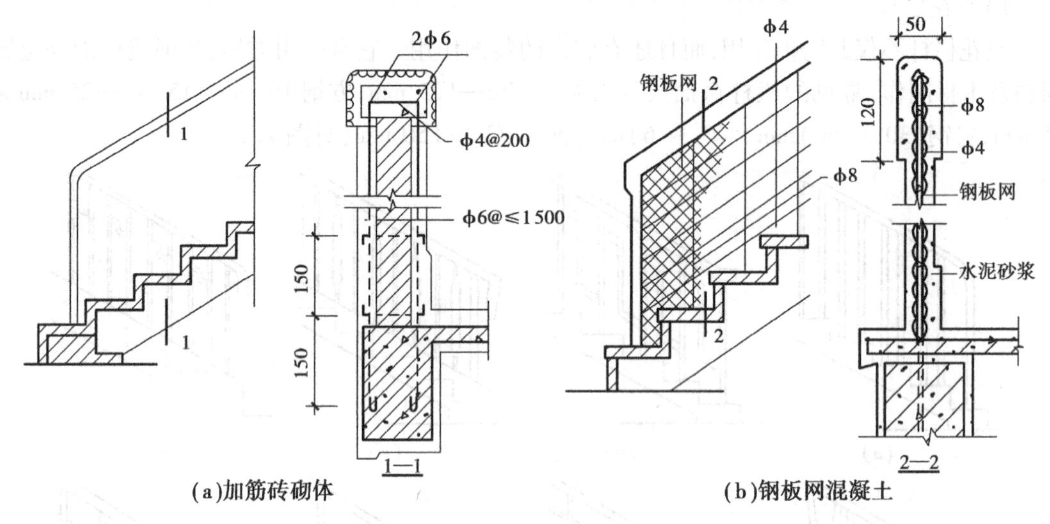

图 7.26 实心栏板

钢筋混凝土实心栏板可以现浇,也可以预制;加筋砖砌体实心栏板是普通砖侧砌 60 mm 厚,外加钢丝网加固。

3)混合栏杆

混合栏杆是指空花栏杆和实心栏板两种形式的组合,栏杆作主要的抗侧力构件,栏板作为防护和装饰构件,其栏杆竖杆常采用不锈钢等材料,其栏板常采用夹丝玻璃、钢化玻璃等轻质、美观的材料,夹丝玻璃抗水平冲击的能力较强,是比较理想的栏板材料(见图 7.27)。

(2)扶手

楼梯的扶手以材料,可分为木扶手、金属扶手、塑料扶手、细石混凝土扶手等;按构造,可分为栏杆扶手、栏板扶手、靠墙扶手等。

木扶手通过木螺钉与栏杆连接;金属扶手通过焊接等方式与栏杆连接;靠墙扶手则由预埋铁脚的扁钢及木螺钉来固定(见图 7.28);细石混凝土扶手是钢筋混凝土栏板、加筋砖砌体栏板的扶手形式。

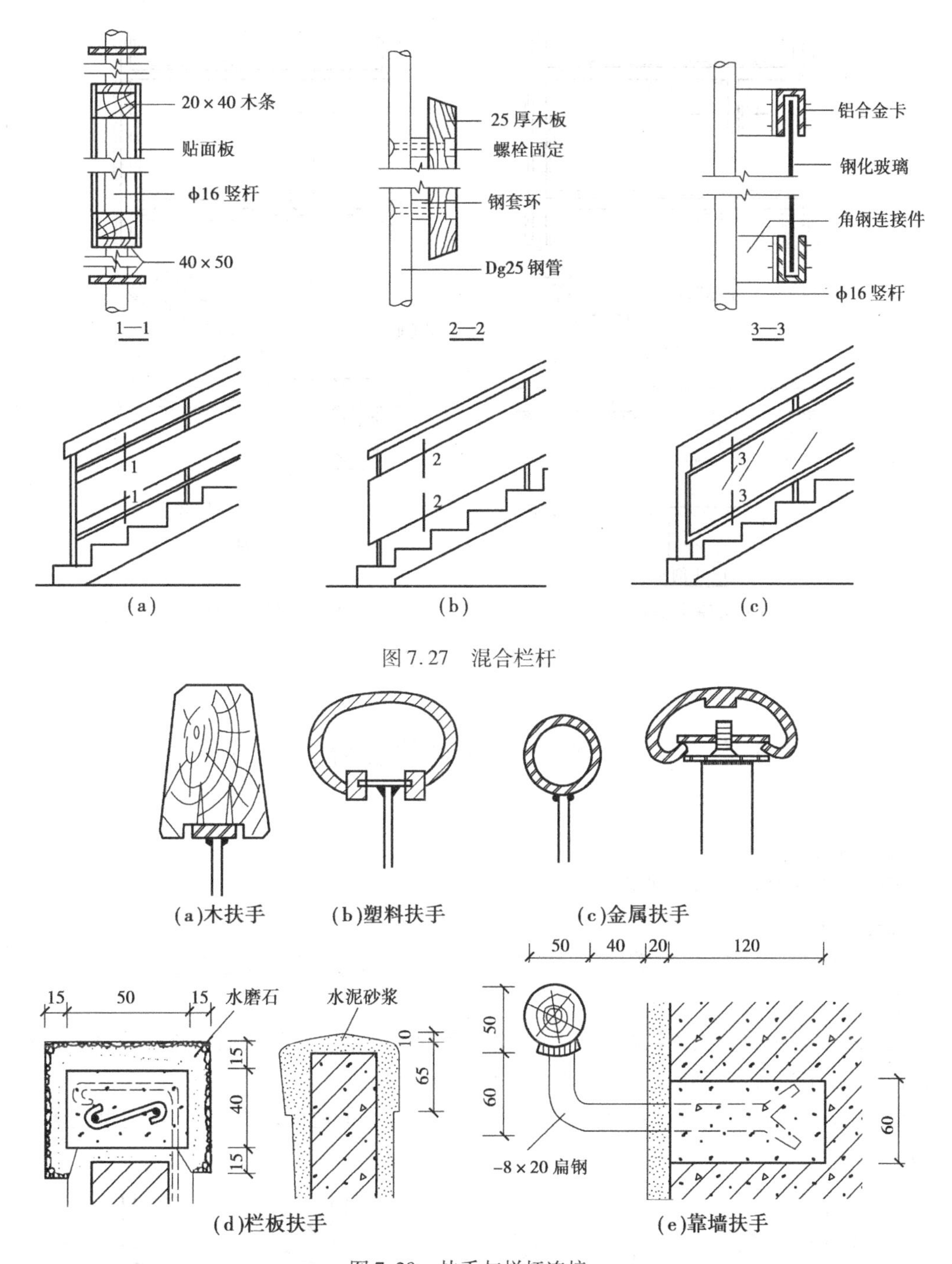

图 7.27 混合栏杆

图 7.28 扶手与栏杆连接

7.3.3 楼梯的基础

楼梯的基础简称梯基,一般设于底层楼梯第一跑的起步处。当地基持力层承载力较高,且楼梯不大时常用砖、毛石或混凝土制作梯基;当楼梯较大较重时常用钢筋混凝土制作梯基(见图 7.29)。

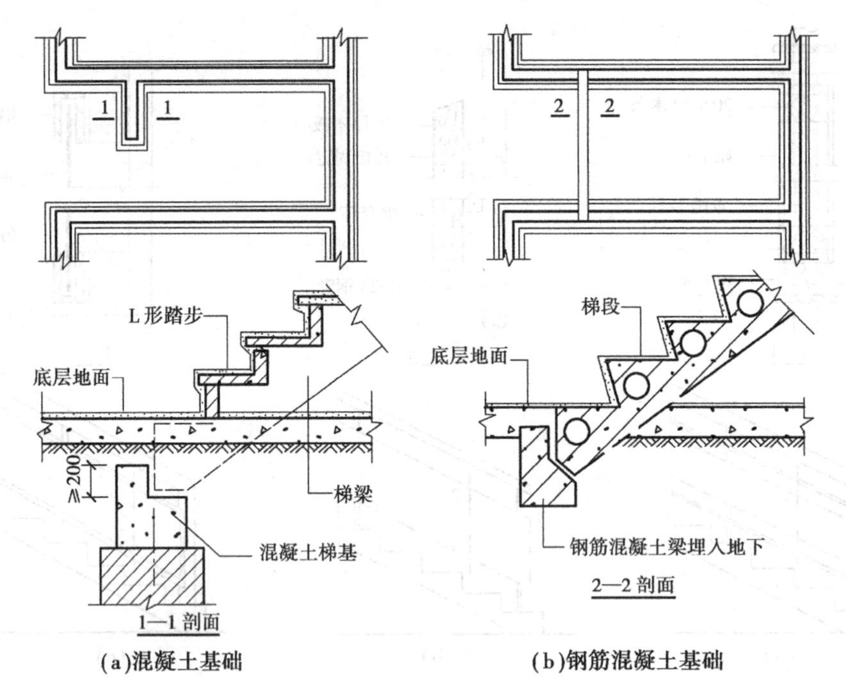

图 7.29　楼梯的基础

任务7.4　了解民用建筑的台阶与坡道构造

任务描述

了解民用建筑的台阶与坡道构造。

任务实施

组织同学参观宾馆、医院等建筑,详细了解这些建筑的台阶与坡道构造。

任务引导

建筑入口处解决室内外的高差问题主要靠台阶与坡道。若其交通主流是人,则可只设台阶,若其交通主流有车,则应设坡道,或台阶和坡道相结合。

台阶和坡道是建筑的造型构件,因此,台阶和坡道除了适用以外,还要求造型优美(见图7.30)。

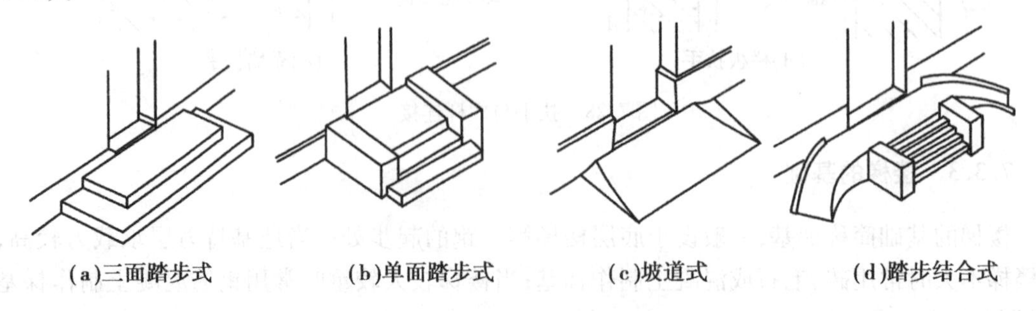

图 7.30　台阶与坡道形式

7.4.1 台阶

台阶由踏步和平台组成,室外台阶有单面踏步、三面踏步等形式,有时也会和坡道一起组合,用于医院、旅馆、办公楼等建筑;若是室内台阶,其踏步数不应少于两级。

室外台阶的坡度比楼梯平缓,踏步尺寸一般是踏面宽300~400 mm,踏步高100~150 mm。平台设置在出入口和踏步之间,起缓冲之用,深度一般不小于1 000 mm。为防止雨水积聚并溢水室内,平台标高应比室内地面低30~500 mm,并向外找坡1%~4%,以利排水。

室外台阶应坚固耐磨,具有良好的耐久性、抗冻性、抗水性。常用的台阶有混凝土台阶、石台阶,钢筋混凝土台阶和砖砌台阶等。室外台阶由面层和结构层组成,台阶基础有就地砌筑、勒脚挑出、桥式3种;面层常见的有水泥砂浆、水磨石、地砖以及天然石材等(见图7.31)。为防止建筑物沉降时拉裂台阶,应在建筑物主体沉降趋于基本均匀后再做台阶,并且应加强主体与台阶之间的联系,以形成整体沉降;或将台阶和主体完全断开,互不影响。

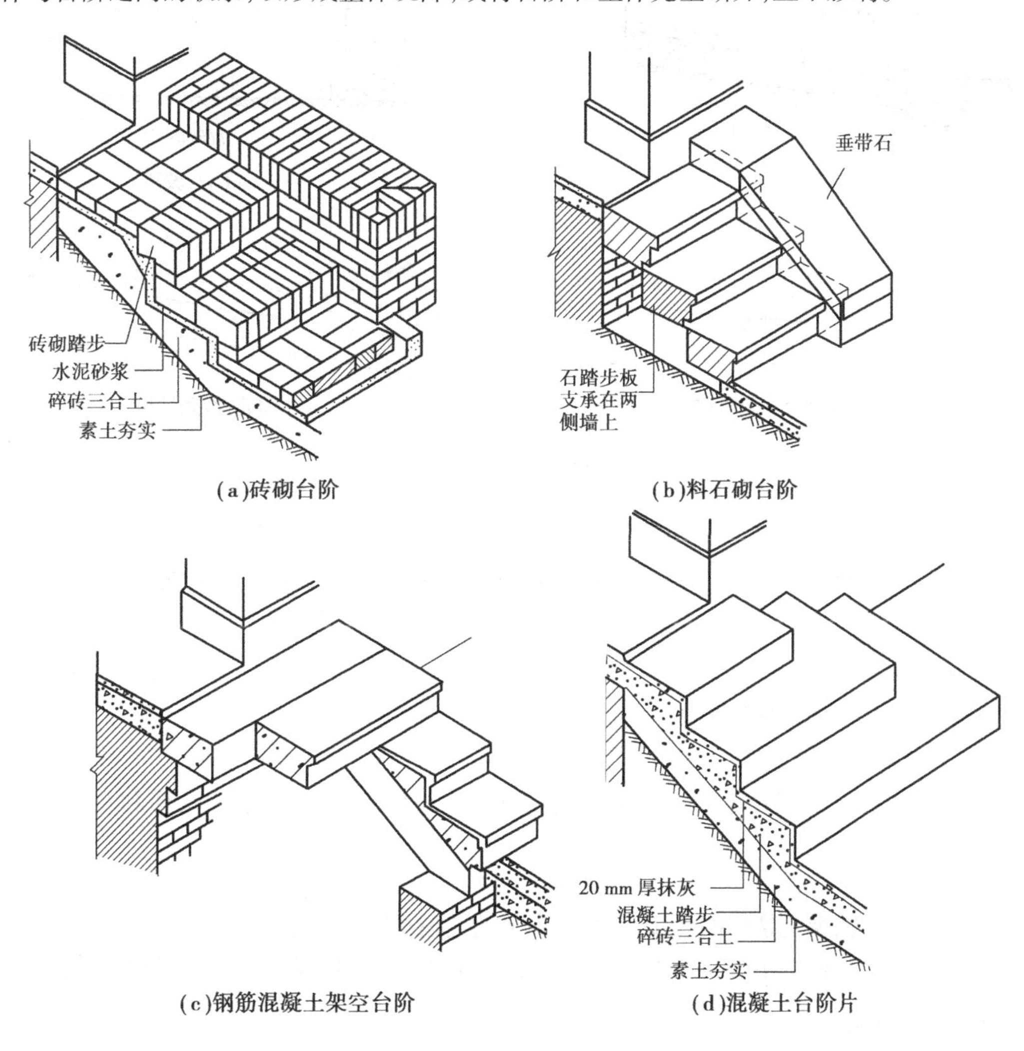

图7.31 室外台阶构造

7.4.2 坡道

建筑入口处有车通行或要求无障碍设计时应采用坡道。

坡道多为单坡式,有时也有三坡,但不常见。坡道的坡度设置应以有利于车辆通行为依据,一般是1∶6～1∶12。供轮椅使用的坡道坡度不应大于1∶12,且两侧应设0.85 m及0.65 m高扶手,地面平整但能防滑。

坡道也应采用坚固耐磨,具有良好的耐久性、抗冻性、抗水性的材料制作,一般采用混凝土或石材做面层,混凝土做结构层。坡道的坡度相对较大时,或对防滑要求较高时,坡道上应该设防滑措施,如设锯齿形坡道,设防滑条,压防滑槽等,以增加坡面上的粗糙度(见图7.32)。

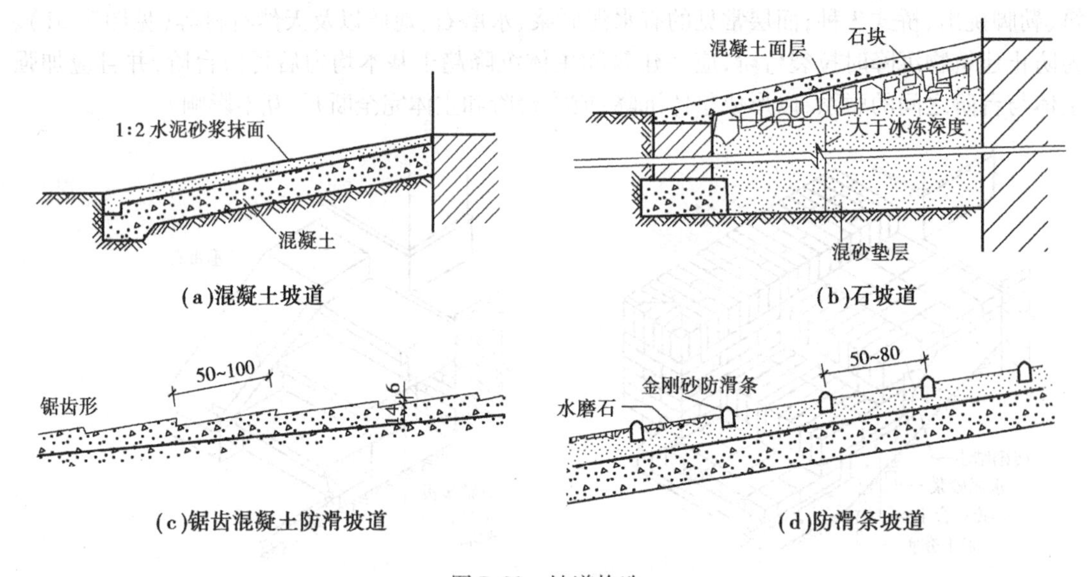

图7.32 坡道构造

任务7.5 了解电梯和自动扶梯对土建的构造要求

任务描述

了解电梯和自动扶梯的构造。

任务实施

组织同学参观高层住宅、商场、航空港等建筑,详细了解这些建筑电梯和自动扶梯的构造。

任务引导

电梯和自动扶梯是楼梯的代步工具,因其省力、便捷而深受欢迎。

电梯和自动扶梯均不能当作安全出口。消防电梯在紧急情况时,仅供消防人员使用。

7.5.1 电梯

电梯是高层建筑不可缺少的重要垂直交通设施,有时也用于标准较高的低层建筑(见图7.33)。

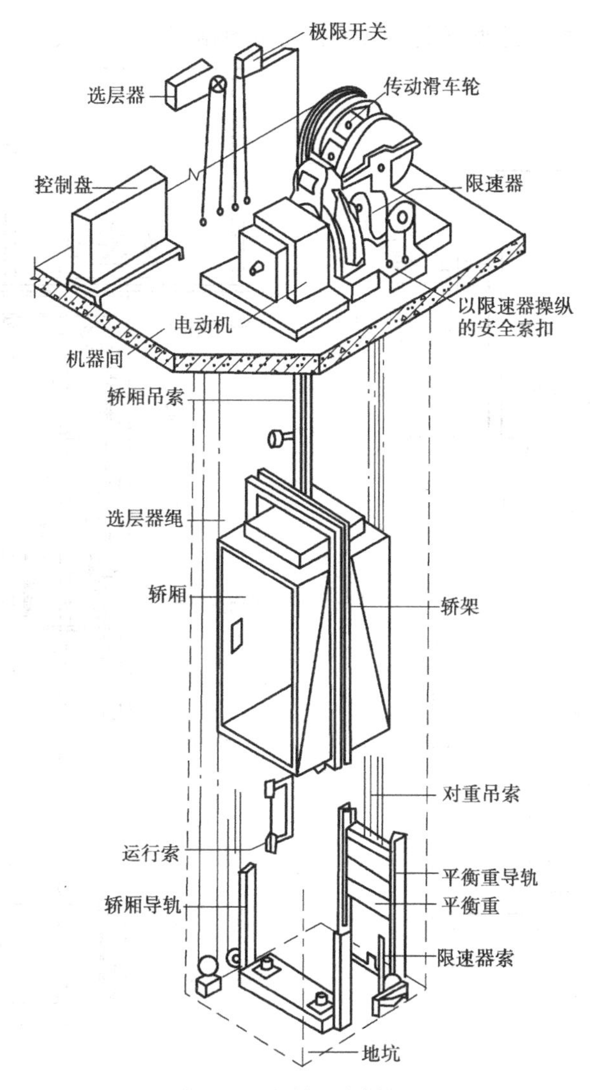

图7.33　电梯组成剖视图

(1)**电梯的类型**

①按使用性质分类。有客梯、货梯、消防电梯、观光电梯等。

②按运行速度分类。有高速电梯(速度大于2 m/s)、中速电梯(速度小于2 m/s)、低速电梯(速度小于1.5 m/s)。

(2)**电梯的组成**

电梯一般由3个主要的部分组成,即电梯井道、电梯轿厢和机房。

1)电梯井道

电梯井道是电梯运行的通道,电梯井不宜被楼梯环绕。

电梯井道内有轿厢、导轨、平衡重等。电梯井道在每层楼的楼层处设一出入口,底部(建筑最底层)设一地坑,该地坑主要是为了安装缓冲器,缓冲器可缓解电梯停靠时的冲出力,地坑深度一般不小于1.4 m。

2)电梯轿厢

电梯轿厢是载人、运货的厢体。按其用途不同,电梯轿厢的形状、尺寸都有所不同(见图

7.34、表7.2）。电梯轿厢应造型优美、经久耐用，可根据需要选用。

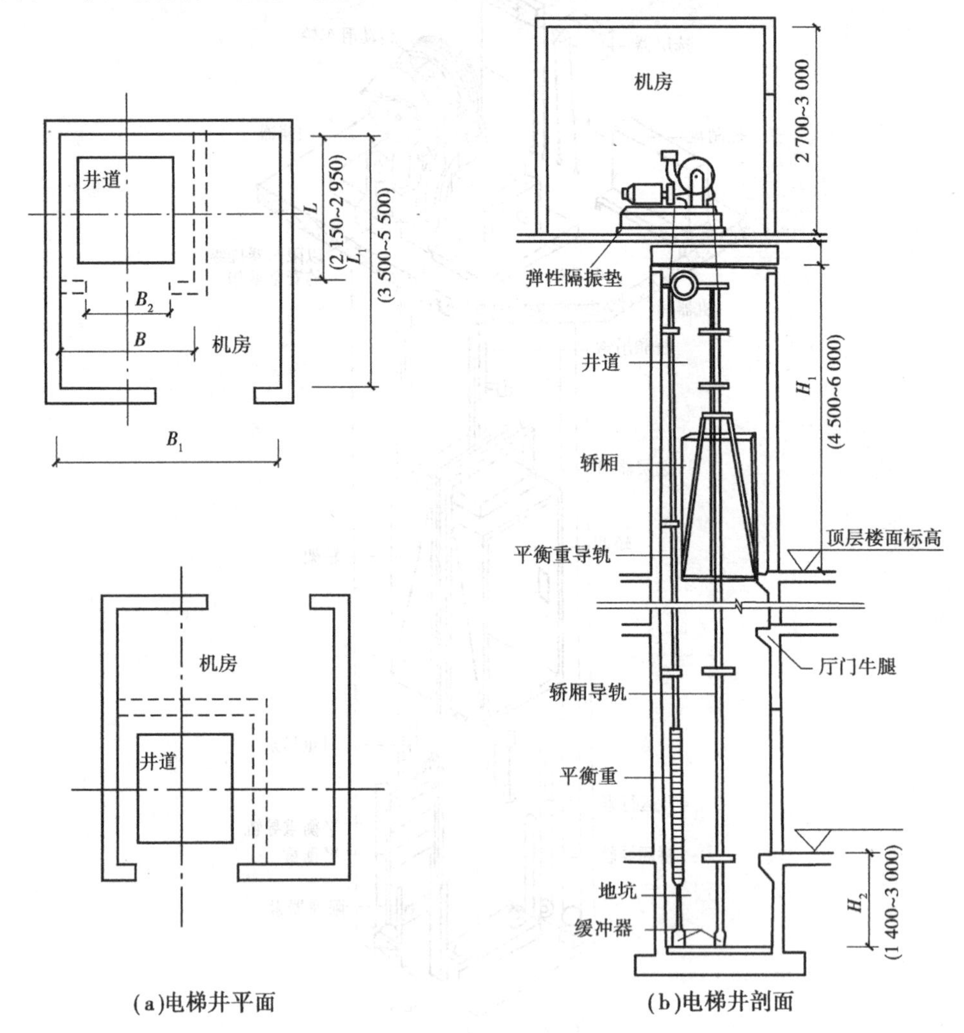

(a)电梯井平面　　(b)电梯井剖面

图7.34　电梯井尺度

表7.2　电梯型号与井道、机房基本尺寸/mm

电梯类型	额定质量/kg	额定速度/m·s^{-1}	井道尺寸		机房		门口尺寸 B_2
			B	L	B_1	L_1	
单台乘客电梯	1 000	≥1.0	2 200	2 150	3 500(4 000)	3 500(4 000)	1 100
	1 500	≥1.0	2 500	2 400	4 000(4 500)	4 000(4 500)	1 200
载货电梯	2 000	0.5～0.75	2 850	2 670(3 170)	3 500	4 000	1 900
	2 000	0.5～0.75	3 450	2 670	4 000	4 000	2 400
病床电梯			2 250	2 950	4 000	5 500	

3）机房

机房为安装相关电梯设备而用。一般设在电梯井道的顶部，有时设于楼顶，有时设于顶楼（电梯只能运行到倒数第2层）。一般机房的净高不得小于2.0 m。

公共建筑中,电梯不应在转角处紧邻布置,单排布置不应超过4台,双排布置不应超过8台。若以电梯为主要交通,每个建筑物或建筑物的每个服务区乘客电梯不宜少于两台。

(3)**电梯与建筑**

1)机房构造

机房楼板应平整,至少能承受6 kPa的均布荷载。通向机房的通道和楼梯宽度不小于1.2 m,楼梯坡度不大于45°。机房一般专用,且要做好机房的隔声减振。

2)电梯井构造(见图7.34)

电梯井井壁一般是钢筋混凝土井壁或框架剪力墙,井壁上除出入口外尽量少开口,以免降低电梯井的强度。但井壁若是钢筋混凝土,则应预留150 mm×150 mm×150 m的孔洞,垂直中距2.0 m,以便安装支架。

电梯井是建筑中的垂直通道,极易引起火灾的蔓延,因此井道四壁应为防火结构。当同一井道内有两部以上的电梯时,需用防火围护结构隔开,避免火灾蔓延。

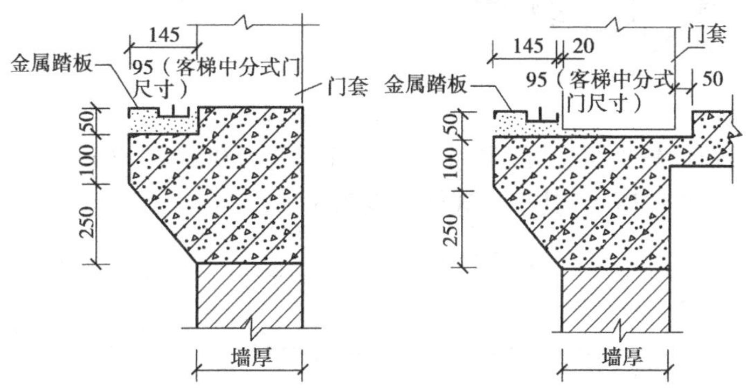

图7.35　电梯的厅门牛腿

井道各层的出入口即为电梯的厅门,厅门处常装大理石、水磨石、金属板材门套,出入口处的地面应向井道挑出一牛腿(见图7.35)。

电梯运行时会产生振动和噪声,故要进行隔音减噪处理。一般在机房机座下设弹性隔振垫,机房和电梯井间设1.5 m的隔声层(见图7.36)。

为使电梯井道内空气流通,应在井道底部和中间适当位置设不小于300 mm×600 mm的进风口,上部设出风口,出风口可与排烟口相结合,其面积不小于井道面积的3.5%。通风口总面积的1/3应经常开启。

地坑应进行防水防潮处理。

电梯井井壁上安装导轨和导轨支架,可预留孔插入也可预留铁件焊接。

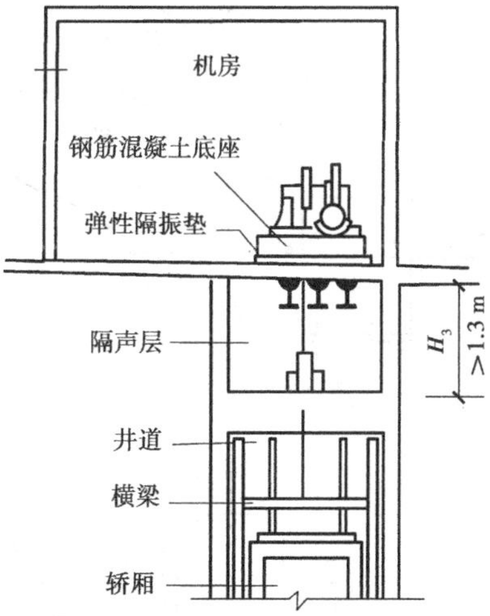

图7.36　电梯的隔音

7.5.2　自动扶梯

人流量较大且持续的公共建筑,如商场、航空港等常使用自动扶梯。自动扶梯可正逆两个方向运行，停电时还可以作普通楼梯使用(见图7.37)。

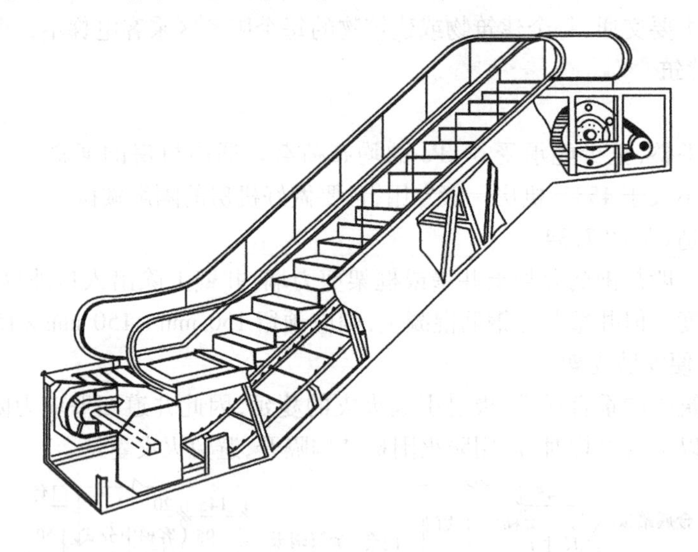

图7.37 自动扶梯剖视图

自动扶梯的坡道比较平缓，一般采用30°，运行速度为0.5～0.7 m/s，宽度按输送能力有单人和双人两种(见图7.38)。其型号规格见表7.3。

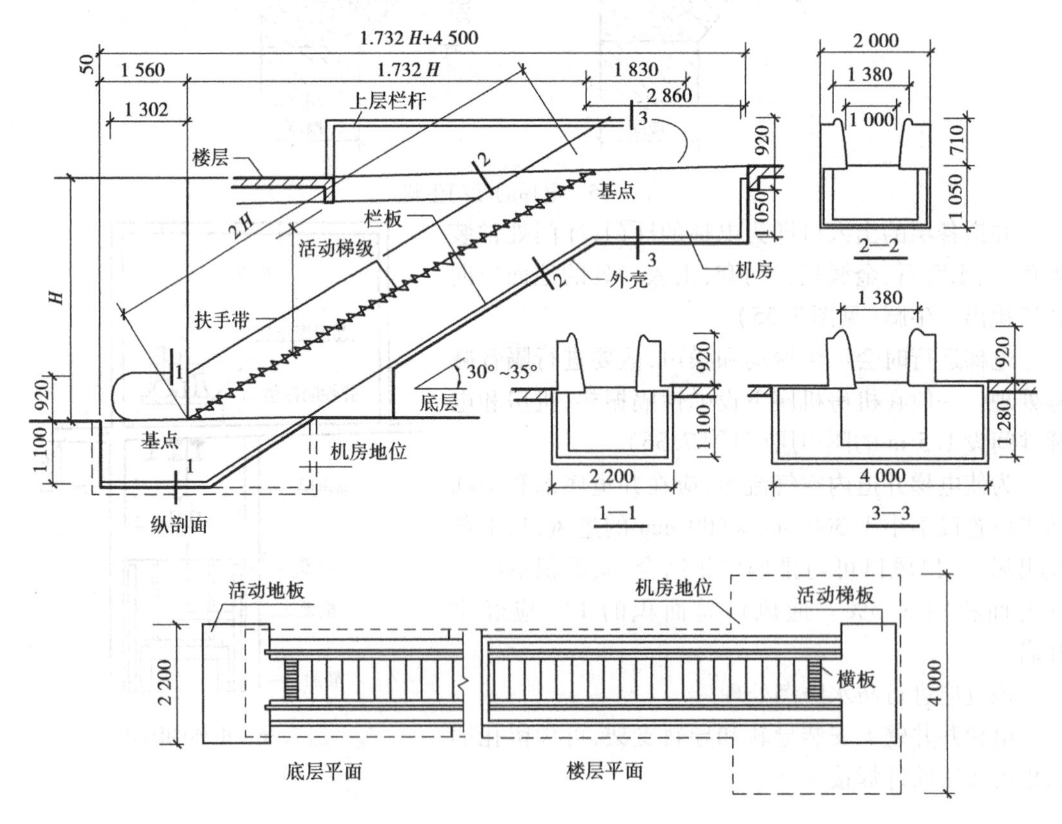

图7.38 自动扶梯平面图

表7.3　自动扶梯型号规格

梯　型	输送能力/(人·h^{-1})	速度/(m·s^{-1})	最大提升高度 H/m	扶梯宽度	
				净宽/mm	外宽/mm
单人梯	5 000	0.5	3～10	600	1 350
双人梯	8 000	0.5	3～8.5	1 000	1 750

自动扶梯起止平台深度应满足安装尺寸，应留足人流等候及缓冲面积，扶手与平行墙面间、扶手与楼板开口边缘、相邻两平行梯扶手间水平距离不应小于0.4 m。

项目小结

本项目内容介绍建筑重要构造的楼梯、电梯。其中，楼梯的设计、钢筋混凝土楼梯的构造是重点，台阶与坡道构造、电梯与自动扶梯构造等内容要求能识图、制图。

①楼梯是建筑中最重要的垂直交通设施，由楼梯段、楼梯平台和栏杆扶手3个部分组成。常见的楼梯形式有直跑楼梯、双跑楼梯、多跑楼梯、圆形楼梯、螺旋楼梯、弧形楼梯、桥式楼梯及剪刀式楼梯等。其中，双跑楼梯在民用建筑中最普遍。

②楼梯设计中需要确定，一是楼梯平面各尺寸（楼梯段宽、楼梯井宽、踏步宽与高、楼梯段长）；二是楼梯剖面各尺寸（楼梯坡度、踏步高、级数、楼梯高等）。

楼梯设计中还需要确保楼梯的净高：楼梯段上应大于2.2 m，楼梯平台下应大于2.0 m。

③钢筋混凝土楼梯是最常用的、重要的楼梯形式。按其构造，可分为现浇式钢筋混凝土楼梯和装配式钢筋混凝土楼梯。

④楼梯的细部构造有踏面防滑构造、栏杆与踏步连接、栏杆与扶手连接等构造。

⑤室外台阶和坡道连接室外地坪与室内地坪，坡度比一般楼梯平缓。要求结实、防水、防冻、防滑。

⑥电梯是高层建筑的主要垂直交通设施，由电梯井、轿厢、机房等部分组成。其中，电梯井的构造最重要。自动扶梯适合于人流量大且持续的公共场所，需要注意自动扶梯的相关尺度。

复习思考题

1.简述题：

(1)楼梯是由哪些部分组成的？各组成部分的作用及要求如何？

(2)常见的楼梯有哪几种形式？

(3)确定楼梯段宽度应以什么为依据？

(4)为什么平台深不得小于楼梯段宽度？

(5)楼梯坡度如何确定？

(6)一般民用建筑的踏步高与宽的尺寸是怎样限制的？当踏面宽不足最小尺寸时怎么办？

(7)楼梯为什么要设栏杆？栏杆扶手的高度一般是多少？

(8)楼梯间的开间、进深应如何确定？

(9)楼梯的净高一般是指什么？为保证人流和物流的顺利通行，要求楼梯净高一般是多少？

(10)当建筑物底层平台下作出入口时，为保证出入口净高，应采用哪些措施？

(11)钢筋混凝土楼梯常见的结构形式是哪几种？各有什么特点？

(12)楼梯踏面的做法如何？请图示。

(13)栏杆与踏步、栏杆与扶手如何连接？请图示。

(14)台阶的构造要求如何？请图示。

(15)电梯由哪几部分组成？电梯井道的设计应满足什么要求？

2. 实训题：

某3层住宅楼层高2.8 m，楼梯间开间2.7 m，进深5.1 m，室内外高差0.6 m。请设计一楼梯，要求把中间休息平台下作出入口(即保证休息平台梁梁底净高≥2.0 m)。

(1)设计并确定该楼梯的相关尺寸(B,C,D,L,N,b,h)。

(2)绘制该楼梯各层平面图。

项目 8
屋　顶

项目概述

屋顶是建筑最重要的围护构件,因其特殊的位置,不管是平屋顶还是坡屋顶,其排水、防水、保温隔热一直是构造重点。

项目包括屋顶概述、平屋顶构造、坡屋顶构造。

情景介绍

某建筑断水封顶了,“屋顶”已然可见,但其实屋顶的构造程序远远未完,我们完成的只是屋顶结构层,而防水层、隔热层、保温层等也是屋顶构造中的重要组成部分,让我们带上安全帽,走上屋顶看个究竟吧。

任务 8.1　屋顶概述

任务描述

了解建筑屋顶的类型、作用及组成。

任务实施

组织同学参观身边的民用建筑,分析建筑屋顶的常见形式、作用及组成。

任务引导

8.1.1　屋顶的类型

建筑屋顶的形式多种多样,从构造来分主要有以下 3 种类型:

①平屋顶。屋面排水坡度小于或等于 10% 的屋顶,常用的坡度为 2% ~3%(见图 8.1)。

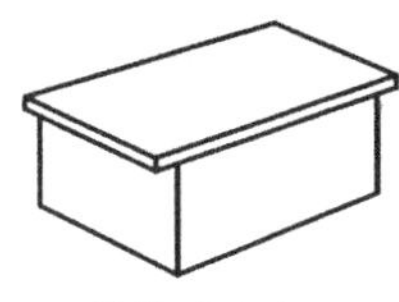
挑檐平屋顶

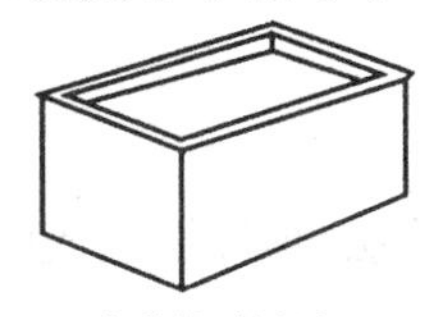
女儿墙平屋顶

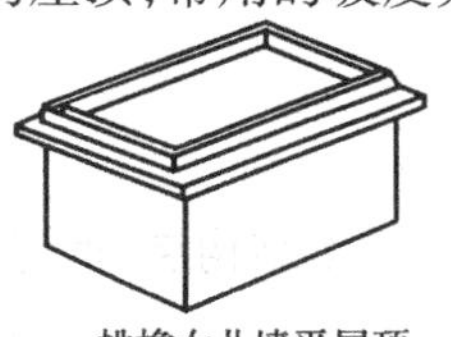
挑檐女儿墙平屋顶

翻顶平层顶

图 8.1　平屋顶

②坡屋顶。是指屋面排水坡度在10%以上的屋顶(见图8.2)。

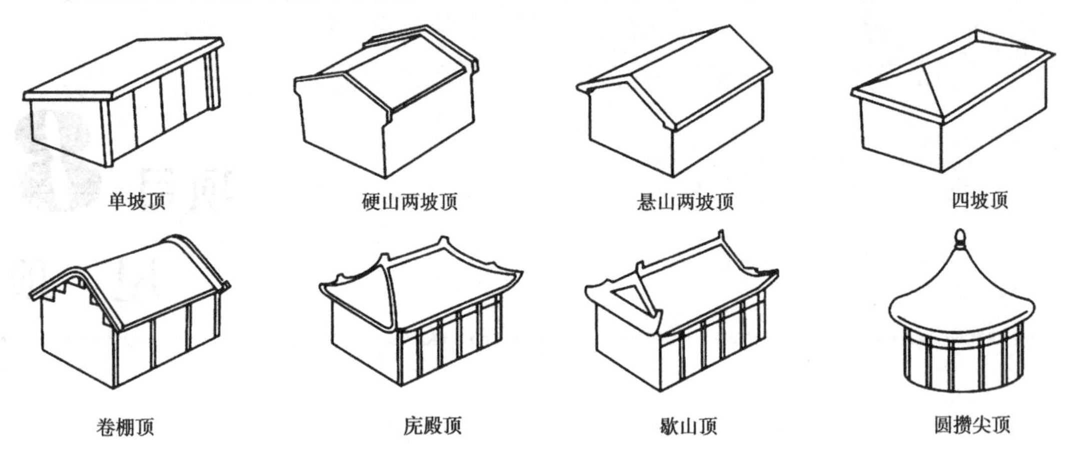

图8.2　坡屋顶

③曲面屋顶。一般适用于大跨度的公共建筑中(见图8.3)。

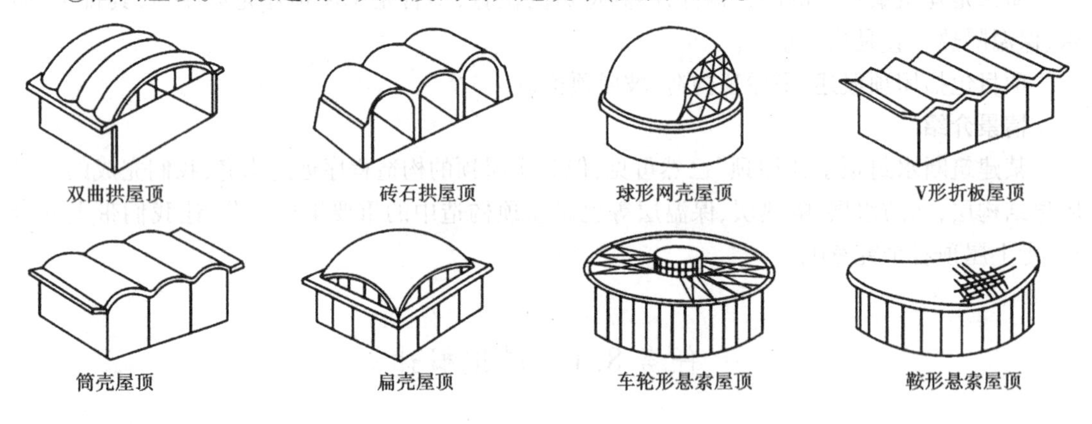

图8.3　曲面屋顶

8.1.2　屋顶的作用及构造要求

屋顶主要有以下3个作用:

①承重作用。承受屋面所有的荷载,包括自重、积雪荷载、积灰荷载、施工荷载、上人屋面的活荷载等。

②围护作用。抵御风、雨、雪、太阳辐射和气温变化等方面的影响。

③美化立面。屋顶应满足坚固耐久、防水排水、保温隔热、抵御侵蚀等使用要求,同时还应做到自重轻、构造简单、施工方便、造价经济,并与建筑整体形象协调。其中防水是对屋顶的最基本的要求。

8.1.3　屋顶的组成

屋顶一般是由屋面层、承重结构层、保温或隔热层、顶棚层组成的。

任务8.2 了解平屋顶的构造

任务描述

重点掌握平屋顶的排水、防水、隔热保温等构造。

任务实施

组织同学参观身边合适的工地,了解平屋顶的排水、防水、隔热保温构造。

任务引导

8.2.1 平屋顶的构造组成

平屋顶一般由屋面、承重结构、保温隔热层、顶棚等基本层次组成(见图8.4)。

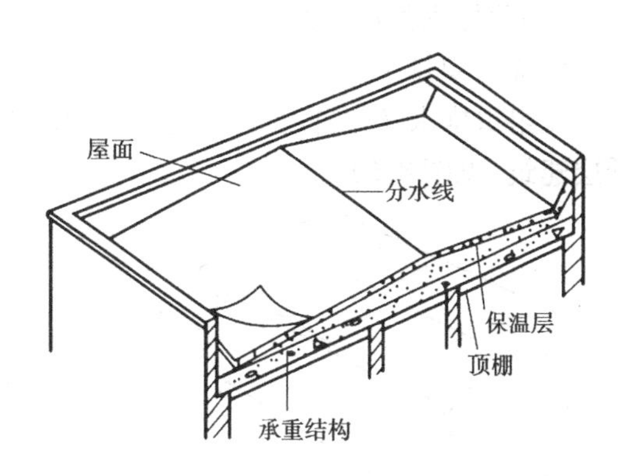

图8.4 平屋顶的组成

(1)屋面

屋面是屋顶最上面的表面层次,要承受施工荷载和使用时的维修荷载,以及自然界风吹、日晒、雨淋、大气腐蚀等的长期作用,因此屋面材料应有一定的强度、良好的防水性和耐久性能。

(2)承重结构

承重结构承受屋面传来的各种荷载和屋顶自重。

(3)顶棚

顶棚位于屋顶的底部,用来满足室内对顶部的平整度和美观要求。

(4)保温隔热层

当对屋顶有保温隔热要求时,需要在屋顶中设置相应的保温隔热层,以防止外界温度变化对建筑物室内空间带来的影响。

8.2.2 平屋顶的排水构造

(1)排水坡度的形成

1)材料找坡

材料找坡又称建筑找坡,是将屋面板水平搁置,然后在上面铺设炉渣、石灰炉渣、陶粒等廉价轻质材料形成坡度。其特点是施工简单,结构底面平整,容易保证室内空间的完整性,但建筑找坡,坡度不宜太大(坡度小于5%,一般坡度2%),否则会使找坡材料用量过大,增加屋顶荷载(见图8.5(a))。

2)结构找坡

结构找坡是将屋面板搁置在顶部倾斜的梁上及屋架上或墙上形成屋面排水坡度的方法。其特点是不需再在屋顶上设置找坡层,屋面其他层次的厚度也不变化,减轻了屋面荷载,造价低。但不符合人们的使用习惯(见图8.5(b))。单坡跨度大于9 m的屋面宜做结构找坡,坡度不应小于3%。坡屋顶也是结构找坡。

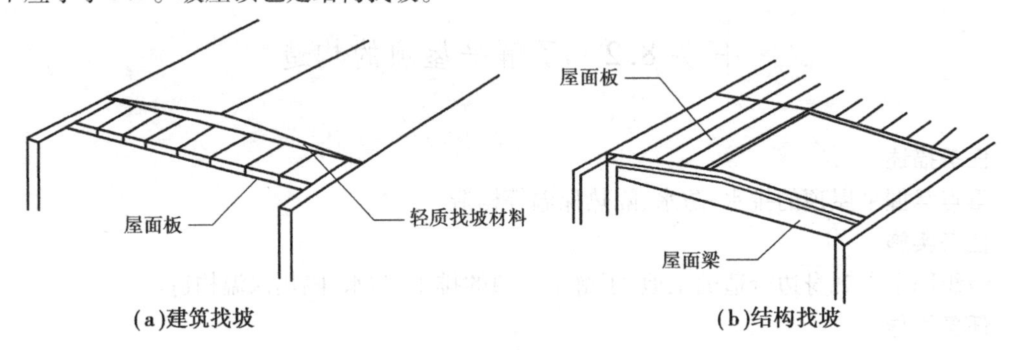

图8.5　平屋顶的坡度形成

(2)平屋顶的排水方式

1)无组织排水

无组织排水又称自由落水,是指屋面雨水自由地从檐口落至地面。一般用于少雨地区或低层建筑(见图8.6)。

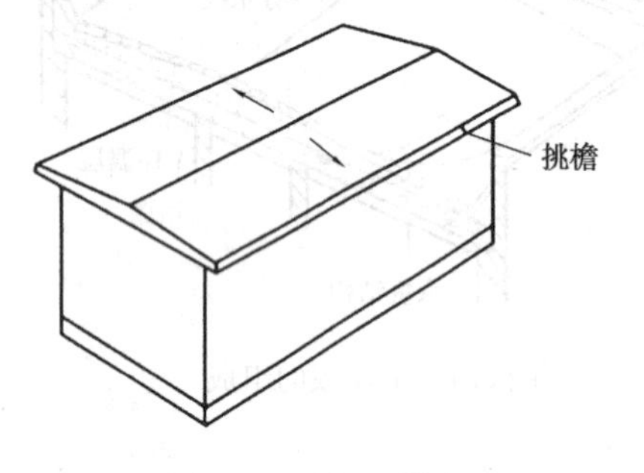

图8.6　无组织排水

2)有组织排水

有组织排水是通过排水系统,将屋面雨水积水有组织地排到檐沟内,经过雨水口排到雨水斗,再经雨水管排到室外,最后排到地下排水管网系统。

一般在屋顶设置与屋面排水方向相垂直的纵向天沟,汇集雨水后,将雨水由雨水口、雨水管有组织地排到室外地面或室内地下排水系统。

有组织排水可分为内排水和外排水两种方式。

①外排水。屋顶雨水由室外雨水管排到室外的排水方式。按照檐沟在屋顶的位置,外排水的檐口形式有沿屋面四周设檐沟、沿纵墙设檐沟、女儿墙外设檐沟、女儿墙内设檐沟等(见图8.7)。

②内排水。屋顶雨水由设在室内的雨水管排到地下排水系统的排水方式。

(3)排水装置

①天沟。汇集屋顶雨水的沟槽。有钢筋混凝土槽形天沟和在屋面板上用找坡材料形成的三角形天沟两种(见图8.8)。

②雨水口。是将天沟的雨水汇集至雨水管的连通构件,雨水口有设在檐沟底部的直水平雨水口和设在女儿墙根部的弯管式雨水口两种(见图8.9)。

③雨水管。有铸铁、塑料、PVC管等材料制作的雨水管。其直径大小有75,100,120 mm等多种规格。

(4)屋面排水组织设计

屋顶排水组织设计的主要任务是将屋面划分为若干排水区,分别将雨水引向雨水管,做到排水线路简捷、雨水口负荷均匀、排水顺畅、避免屋面积水而引起渗漏(见图8.10)。

屋面的排水组织设计一般可按下列步骤进行:

①确定屋面排水坡数目。屋面宽小于12 m,单坡排水;屋面宽大于12 m,双坡排水;结合造型,可采用单坡、双坡和四坡等排水方式。

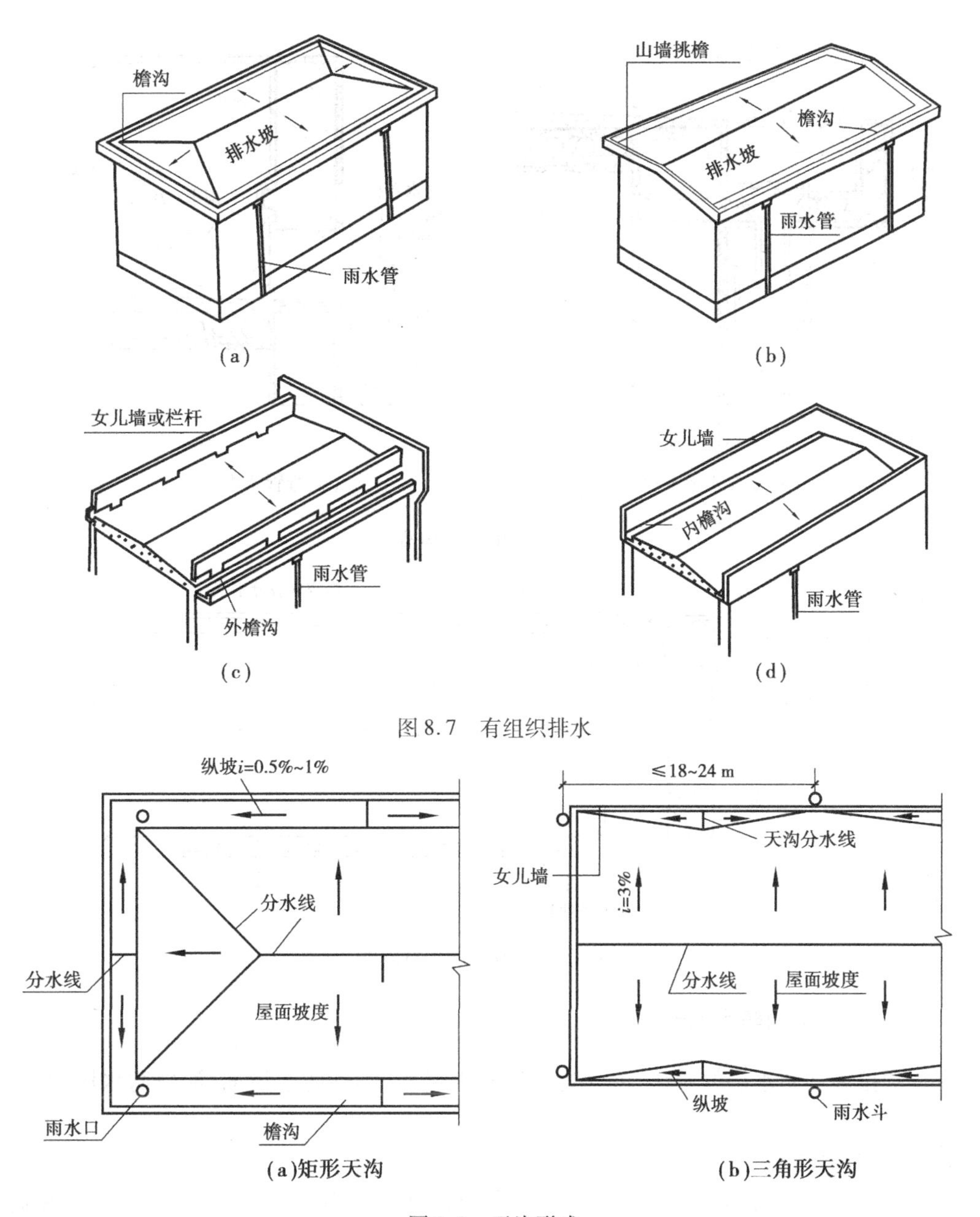

图 8.7 有组织排水

图 8.8 天沟形式

②划分排水区域。排水区的面积是指屋面水平投影的面积，每根水落管的屋面最大汇水面积不大于 200 m^2。

③确定檐沟的断面形状、尺寸以及坡度。

④确定雨水管所用材料、口径大小，布置雨水管。

⑤檐口、泛水、雨水口等细部节点构造设计。

⑥绘出屋顶平面排水图及各节点详图。

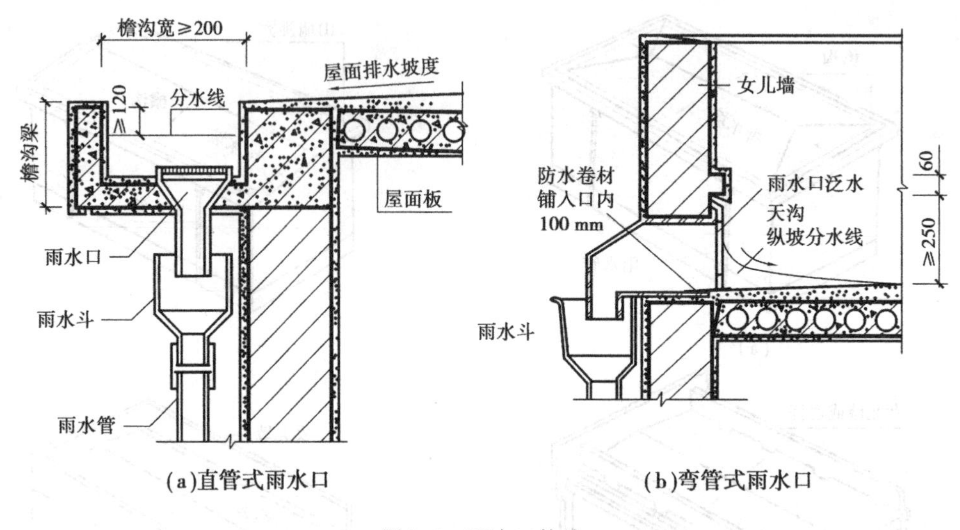

图 8.9　雨水口构造

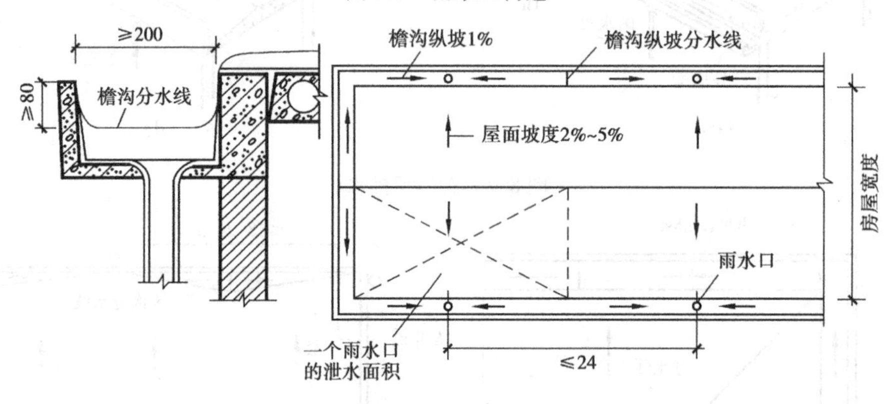

图 8.10　屋面排水组织设计

8.2.3　平屋顶的防水构造

平屋顶按屋面防水层的做法，可分为柔性防水屋面、刚性防水屋面、涂料防水屋面、粉剂防水屋面等形式。

(1)柔性防水屋面

柔性防水屋面是用具有良好的延伸性、能较好地适应结构变形和温度变化的材料做防水层的屋面，包括卷材防水屋面和涂膜防水屋面。

卷材防水屋面是用防水卷材和胶结材料分层粘贴形成防水层的屋面，具有优良的防水性和耐久性，因而被广泛采用。

1)卷材防水屋面的基本构造

卷材防水屋面的基本构造由以下层次组成(见图 8.11)：结构层、找坡层、保温层、找平层、结合层、防水层及保护层。

卷材防水层的防水卷材包括沥青类卷材、高聚物改性沥青防水卷材和合成高分子防水卷材 3 类，见表 8.1。

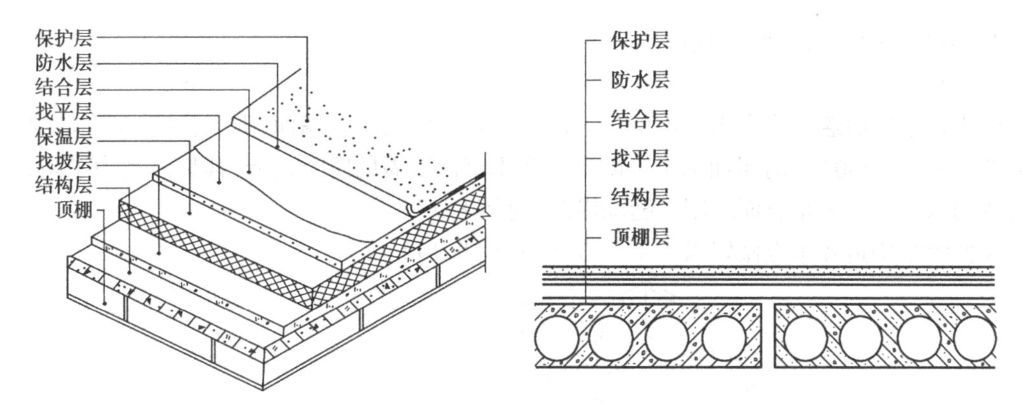

图 8.11 卷材防水屋面的基本构造

表 8.1 卷材防水层

卷材分类	卷材名称举例	卷材黏结剂
沥青类卷材	石油沥青油毡	石油沥青玛瑞脂
	焦油沥青油毡	焦油沥青玛瑞脂
高聚物改性沥青防水卷材	SBS 改性沥青防水卷材	热熔、自粘、粘贴均有
	APP 改性沥青防水卷材	
合成高分子防水卷材	三元乙丙丁基橡胶防水卷材	丁基橡胶为主体的双组分 A 与 B 液 1∶1配比搅拌均匀
	三元乙丙橡胶防水卷材	
	氯磺化聚乙烯防水卷材	CX-401 胶
	再生胶防水卷材	氯丁胶黏结剂
	氯丁橡胶防水卷材	CY-409 液
	氯丁聚乙烯-橡胶共混防水卷材	BX-12 及 BX-12 乙组分
	聚氯乙烯防水卷材	黏结剂配套供应

保护层可分为不上人屋面和上人屋面两种做法(见图 8.12)。

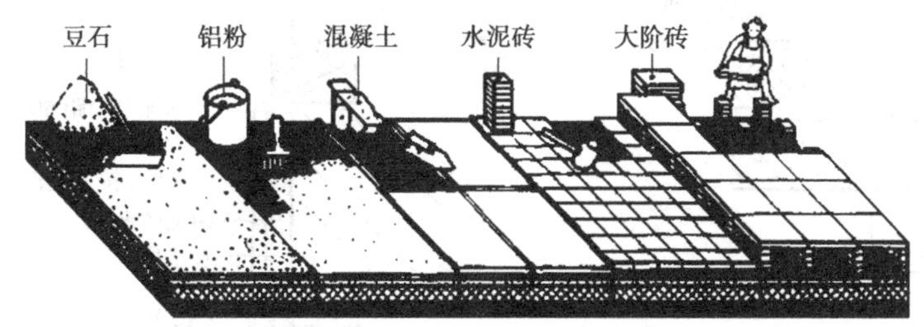

(a)豆石保护层 (b)铝粉保护层 (c)现浇混凝土保护层 (d)水泥砖保护层 (e)大阶砖架空屋面

图 8.12 保护层构造做法

不上人屋面保护层常见的有用绿豆砂压盖。

上人屋面保护层的常见做法是:在防水层上用水泥砂浆或沥青砂浆铺贴缸砖、大阶砖、预制混凝土板等,或在防水层上浇筑 40 mm 厚 C20 细石混凝土。

2)卷材防水屋面的细部构造

①泛水

泛水是平屋面遇到垂直构件(女儿墙、高低屋面之间的垂直墙面、上人孔壁、烟囱、变形缝两侧的挡水条、管道等)时屋面的水平防水层在垂直面上做的防水构造,其目的是为了防止屋面上的雨水从屋面和垂直面之间的缝隙渗漏(见图8.13)。

屋面泛水构造要重点做好以下4个方面(见图8.14):

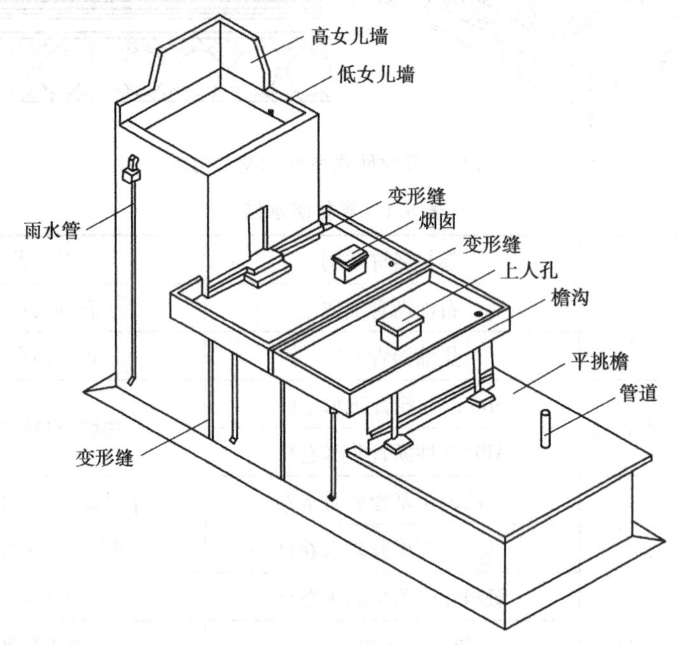

图8.13 屋顶泛水位置

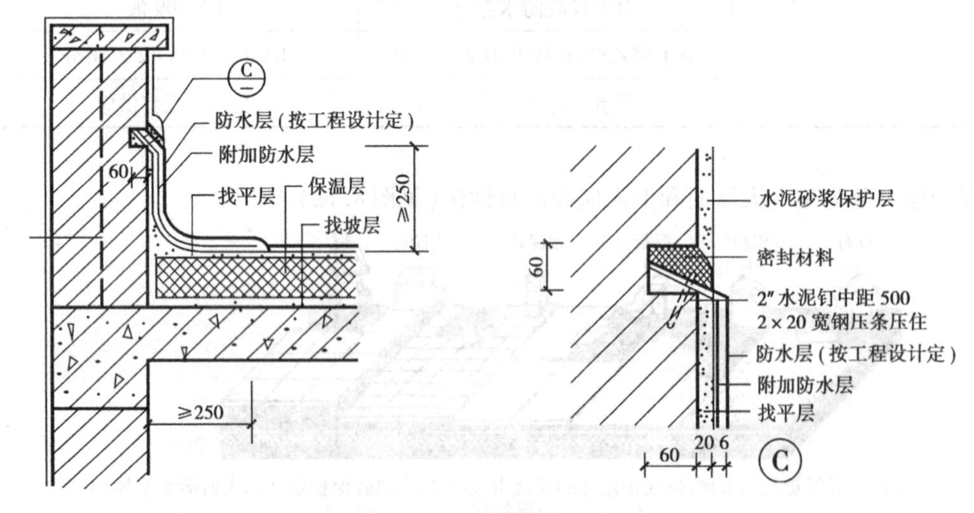

图8.14 女儿墙泛水构造

a. 泛水高度。屋面的水平卷材在泛水处应续铺到垂直面上,并再加铺一道卷材,其高度不得低于250 mm。

b. 倒圆。屋面与垂直面相交处应将卷材下的砂浆找平层抹成直径不小于150 mm的圆弧形或抹成45°面,以免卷材架空或折断。

c. 收头。卷材上口要固定好,防止下滑或漏水。

d. 做好挡雨措施。

②檐口

屋面防水层的收头处,檐口的形式由屋面的排水方式和建筑物的立面造型要求来确定。常见的有无组织排水檐口(见图8.15)、挑檐沟檐口(见图8.16)、女儿墙檐口和斜板挑檐檐口(见图8.17)等。

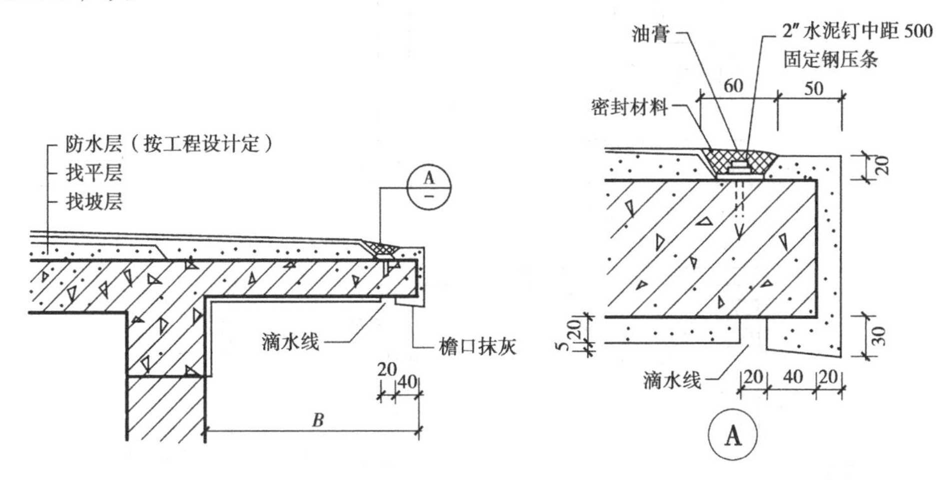

图8.15 无组织排水檐口

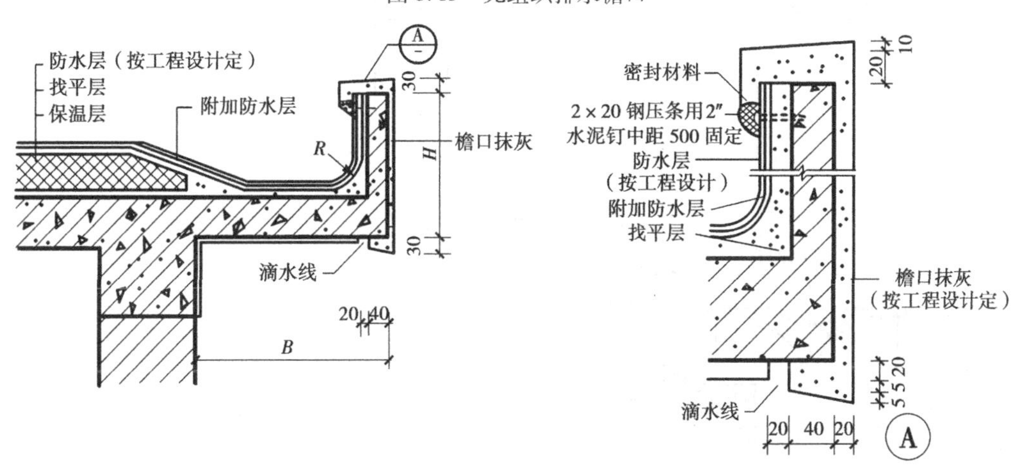

图8.16 挑檐沟檐口

③上人孔

屋面上人孔构造如图8.18所示。

④雨水口

雨水口构造如图8.19、图8.20所示。

⑤屋面变形缝

层面变形缝构造如图8.21所示。

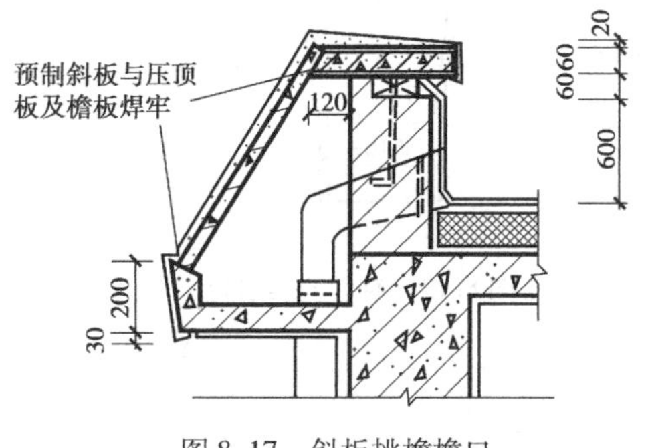

图8.17 斜板挑檐檐口

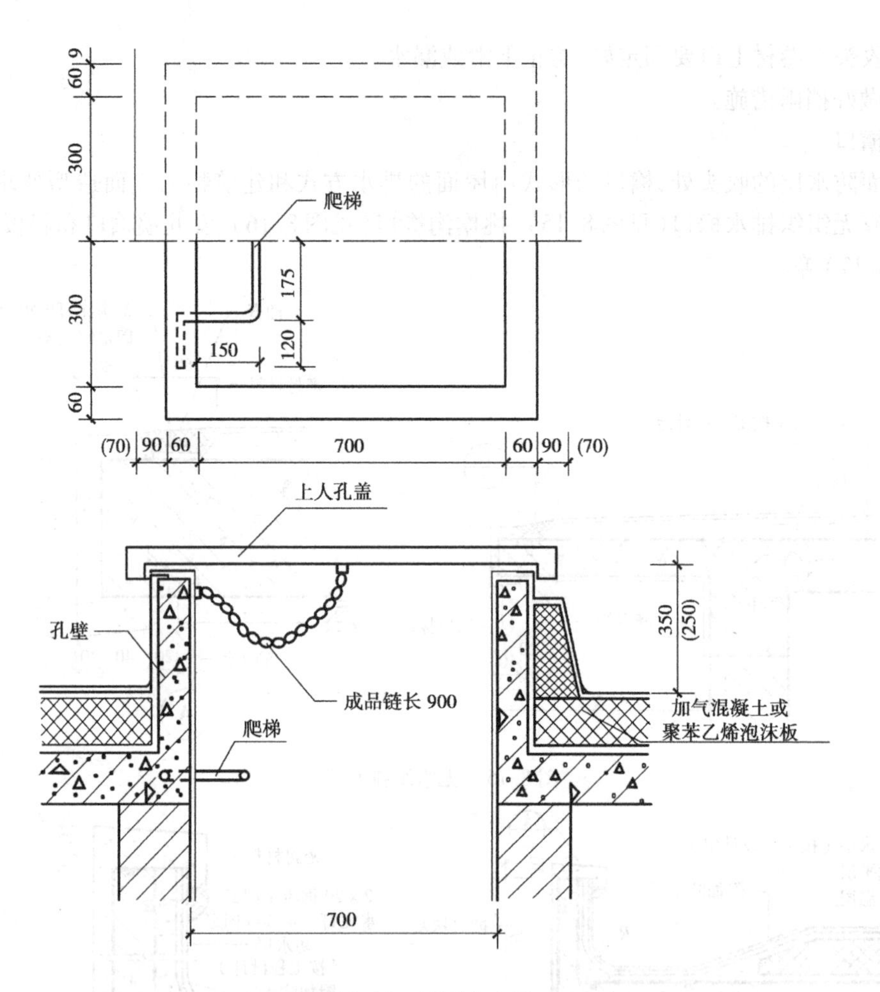

图 8.18　屋面上人孔

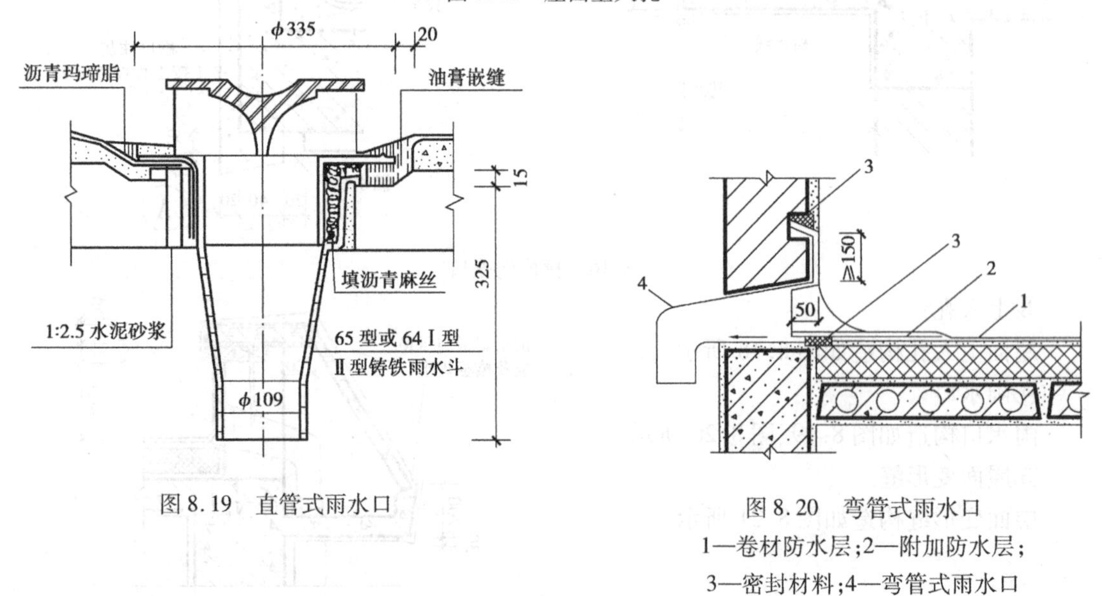

图 8.19　直管式雨水口

图 8.20　弯管式雨水口

1—卷材防水层;2—附加防水层;

3—密封材料;4—弯管式雨水口

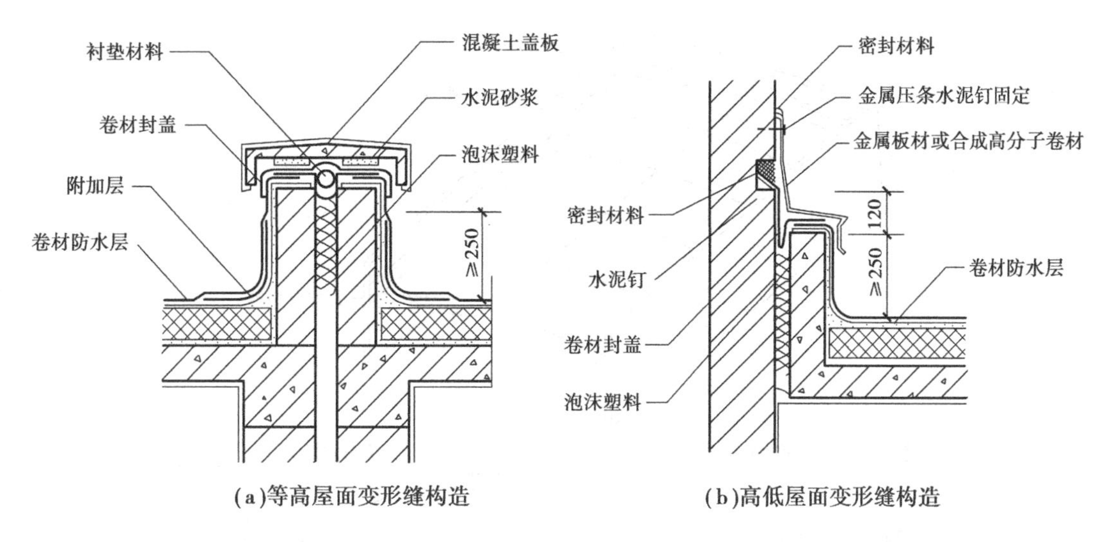

图 8.21 屋面变形缝构造

(2)刚性防水屋面

刚性防水屋面是用刚性防水材料,如防水砂浆、细石混凝土、配筋的细石混凝土等做防水层的屋面。其特点是构造简单、施工方便、造价低廉,但对温度变化和结构变形较敏感,容易产生裂缝而渗漏。

1)刚性防水屋面的基本构造(见图 8.22)。

①结构层。要求具有足够的强度和刚度,一般采用现浇或预制钢筋混凝土屋面板。

②找平层。在结构层上用 20 mm 厚 1∶3的水泥砂浆找平。

③隔离层。为减少结构层变形及温度变化对防水层的不利影响,宜在防水层下设置隔离层。隔离层可采用纸筋灰、低强度等级砂浆,或薄沙层上干铺一层油毡的做法。

防水层:40厚C20细石混凝土内配φ4
双向钢筋网片间距100~200
隔离层:纸筋灰或低标号砂浆或干铺油毡
找平层:20厚1∶3水泥砂浆
结构层:钢筋混凝土板

图 8.22 刚性防水屋面层次

④防水层。采用不低于 C20 的细石混凝土整体现浇而成,其厚度不小于 40 mm,并应配置直径 4 ~6 mm 间距 100 ~200 mm 的双向钢筋网片,钢筋网片在分格缝处应断开。

为提高防水层的抗裂和抗渗漏性,可在细石混凝土中掺入外加剂,如膨胀剂、减水剂和防水剂等。

2)刚性防水屋面的细部构造

刚性防水屋面的细部构造包括屋面分格缝、泛水、檐口、雨水口等部位的构造处理。

①分格缝

刚性防水屋面的实质是屋面防水层上设置的变形缝。因为温度变化、荷载作用下屋面板产生的变形会引起防水层破裂,为防止屋面不规则裂缝设置的人工缝称为分格缝。

分格缝的间距一般不宜大于 6 m,并应位于结构变形的敏感部位(见图 8.23),如预制板的支撑端、屋面的转折处、板与墙的交接处,分格缝应与板缝上下对齐。

分格缝宽度一般为 20 ~40 mm,有平缝和凸缝两种构造形式(见图 8.24)。

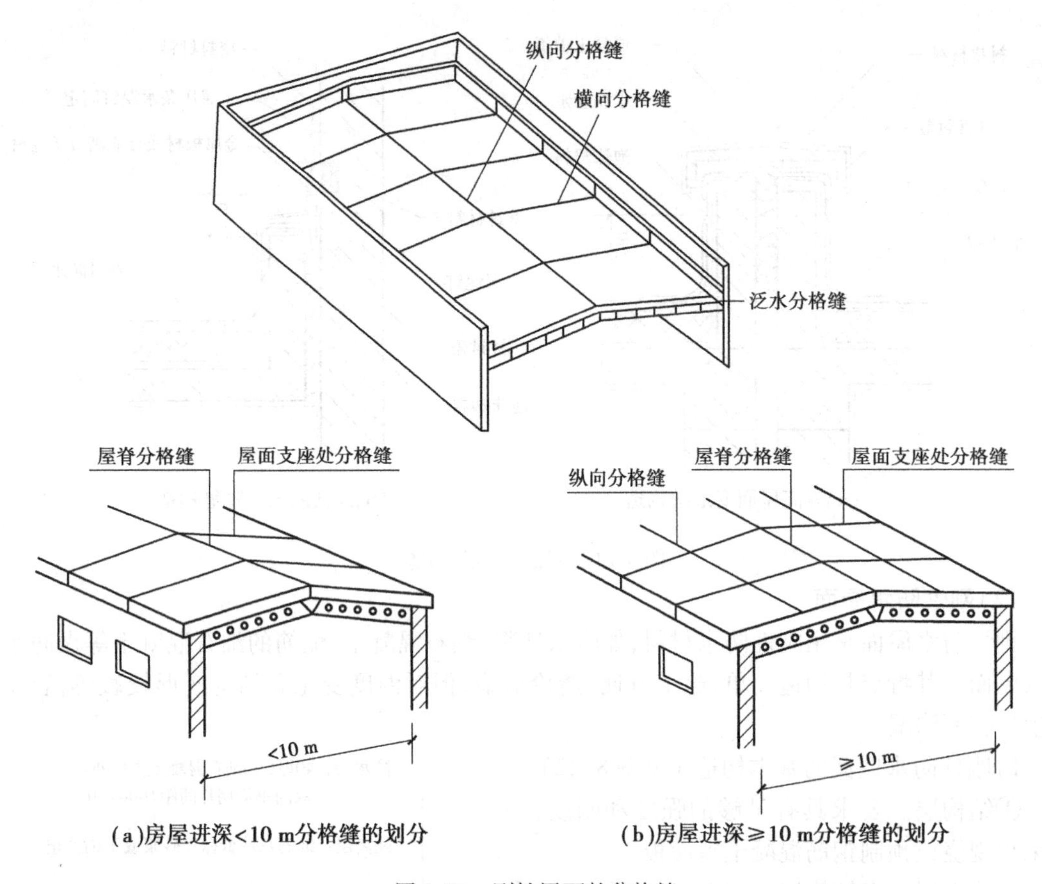

图 8.23　刚性屋面的分格缝

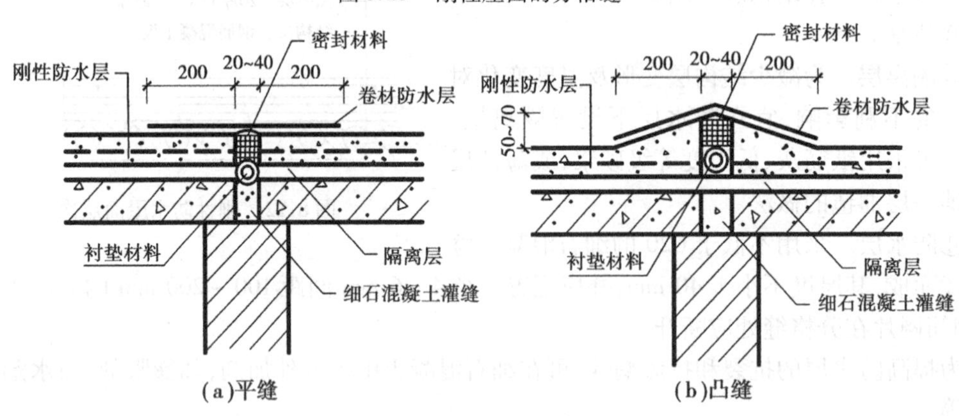

图 8.24　刚性屋面的分格缝

分格缝构造处理应注意以下 4 点：

a. 防水层内钢筋在分格缝处应断开。

b. 屋面板缝内用浸过沥青的麻丝并在上口用油膏嵌缝。

c. 缝口表面用防水卷材盖缝。

d. 在屋脊和平行于流水方向的分格缝处，也可将防水层做成翻边泛水，用盖瓦覆盖并用单边坐灰固定。

②泛水构造

刚性防水屋面的泛水处理方法与卷材防水屋面的类同(见图8.25),其构造处理应注意以下4点:

a. 泛水应有足够的高度,一般应不小于250 mm,非迎水面为180 mm。

b. 转角处做成圆弧或45°斜面并一次浇铸而成,不留施工缝。

c. 泛水与立墙间应留有分格缝,以免两者变形不一致而导致开裂。

d. 泛水上端应有挡雨措施,以免雨水渗漏。

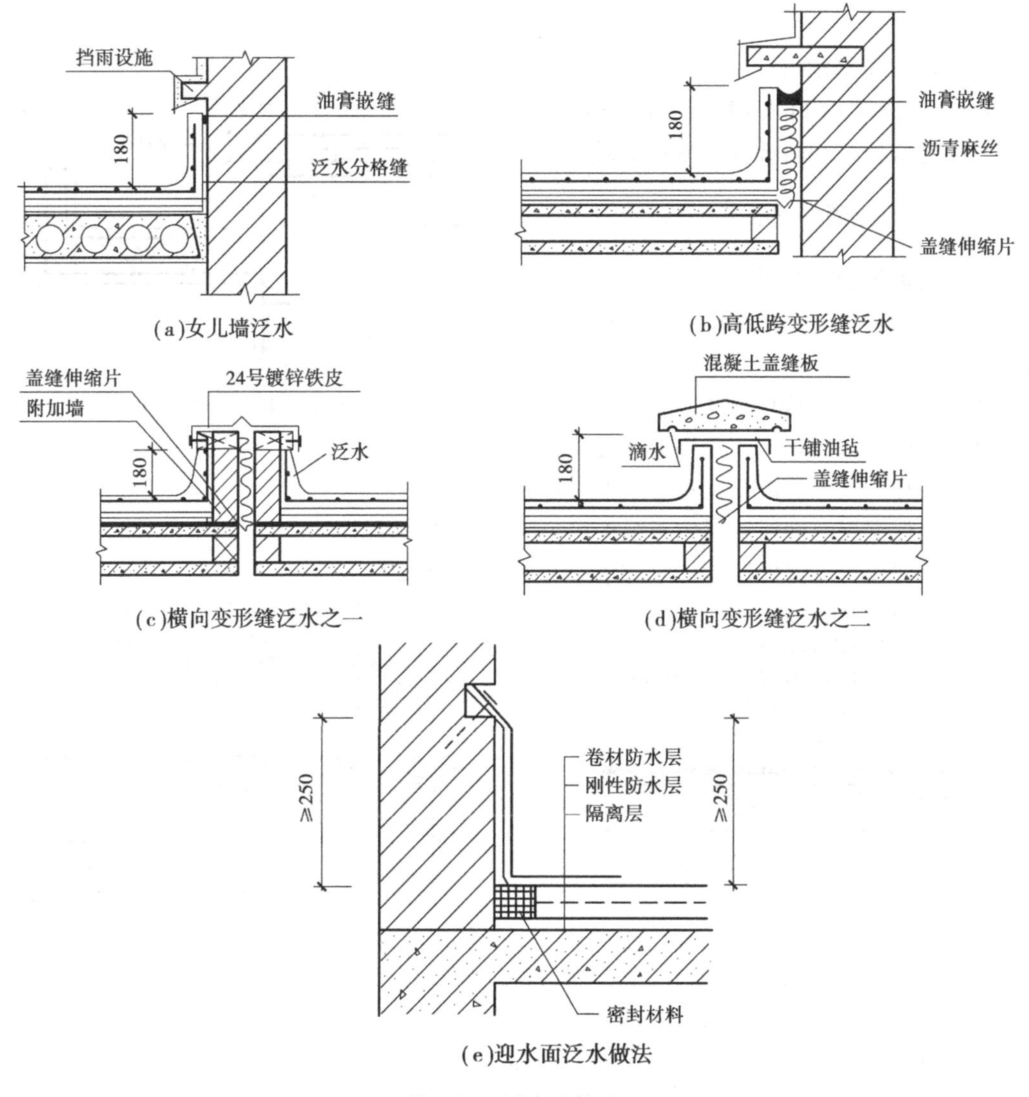

图8.25　泛水的构造

③檐口构造

刚性防水屋面的檐口处理方法与卷材防水屋面的类同。

A. 无组织排水檐口

无组织排水檐口通常直接由刚性防水层挑出形成,挑出尺寸一般大于450 mm(见图8.26(a));也可设置挑檐板,刚性防水层伸到挑檐板之外(见图8.26(b))。

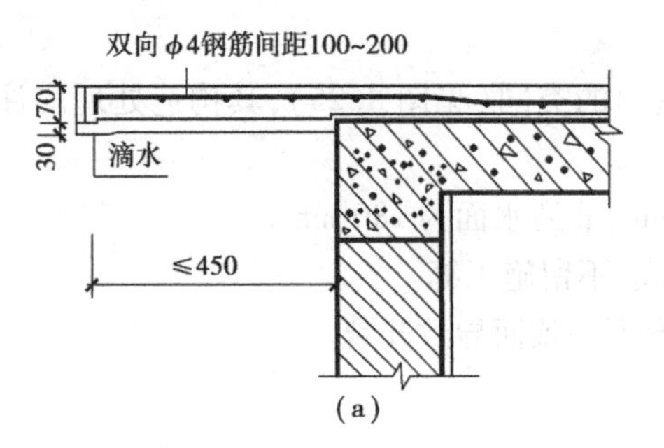

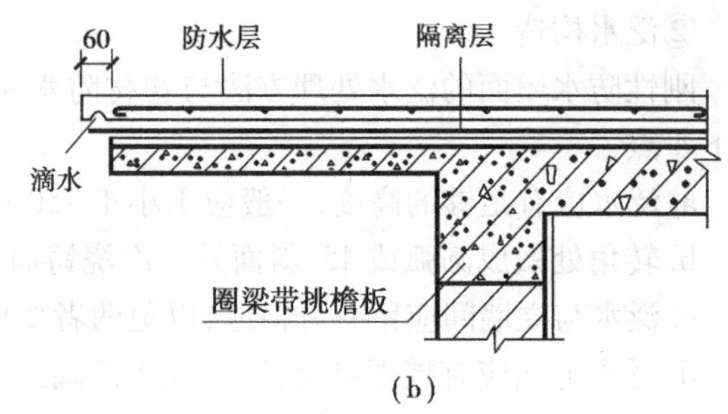

图 8.26　自由落水挑檐口

B. 有组织排水檐口

有组织排水檐口有挑檐沟檐口（见图 8.27）、女儿墙檐口和斜板挑檐檐口等做法。

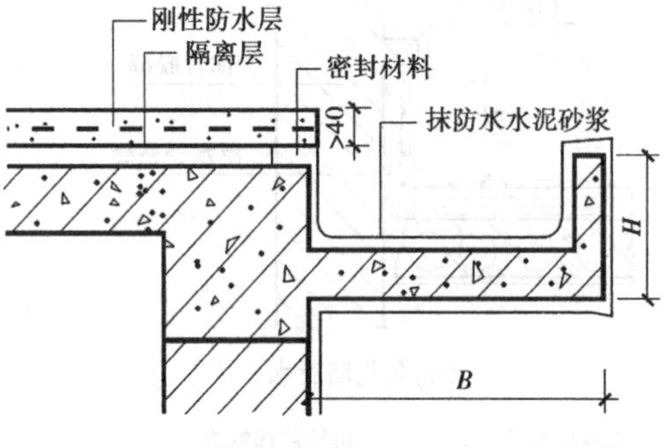

图 8.27　挑檐沟檐口构造

8.2.4　平屋顶的保温与隔热

(1)平屋顶的保温构造

平屋顶的保温是在屋顶上加设保温材料来满足保温要求的。

保温材料按物理特性分为 3 大类：散料类保温材料、整浇类保温材料、板块类保温材料。

保温层在屋顶上的设置位置有以下 3 种：

①正铺保温层。即保温层位于结构层与防水层之间（见图 8.28）。

②倒铺保温层。即保温层位于防水层之上（见图 8.29）。

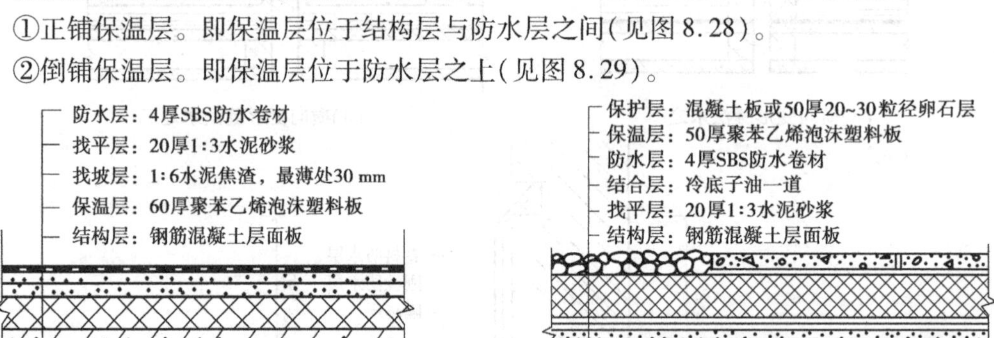

图 8.28　正铺保温层构造　　图 8.29　倒铺保温层构造

③保温层与结构层结合。有以下 3 种做法：

a. 保温层设在槽形板的下面（见图 8.30（a））。

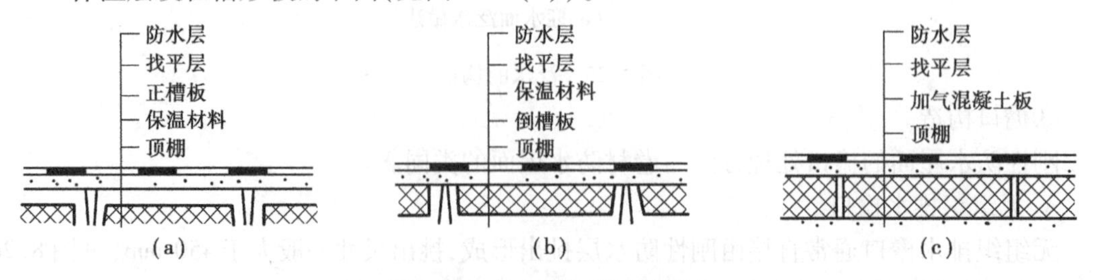

图 8.30　保温层与结构层结合

b. 保温层放在槽形板朝上的槽口内(见图 8.30(b))。

c. 将保温层与结构层融为一体(见图 8.30(c))。

(2)平屋顶的隔热

1)通风隔热屋顶

通风隔热屋顶有以下两种做法:

①在结构层与悬吊顶棚之间设置通风间层,在外墙上设进气口与排气口(见图 8.31(a))。

②设架空屋面(见图 8.31(b))。

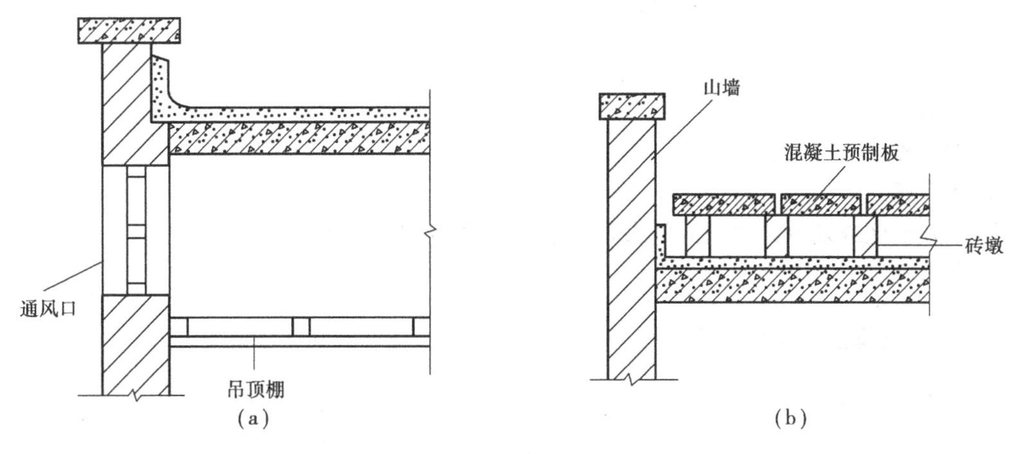

图 8.31 通风降温隔热屋顶

2)蓄水隔热屋顶

蓄水隔热屋面是在屋顶上蓄水,它的构造与刚性防水屋面基本相同,只是增设了分仓壁、泄水孔、过水孔及溢水孔(见图 8.32)。

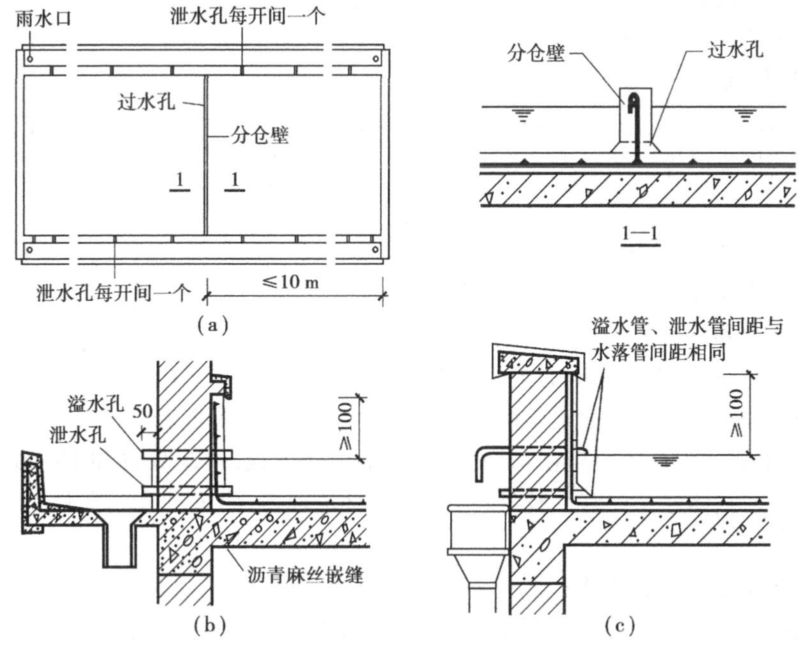

图 8.32 蓄水隔热屋面

3)植被隔热

在平屋顶上种植植物,利用植物光合作用时吸收热量和植物对阳光的遮挡来达到隔热的目的。

4)反射降温

在屋面铺浅色的砾石或刷浅色涂料等,利用浅色材料的颜色和光滑度对热辐射的反射作用,将屋面的太阳辐射热反射出去,从而达到降温隔热的作用。

任务8.3　了解坡屋顶的构造

任务描述

了解坡屋顶的构造。

任务实施

找城郊地区或别墅群组织同学参观坡屋顶建筑,分析这类屋顶的构造形式。

任务引导

8.3.1　坡屋顶的承重结构

坡屋顶的承重结构用来承受屋面传来的荷载,并把荷载传给墙或柱。

坡屋顶的结构类型有横墙承重、屋架承重、木构架承重和钢筋混凝土屋面板承重等。

(1)横墙承重

①横墙承重。将横墙顶部按屋面坡度大小砌成三角形,在墙上直接搁置檩条或钢筋混凝土屋面板支承屋面传来的荷载,又称硬山搁檩(见图8.33)。

②特点。构造简单、施工方便、节约木材,有利于防火和隔音,但房间开间尺寸受限制。适用于住宅、旅馆等开间较小的建筑。

(2)屋架(屋面梁)承重

屋架是由多个杆件组合而成的承重桁架,可用木材、钢材、钢筋混凝土制作,形状有三角形、梯形、拱形、折线形等。屋架支承在纵向外墙或柱上,上面搁置檩条或钢筋混凝土屋面板承受屋面传来的荷载。

屋架承重与横墙承重相比,可省去横墙,使房屋内部有较大的空间,增加了内部空间划分的灵活性(见图8.34)。

(3)木构架承重

木构架结构是我国古代建筑的主要结构形式。它一般由立柱和横梁组成屋顶和墙身部分的承重骨架,檩条把一排排梁架联系起来形成整体骨架(见图8.35)。

这种结构形式的内外墙填充在木构架之间,不承受荷载,仅起分隔和围护作用。构架交接点为榫齿接合,整体性及抗震性较好;但消耗木材量较多,耐火性和耐久性均较差,维修费用高。

(4)钢筋混凝土屋面板承重

①钢筋混凝土屋面板承重。即在墙上倾斜搁置现浇或预制钢筋混凝土屋面板(类似于平屋顶的结构找坡屋面板的搁置方式)来作为坡屋顶的承重结构。

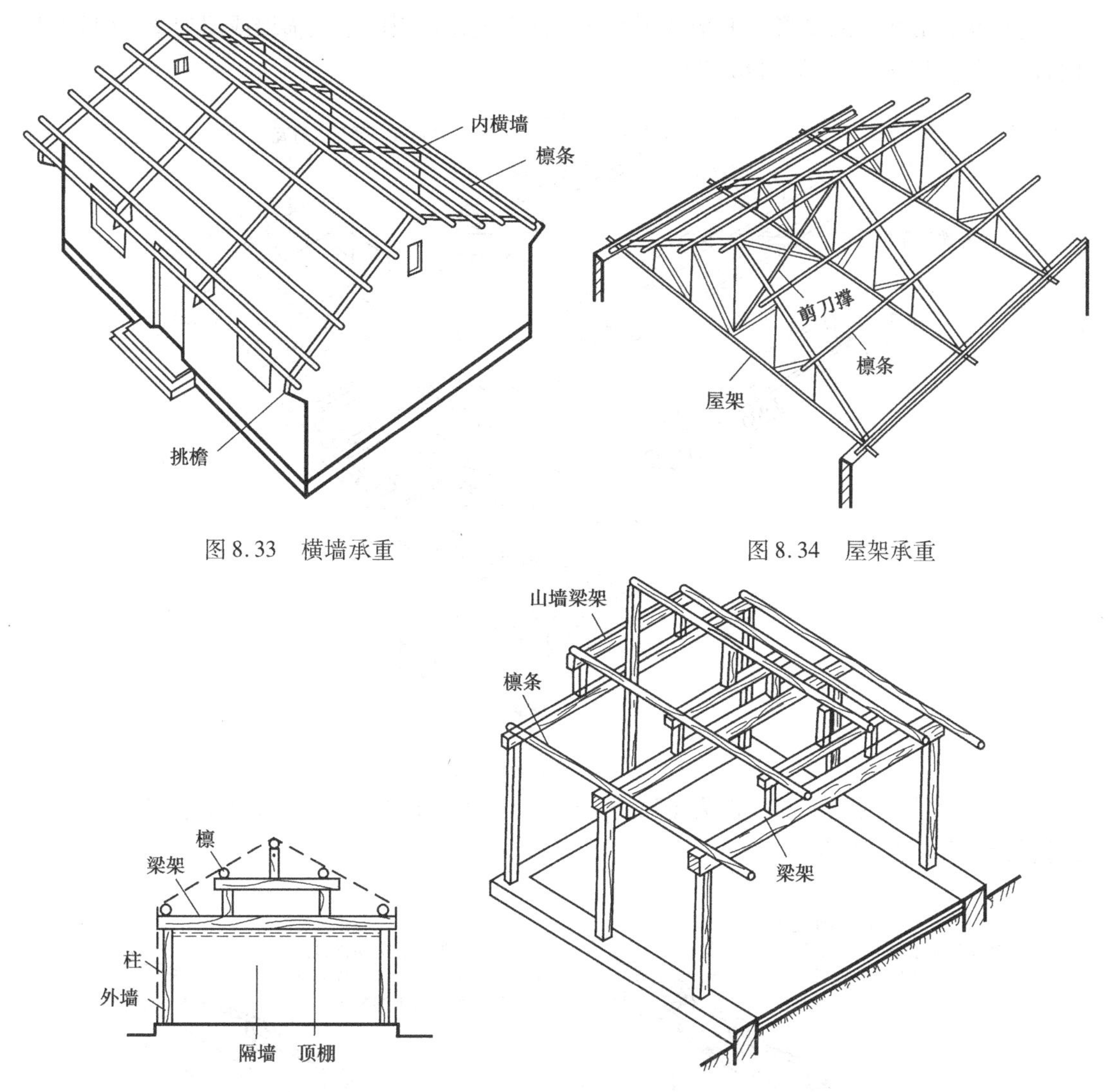

图8.33　横墙承重

图8.34　屋架承重

图8.35　木构架承重

②特点。节省木材,提高了建筑物的防火性能,构造简单,近年来常用于住宅建筑和风景园林建筑中。

8.3.2　坡屋顶的屋面构造

(1)木望板平瓦屋面

木望板平瓦屋面是在檩条或椽木上钉木望板,木望板上干铺一层油毡,用顺水条固定后,再钉挂瓦条挂瓦所形成的屋面(见图8.36)。

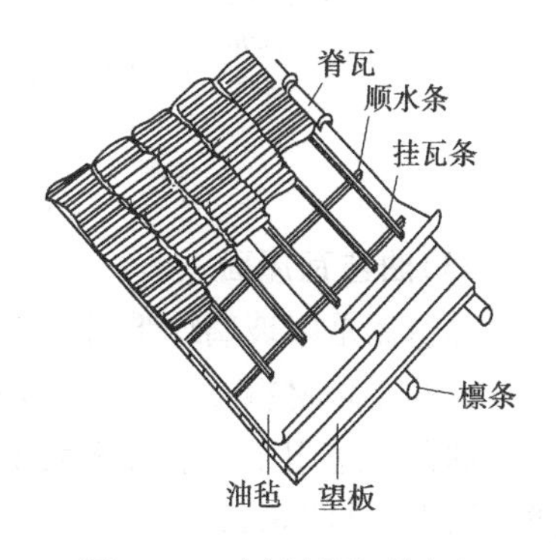

图8.36　木望板平瓦屋面

(2)钢筋混凝土板平瓦屋面

钢筋混凝土板平瓦屋面是以钢筋混凝土板为屋面基层的平瓦屋面。

钢筋混凝土板平瓦屋面的构造可分为以下两种:

①将断面形状呈倒T形或F形的预制钢筋混凝土挂瓦板固定在横墙或屋架上,然后在挂瓦板的板肋上直接挂瓦(见图8.37)。

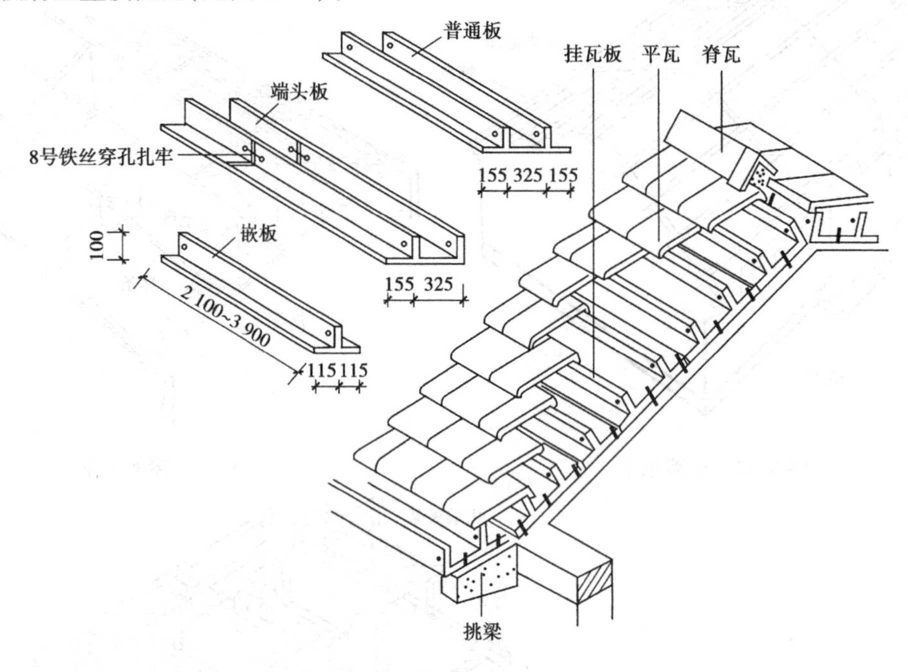

图8.37 钢筋混凝土板平瓦屋面

②采用钢筋混凝土屋面板作为屋顶的结构层,上面固定挂瓦条挂瓦,或用水泥砂浆、麦秸泥等固定平瓦(见图8.38)。

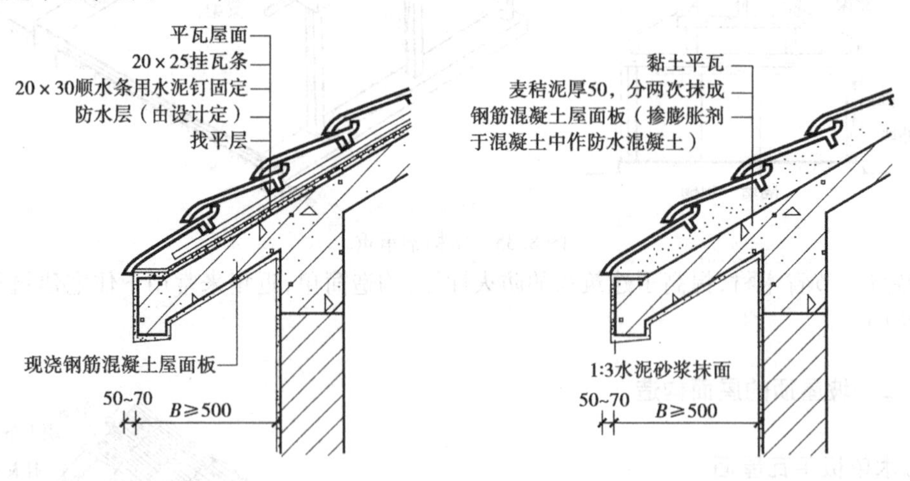

图8.38 钢筋混凝土屋面板基层平瓦屋面

(3)油毡瓦屋面

油毡瓦是以玻璃纤维为胎基,经浸涂石油沥青后,面层热压各色彩砂,背面撒以隔离材料而制成的瓦状材料,形状有方形和半圆形。

油毡瓦适用于排水坡度大于20%的坡屋面,可铺设在木板基层和混凝土基层的水泥砂浆找平层上(见图8.39)。

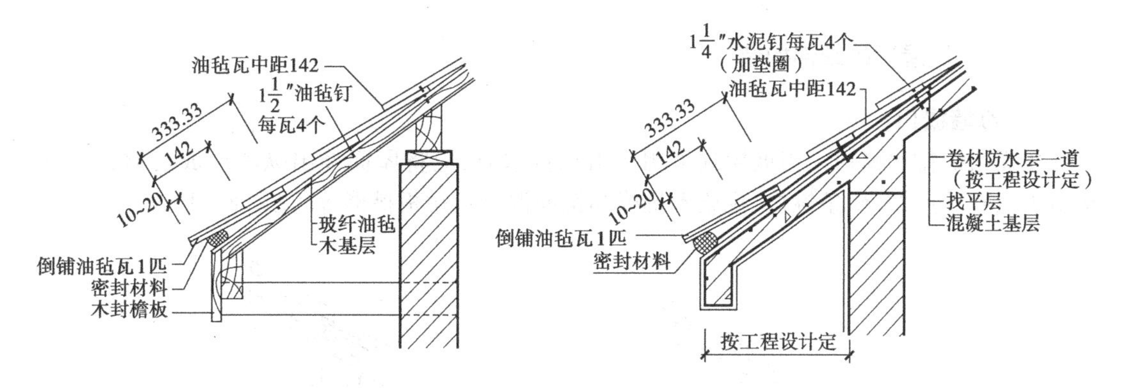

图8.39　油毡瓦屋面

(4)压型钢板屋面

①压型钢板。将镀锌钢板轧制成型,表面涂刷防腐涂层或彩色烤漆而成的屋面材料,具有多种规格,有的中间填充了保温材料,成为夹芯板,可提高屋顶的保温效果。

②特点。自重轻、施工方便、装饰性与耐久性强的优点,一般用于对屋顶的装饰性要求较高的建筑中。

压型钢板屋面一般与钢屋架相配合(见图8.40)。

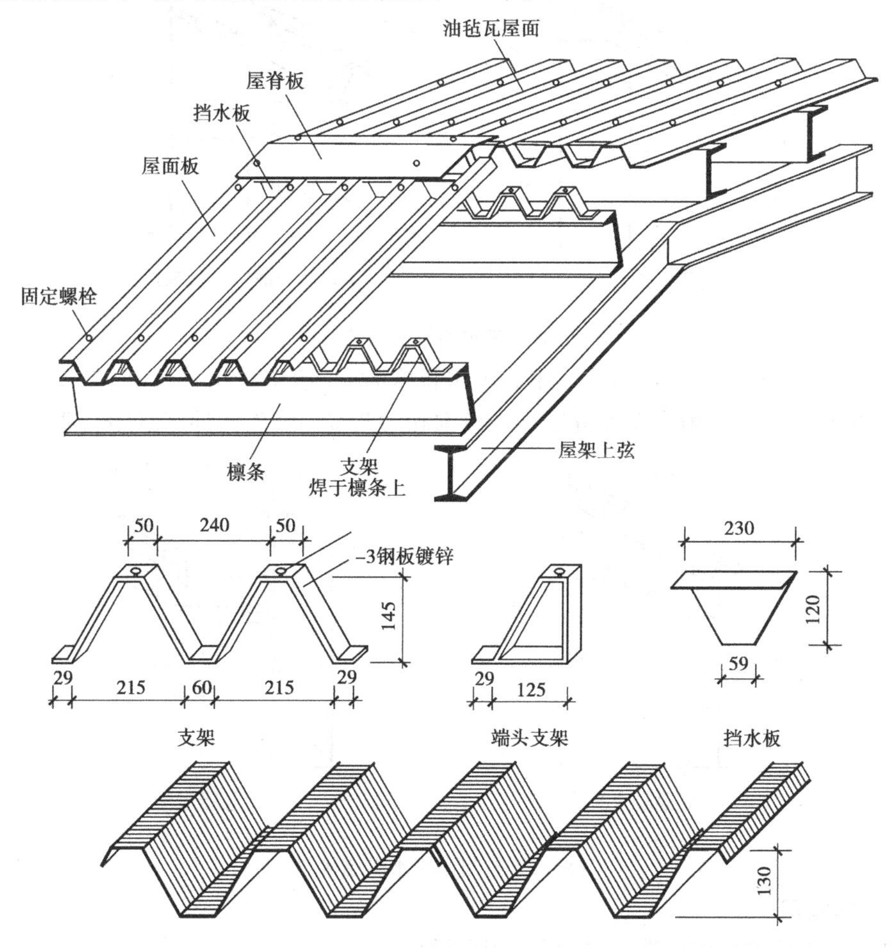

图8.40　梯形压型钢板屋面

8.3.3 坡屋顶的细部构造

(1)纵墙檐口

①无组织排水檐口。当坡屋顶采用无组织排水时,应将屋面伸出纵墙形成挑檐,挑檐的构造做法有砖挑檐、椽条挑檐、挑梁木挑檐和钢筋混凝土挑板挑檐等(见图8.41)。

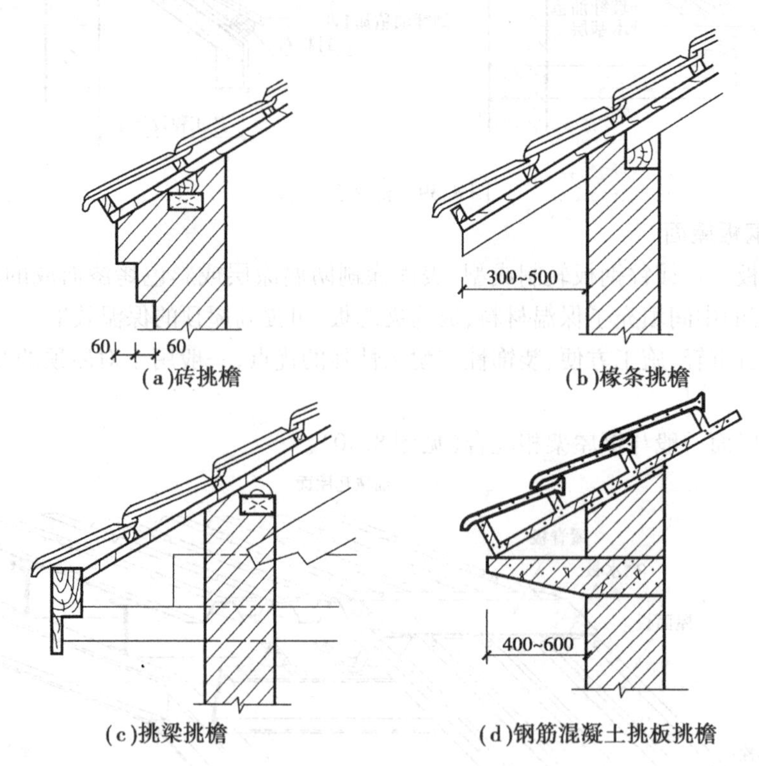

图8.41 无组织排水纵墙挑檐

②有组织排水檐口。当坡屋顶采用有组织排水时,一般多采用外排水,需在檐口处设置檐沟,檐沟的构造形式一般有钢筋混凝土挑檐沟和女儿墙内檐沟两种(见图8.42)。

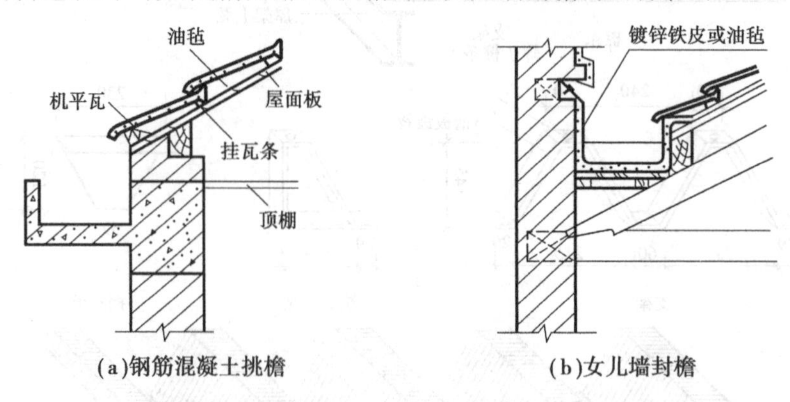

图8.42 有组织排水纵墙挑檐

(2)山墙檐口

双坡屋顶山墙檐口的构造有硬山和悬山两种。

①硬山。是将山墙升起包住檐口，女儿墙与屋面交接处应做泛水，一般用砂浆黏结小青瓦或抹水泥石灰麻刀砂浆泛水（见图8.43）。

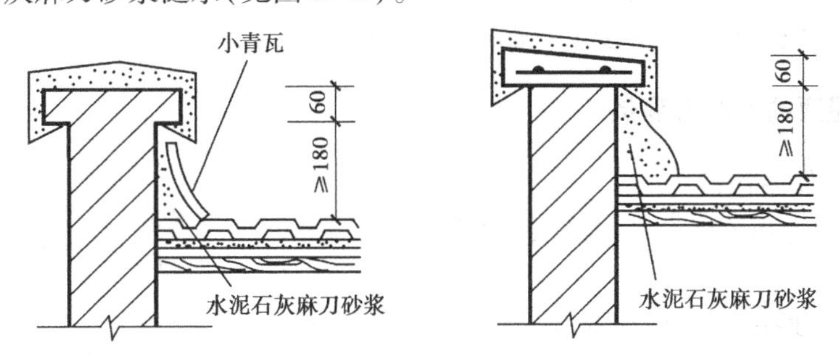

图8.43　硬山檐口构造

②悬山。是将檩条伸出山墙挑出，上部的瓦片用水泥石灰麻刀砂浆抹出披水线，进行封固（见图8.44）。

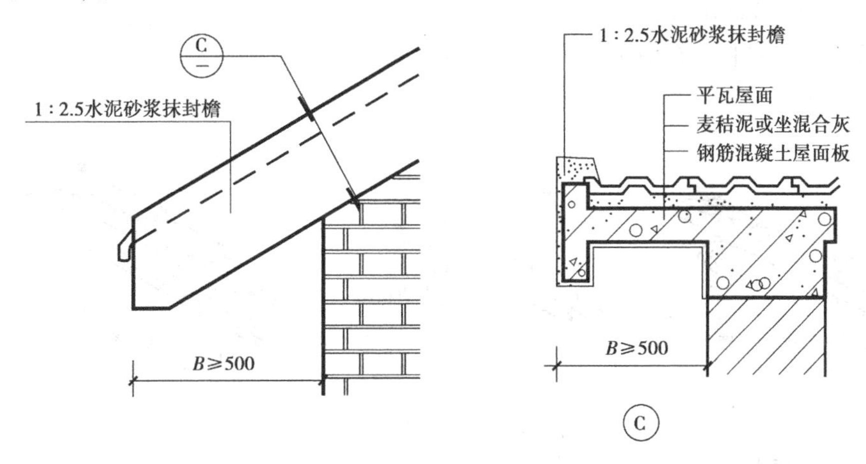

图8.44　悬山檐口构造

（3）**屋脊、天沟和斜沟构造**

互为相反的坡面在高处相交形成屋脊，屋脊处应用V形脊瓦盖缝（见图8.45（a））。在等

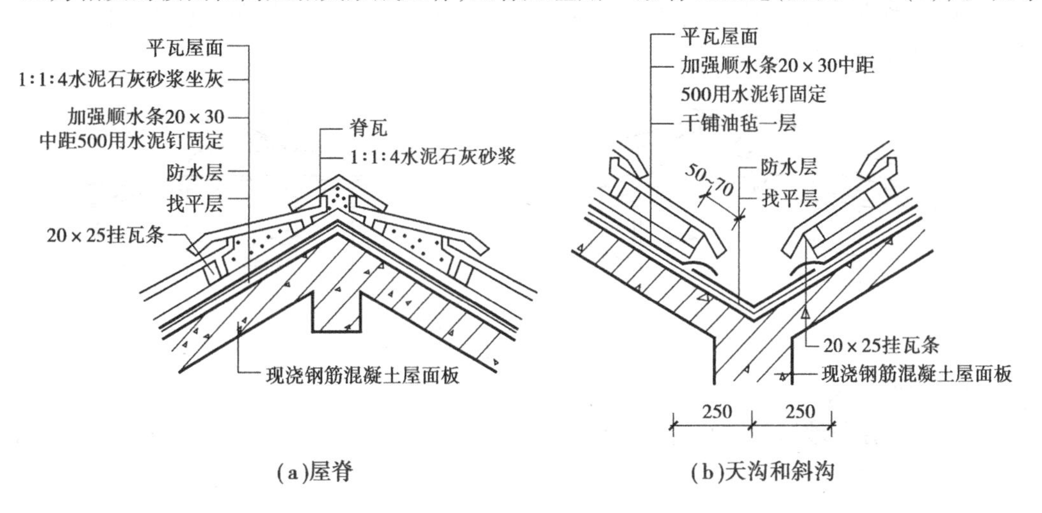

图8.45　屋脊、天沟和斜沟构造

高跨和高低跨屋面相交处会形成天沟,两个互相垂直的屋面相交处会形成斜沟。天沟和斜沟应保证有一定的断面尺寸,上口宽度应为 300 ~ 500 mm,沟底一般用镀锌铁皮铺于木基层上,镀锌铁皮两边向上压入瓦片下至少 150 mm(图 8.45(b))。

8.3.4 坡屋顶的保温与隔热

(1)坡屋顶的保温构造

坡屋顶的保温有顶棚保温和屋面保温两种。

1)顶棚保温

顶棚保温是在坡屋顶的悬吊顶棚上加铺木板,上面干铺一层油毡作隔气层,然后在油毡上面铺设轻质保温材料(见图 8.46)。

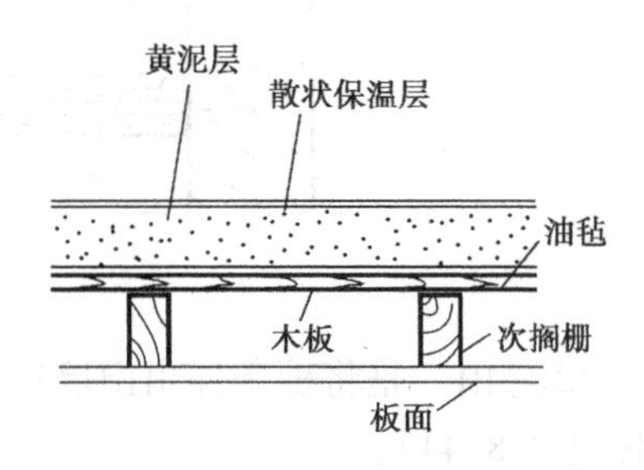

图 8.46　顶棚层保温构造

2)屋面保温

传统的屋面保温是在屋面铺草秸,将屋面做成麦秸泥青灰顶,或将保温材料设在檩条之间(见图 8.47)。

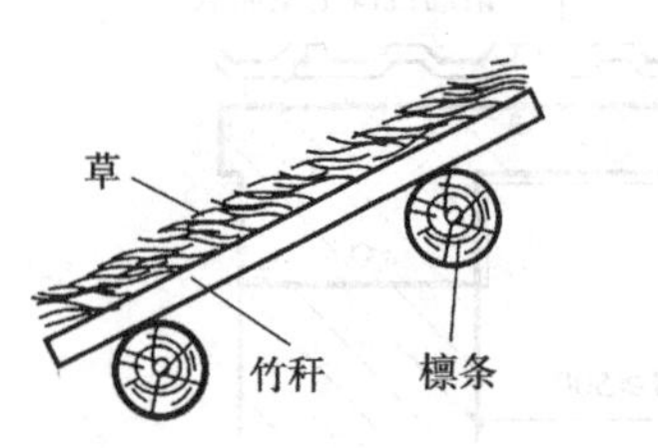

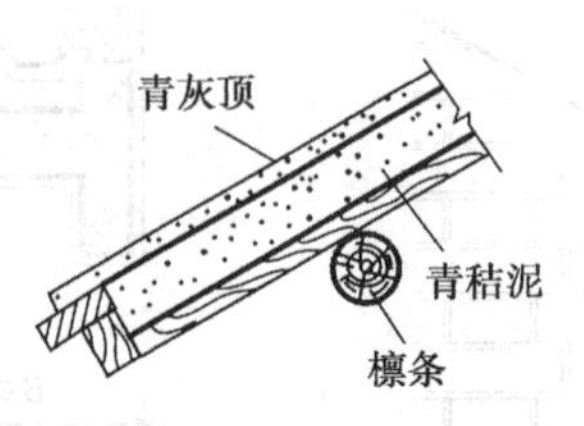

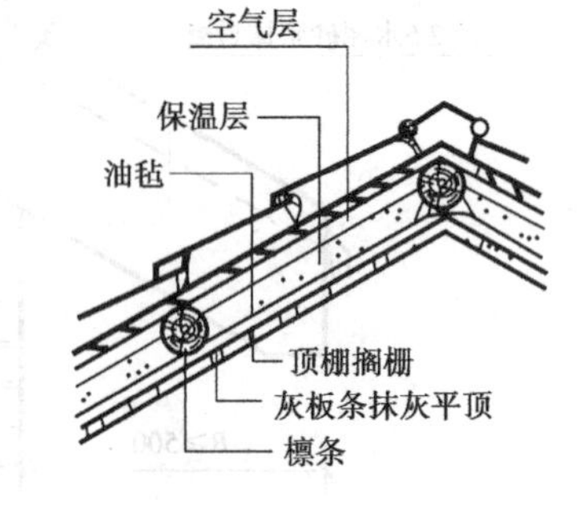

图 8.47　坡屋顶的保温

(2)坡屋顶的隔热

坡屋顶一般利用屋顶通风来隔热,有以下两种方式:

1)屋面通风

把屋面做成双层,在檐口设进风口,屋脊设出风口,利用空气流动带走间层的热量,以降低屋顶的温度(见图 8.48)。

图 8.48　坡屋顶屋面通风

2)吊顶棚通风

利用吊顶棚与坡屋面之间的空间作为通风层,在坡屋顶的歇山、山墙或屋面等位置设进风口(见图 8.49)。

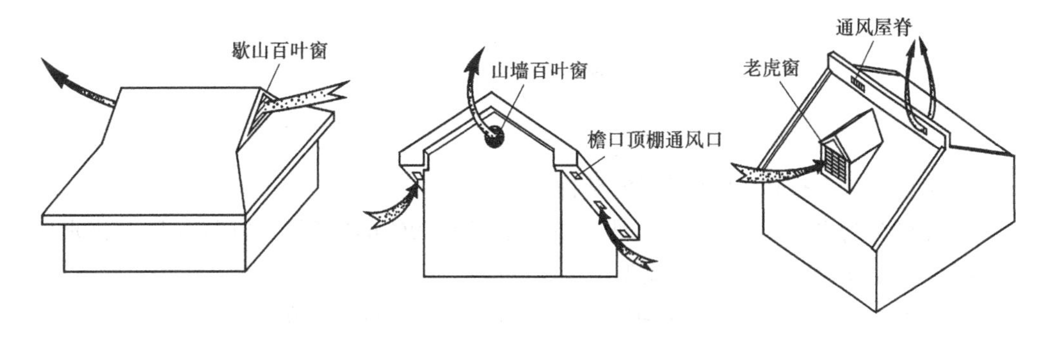

图8.49 坡屋顶吊顶棚通风

知识链接

屋面的防水等级和设防要求见表8.2。

表8.2 屋面的防水等级和设防要求

项 目		建筑物类别	防水层使用年限/年	防水选用材料	设防要求
屋面的防水等级	Ⅰ级	特别重要的民用建筑和对防水有特殊要求的工业建筑	25	宜选用合成高分子防水卷材、高聚物改性沥青防水卷材、合成高分子防水涂料、细石防水混凝土等材料	三道或三道以上防水设防，其中应用一道合成高分子防水卷材，且只能有一道厚度不小于2 mm的合成高分子防水涂膜
	Ⅱ级	重要的工业与民用建筑、高层建筑	15	宜选用高聚物改性沥青防水卷材、合成高分子防水卷材、合成高分子防水涂料、高聚物改性沥青防水涂料、细石防水混凝土、平瓦等材料	两道防水设防，其中应有一道卷材；也可采用压型钢板进行一道设防
	Ⅲ级	一般的工业与民用建筑	10	应选用三毡四油沥青防水卷材、高聚物改性沥青防水卷材、合成高分子防水卷材、高聚物改性沥青防水涂料、合成高分子防水涂料、沥青基防水涂料、刚性防水层、平瓦、油毡瓦等材料	一道防水设防，或两种防水材料复合使用
	Ⅳ级	非永久性的建筑	5	可选用二毡三油沥青防水卷材、高聚物改性沥青防水涂料、沥青基防水涂料、波形瓦等材料	一道防水设防

项目小结

①屋顶主要有 3 个作用:承重、围护、装饰。

②屋顶外形分为平屋顶(屋面排水坡度小于或等于 10% 的屋顶)、坡屋顶(屋面排水坡度在 10% 以上的屋顶)、曲面屋顶 3 大类型。

③屋顶一般是由屋面层、承重结构层、保温或隔热层、顶棚层组成的。

④屋面的排水组织设计主要内容有确定屋面排水坡数目;确定排水方式 ;划分排水区域;确定檐沟形状;确定雨水管形式;绘出屋顶平面排水图及各节点详图。

⑤平屋顶按屋面防水层的做法可有柔性防水屋面、刚性防水屋面、涂料防水屋面及粉剂防水屋面等形式,常见的是柔性防水屋面、刚性防水屋面,这是学习的重点。

⑥平屋顶的构造重点是防水、保温、隔热。

⑦坡屋顶的承重结构类型有横墙承重、屋架承重、木构架承重和钢筋混凝土屋面板承重等。

⑧坡屋顶传统的保温隔热方式对现代建筑有启迪的意义。

复习思考题

1. 屋顶由哪几部分组成? 它们的主要功能是什么?

2. 屋顶排水方式有哪几种? 简述各自的优缺点。

3. 屋面的排水组织设计主要包含哪些内容? 分别有哪些具体的要求?

4. 卷材屋面的构造层有哪些? 各层如何做? 上人和不上人的卷材屋顶构造层次上有何区别? 请绘图说明。

5. 卷材屋面的泛水、天沟、檐口、雨水口等细部构造的要点是什么? 请注意记忆它们的典型构造图。

6. 何谓刚性防水屋面? 刚性防水屋面的构造层有哪些? 各层如何做? 为何要设隔离层?

7. 刚性防水屋面为什么要设分格缝? 分格缝要设在什么部位? 请注意记忆典型构造图。

8. 请比较刚性防水屋面与卷材屋面的泛水、天沟、檐口、雨水口等细部构造的异同。

9. 平屋顶和坡屋顶的保温隔热有哪些构造做法?

项目 9
门　窗

项目概述

建筑物里都缺少不了门和窗，它是建筑的围护构件，它们既能够起到采光通风的作用，也能起到保温、隔热、防火、防水的效果，在室内还能起到分隔不同空间的作用。同时，还会直接影响到建筑的外观和室内装修效果。因此，门窗的设计和制作要求坚固耐用，而且要美观大方，既要密闭性能好，也要开启方便。

项目包括门窗的作用和分类、门窗的构造。

情景介绍

我们知道，在我们工作和生活的建筑物里一定缺少不了门和窗，一幢好的建筑物，少不了门窗在立面上起到的画龙点睛的作用，在室内也少不了它们分隔空间、组织交通。同时它们属于围护结构，在一定程度上会影响到居住人的安全，因此，我们要知道它们的重要性，了解和学习它们的构造就显得尤其重要。

任务9.1　了解门窗的作用和分类

任务描述

了解门窗的作用和分类。

任务实施

组织同学参观身边的民用建筑，分析该建筑门窗是什么形式，由什么材料制作的，有哪些优缺点。

任务引导

9.1.1　门窗的作用

在建筑的立面处理和室内装修中门窗有着重要作用(见图9.1)。窗的作用是采光、通风以及眺望观景、分隔室内外空间和围护作用；门的作用是交通联系和围护，分隔和联系建筑空间。门窗应坚固耐用、关闭紧密、美观大方、开启方便，便于清洁维修。

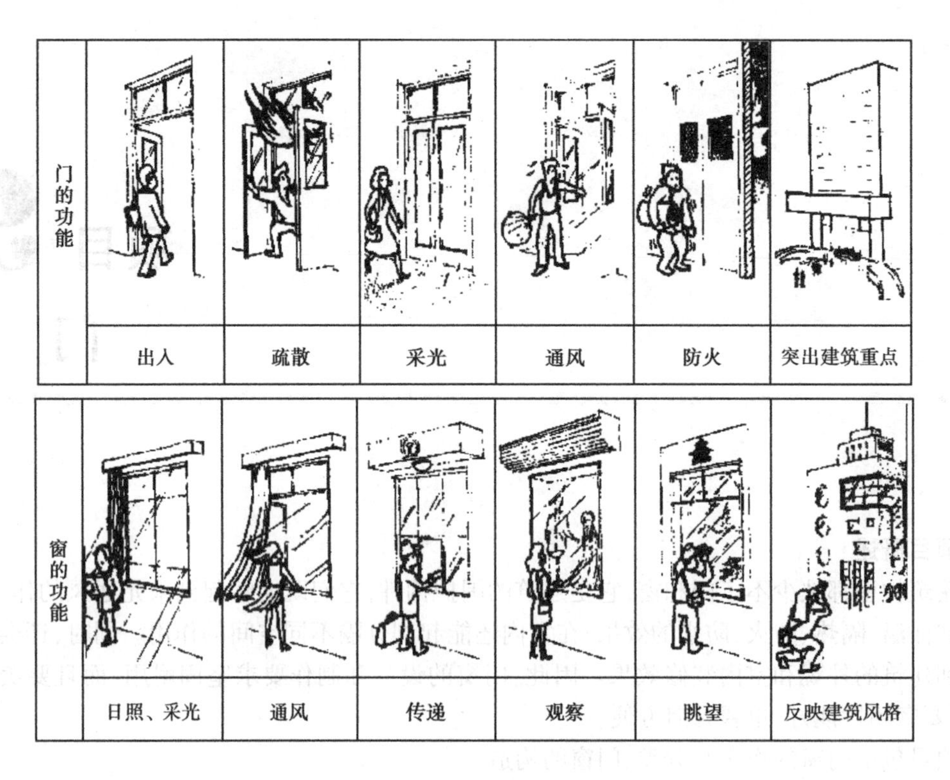

图9.1　门窗的作用

9.1.2　门窗的分类

(1)窗的分类

1)按开启方式分类

按开启方式可分为固定窗、平开窗、旋窗、推拉窗及立转窗(见图9.2)。

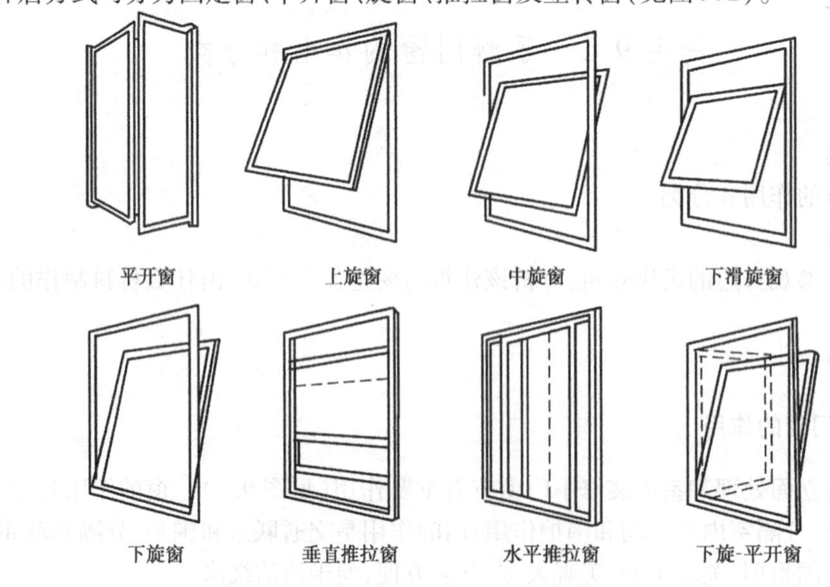

图9.2　窗的开启方式

①固定窗。不能开启的窗。一般是将玻璃直接安装在窗框上。

②平开窗。水平开启的窗。这是一种窗扇可水平开启的窗子,可分为内开和外开(见图9.3)。

图9.3 平开窗

③旋窗。按转轴和转动铰链位置的不同,可分为上旋窗、中旋窗、下旋窗(见图9.4)。上旋窗和中旋窗一般向外开启,通风防雨效果较好;而下旋窗通风防水效果均差,因此很少用。

④推拉窗。可水平或垂直推拉的窗。水平推拉窗上下设轨道,垂直推拉窗沿上下设滑槽开启(见图9.5)。

上旋窗

中旋窗

下旋窗

图9.4 旋窗

⑤立转窗。立式可转动的窗子。这种窗通风面积大,效果好;缺点是密闭性差,防雨防寒性能差(见图9.6)。

图9.5 推拉窗

图9.6 立转窗

2)按材料分类

按材料可分为木窗、钢窗、铝合金窗、塑钢窗。铝合金窗和塑钢窗材质好、坚固、耐久、密封性好,所以在建筑工程中应用广泛;而木窗由于耐久性差、易变形、不利于节能,国家已限制使用(见图9.7)。

3)按层数分类

按层数可分为单层窗、双层窗、多层窗。单层窗构造简单、造价低,适用于一般建筑;双层窗保温隔热效果好、隔音效果好,适用于对建筑要求高的建筑。

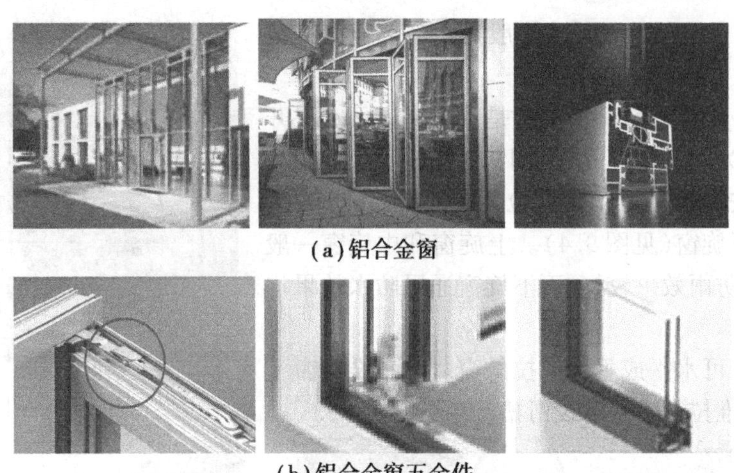
(a)铝合金窗

(b)铝合金窗五金件

图9.7 铝合金窗

4)按镶嵌材料分类

按镶嵌材料,可分为玻璃窗、纱窗、百叶窗(见图9.8)。

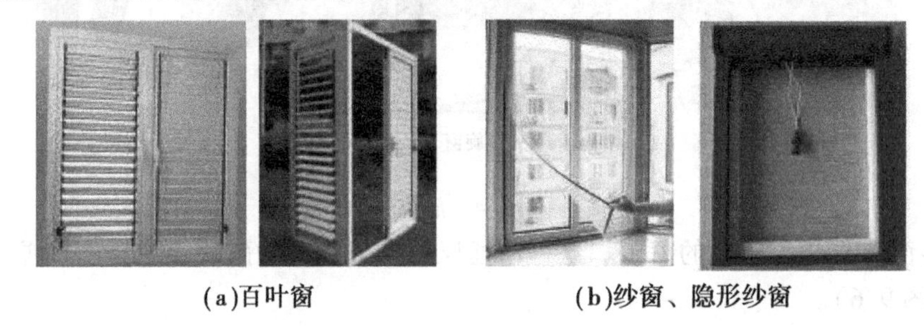
(a)百叶窗　(b)纱窗、隐形纱窗

图9.8 纱窗、百叶窗

(2)**门的分类**

1)按开启方式分类

按开启方式,可分为平开门、推拉门、折叠门、弹簧门、转门及卷帘门等(见图9.9)。

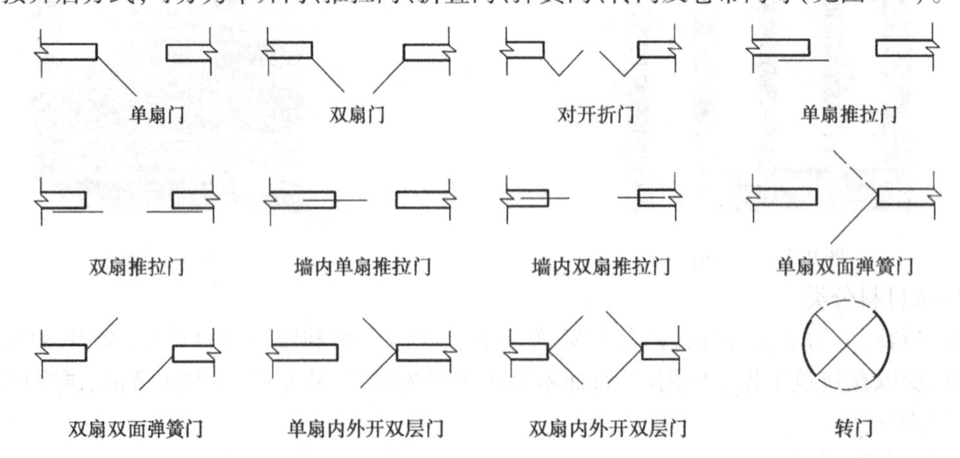

图9.9 各种开启方式的门

①平开门。与平开窗相似,有内开、外开之分,在用作安全疏散时为外开。平开门构造简

单，开启灵活，制作、安装、维修简单方便，被广泛使用（见图9.10）。

②推拉门。门扇可藏在夹墙内或贴在墙面外，占用面积少，使用较多（见图9.11）。

图9.10 平开门

图9.11 推拉门

③弹簧门。开启方式与平开门相同，开启后能自动关闭，能内外弹动。弹簧门多用于人流出入频繁或有自动关闭要求的场所（见图9.12）。

图9.12 弹簧门

④折叠门。可将多个门扇折叠推移到侧边。一般用于分隔或联系两个需要更为扩大联系的空间（见图9.13）。

图9.13 折叠门

⑤转门。门扇由三扇或四扇通过中间的竖轴组合起来，在两侧的弧形门套内水平旋转来实现启闭。转门有利于室内的隔视线、保温、隔热和防风沙，并且对建筑立面有较强的装饰性（见图9.14）。

⑥卷帘门。门扇由金属页片相互连接而成，在门洞的上方设转轴，通过转轴的转动来控制页片的启闭。特点是开启时不占使用空间，但加工制作复杂，造价较高（见图9.15）。

2）按门的使用材料分类

按门的使用材料，可分为木门、铝合金门、塑钢门、彩板门、玻璃钢门、钢门等。木门自重

图 9.14　转门

图 9.15　卷帘门

轻、开启方便、加工方便,因此在民用建筑中应用广泛(见图 9.16)。

(a)塑钢门

(b)彩板门

(c)玻璃钢门

图 9.16　各种材料的门

3)按门在建筑物中所处的位置分类

按门在建筑物中所处的位置,可分为内门和外门。内门位于内墙上,起分隔作用,如隔音、阻挡视线等;外门位于外墙上,起围护作用。

4)按门的使用功能分类

按门的使用功能,可分为一般门和特殊门。一般门是满足人们最基本要求的门;而特殊门除了满足人们基本要求外,还必须有特殊功能,如保温门、隔声门、防火门、防护门等(见图 9.17)。

(a)保温门

(b)防火门

(c)电动辐射防护门

(d)隔声门

图 9.17　各种特殊门

5)按门扇镶嵌材料分类

按门扇镶嵌材料,可分为玻璃门、镶板门、拼板门、夹板门、百叶门等。

任务9.2 了解门窗的构造

任务描述

了解门窗的构造。

任务实施

组织同学参观教学楼、商场等建筑或到门窗厂参观,详细了解这些建筑门窗的构造。

任务引导

9.2.1 门的组成、尺度和构造

(1)门的组成

门一般由门框、门扇、五金零件及附件组成。门框是门与墙体的连接部分,由上框、边框、中横框及中竖框组成。门扇一般由上、中、下冒头以及边梃组成骨架,中间固定门芯板。五金零件包括铰链、插销、门锁、拉手等。附件有贴脸板、筒子板等(见图9.18)。

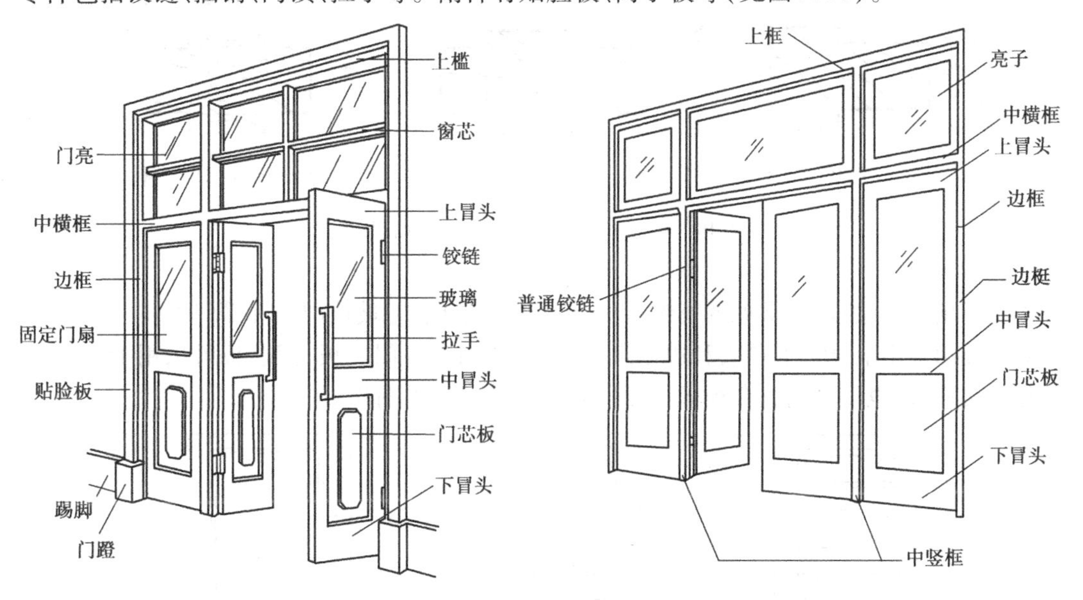

图9.18 门的组成

(2)门的尺度

门的尺度指门洞的高宽尺寸,应满足人流疏散,搬运家具、设备的要求,并应符合《建筑模数协调统一标准》的规定,一般符合3M(300 mm)的模数。

一般情况下,公共建筑的门单扇门为950~1 000 mm宽,双扇门为1 500~1 800 mm宽,高度为2.1~2.3 m;居住建筑的门可略小些,外门900~1 000 mm宽,房间门900 mm宽,厨房门800 mm宽,厕所门700 mm宽,高度统一为2.1 m。

供人日常生活活动进出的门,门扇高度常为1 900~2 100 mm,宽度单扇门为800~1 000 mm,辅助房间如浴厕、贮藏室的门为600~800 mm,腰头窗高度一般为300~900 mm。工业建筑的门可按需要适当提高。

(3)门的构造

1)木门的构造

木门主要由门框、门扇、腰头窗、贴脸板(门线)、筒子板(垛头板)及配套五金件等部分组成。

①门框

门框的断面形状与尺寸取决于门扇的开启方式和门扇的层数,由于门框要承受各种撞击荷载和门扇的质量作用,应有足够的强度和刚度,故其断面尺寸较大(见图9.19)。

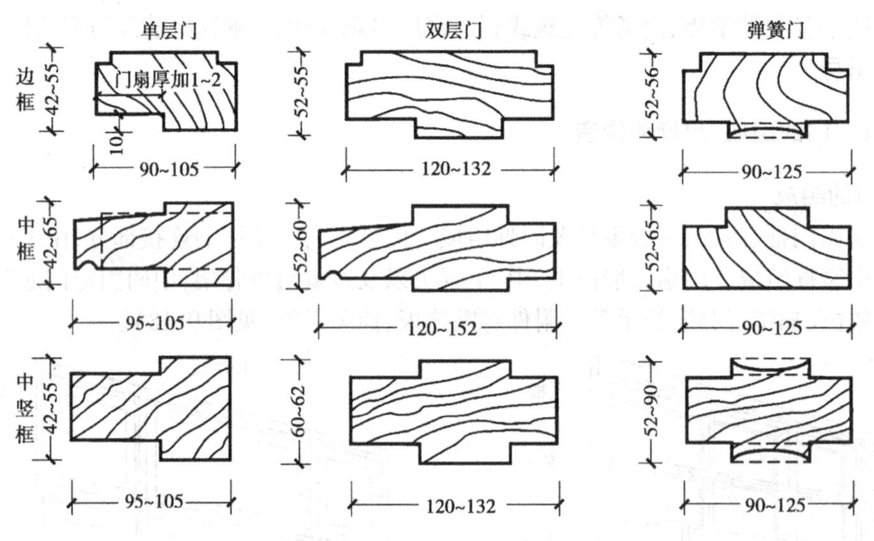

图9.19　平开木门门框的断面形状与尺寸

②门扇

木门门扇的做法很多,常见的有镶板门、夹板门、拼板门、玻璃门及弹簧门等。

a.镶板门。由上、中、下冒头和边梃组成骨架,中间镶嵌门芯板,门芯板可采用15 mm厚的木板拼接而成,也可采用胶合板、硬质纤维板或玻璃等(见图9.20)。

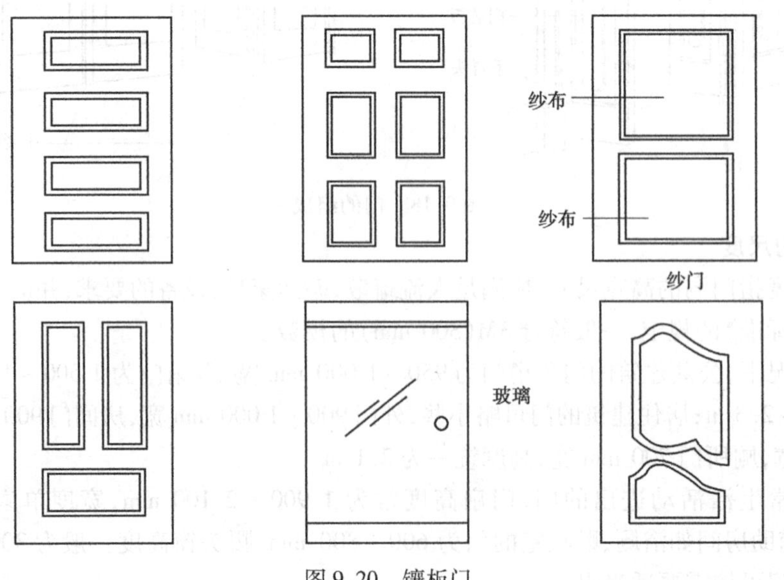

图9.20　镶板门

b. 夹板门。用小截面的木条(35 mm×50 mm)组成骨架,在骨架的两面铺钉胶合板或纤维板等(见图9.21)。

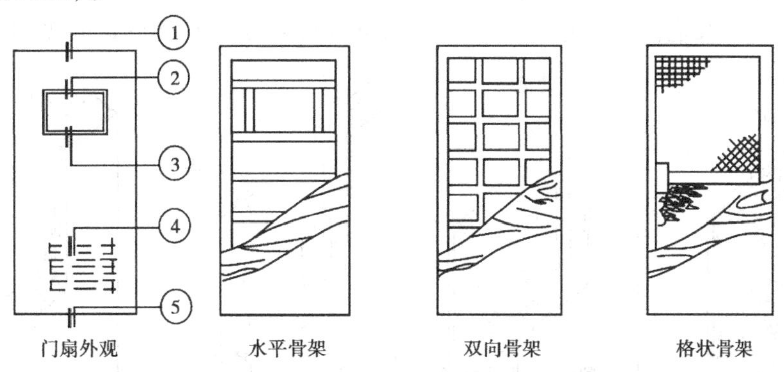

图9.21 夹板门

c. 拼板门。构造与镶板门相同,由骨架和拼板组成,只是拼板门的拼板用35～45 mm厚的木板拼接而成,因而自重较大,但坚固耐久,多用于库房、车间的外门(见图9.22)。

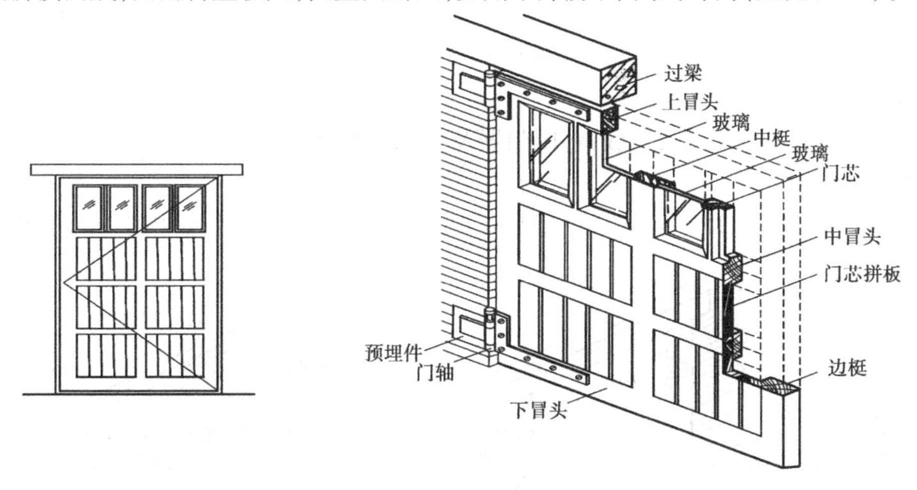

图9.22 拼板门

d. 玻璃门。门扇构造与镶板门基本相同,只是门芯板用玻璃代替,用在要求采光与透明的出入口处(见图9.23)。

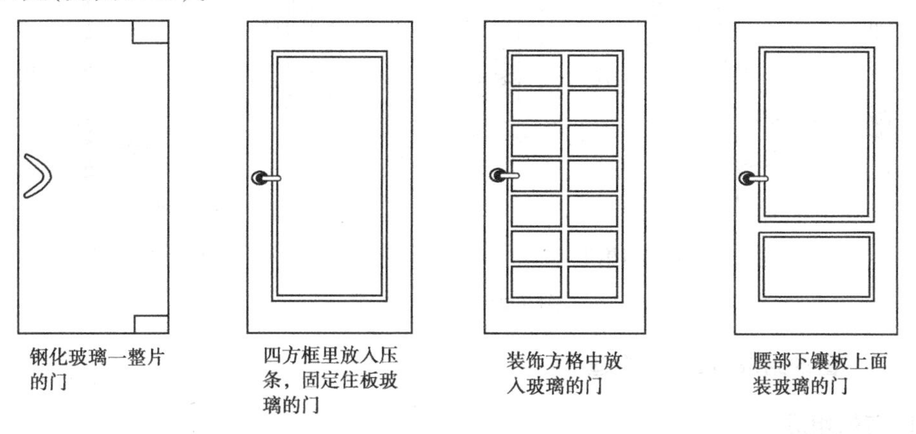

图9.23 玻璃门

e. 弹簧门。单面弹簧门多为单扇,常用于需有温度调节及气味要阻隔的房间,如厨房、厕所等;双面弹簧门适用于公共建筑的过厅、走廊及人流较多的房间。须用硬木,门扇厚度为 42 ~ 50 mm,上冒头及边框宽度为 100 ~ 120 mm,下冒头宽为 200 ~ 300 mm(见图 9.24)。

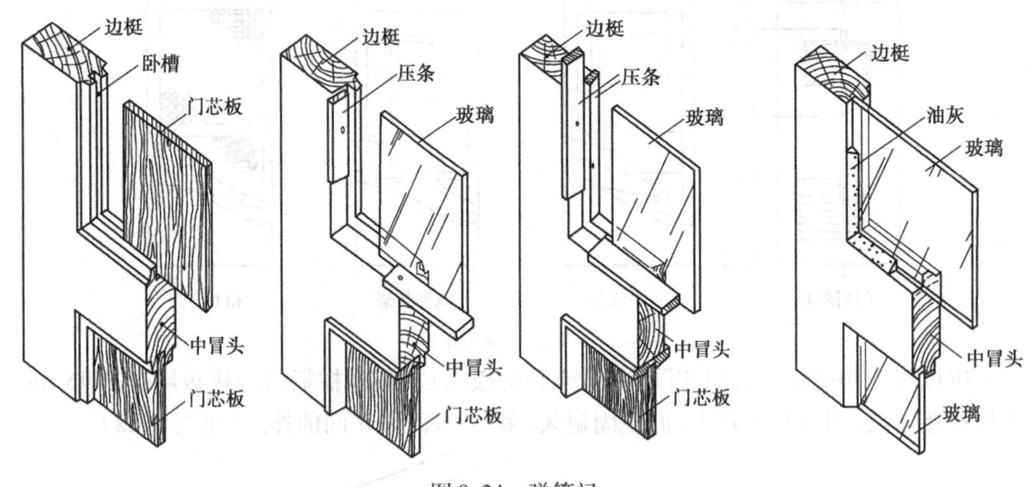

图 9.24　弹簧门

③门的五金

门的五金主要由把手、门锁、铰链、闭门器及门碰等组成。

2) 木门的安装

木门的安装如图 9.25 所示,有立口和塞口两种施工方式,工程中常采用塞口方式施工。

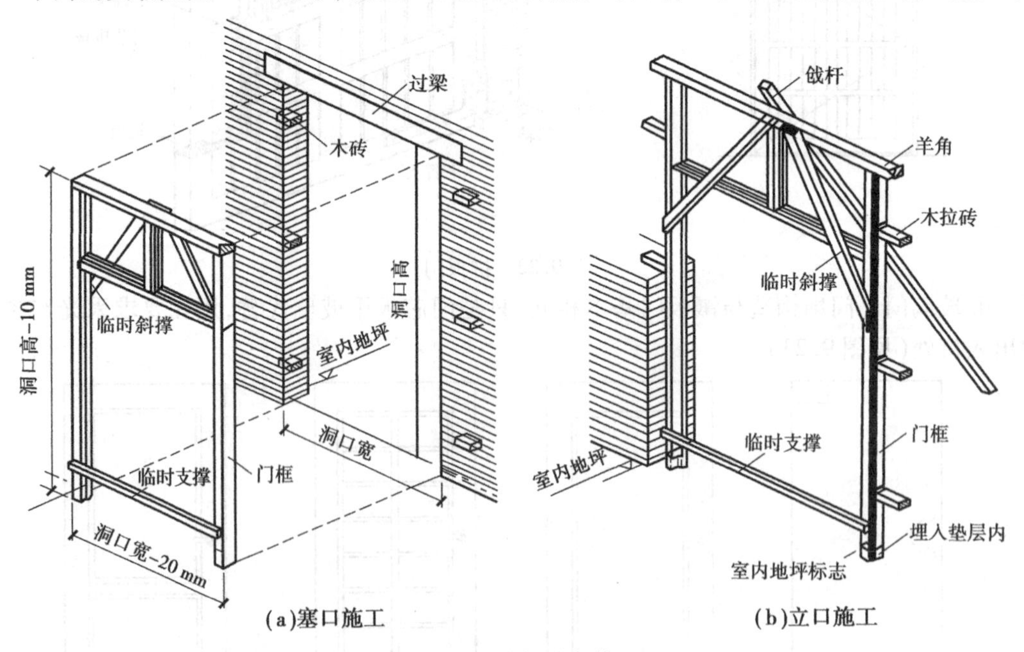

图 9.25　木门的安装

9.2.2　窗的组成、尺度和构造

(1) 窗的组成

木窗由窗框、窗扇、五金件及附件组成(见图 9.26—图 9.28)。

窗框由边框、上框、下框、中横框(中横挡)及中竖框组成。

窗扇由上冒头、下冒头、边梃、窗芯及玻璃等组成。

窗五金零件有铰链、风钩和插销等。

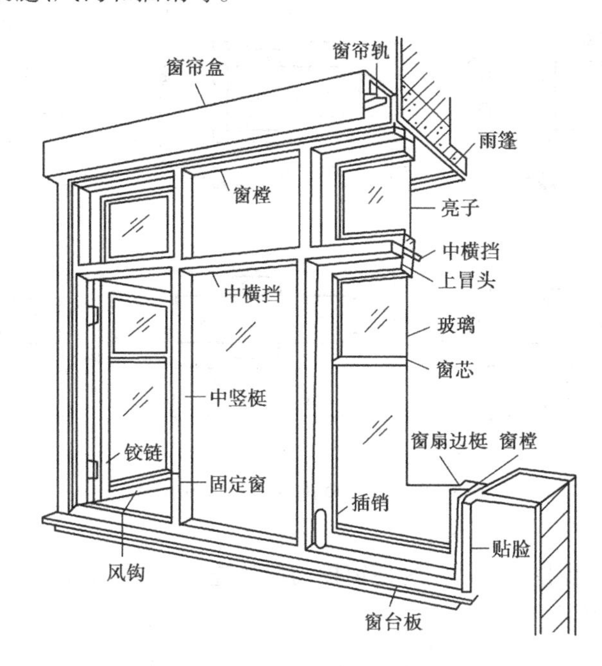

图9.26　木窗的组成

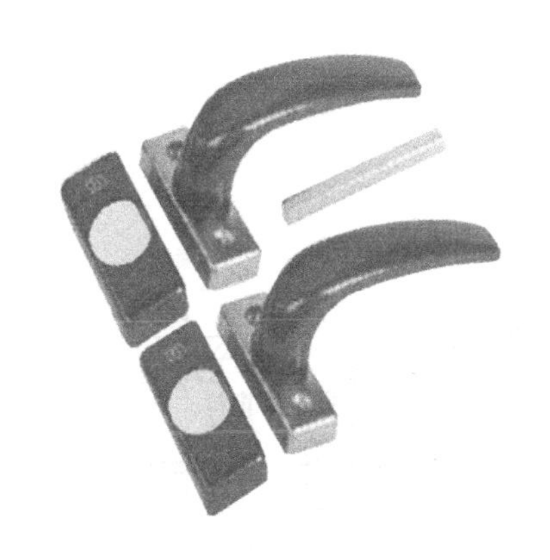

图9.27　五金件

图9.28　木窗

(2)**窗的尺度**

窗的尺度是指窗洞的高宽尺寸,综合考虑采光(采光面积比)、使用、节能(窗墙面积比)、符合窗洞口尺寸系列(3M 模数)、结构、美观等因素。

一般情况下,窗洞的高宽尺寸主要有 600,900,1 200,1 500,1 800,2 100 mm 等。当洞口尺寸较大时,可进行窗扇的组合。

平开窗扇的宽度一般为 400 ~ 600 mm,高度一般为 800 ~ 1 500 mm。当窗较大时,可在窗的上部或下部设亮窗,亮子的高度一般为 300 ~ 600 mm 左右。

固定扇不需装合页,宽度可达 900 mm 左右。

推拉窗扇宽度可达 900 mm 左右,高度不大于 1 500 mm,过大时开关不灵活。

(3)窗的构造

木窗框的断面形式和尺寸如图 9.29 所示。

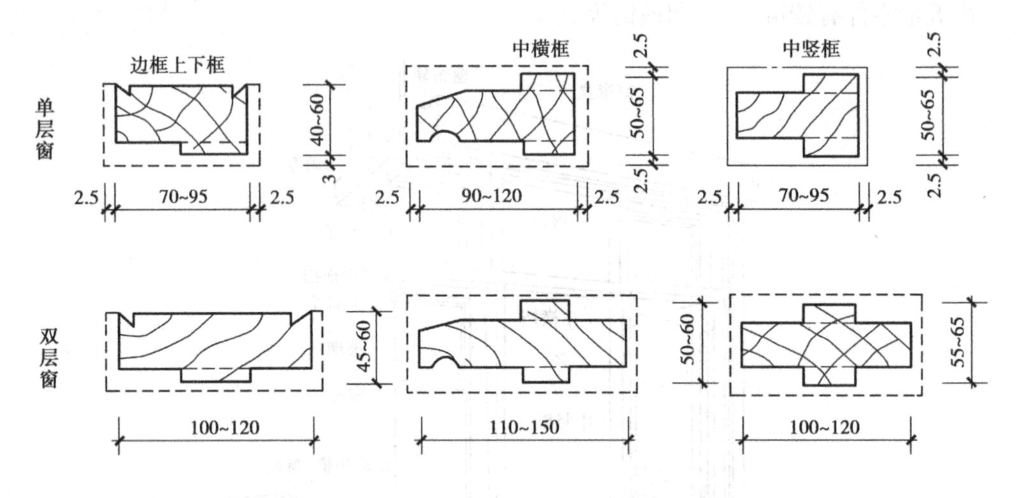

图 9.29　木窗框的断面形式和尺寸

木窗框的安装有以下两种方法:

①立口法。即先立窗框后砌墙。为使窗框与墙体连接紧固,在窗口上下框各伸出 120 mm 左右的端头,俗称"羊角头"。

②塞口法。先砌筑墙体预留窗洞,再将窗框塞入洞口(见图 9.30)。

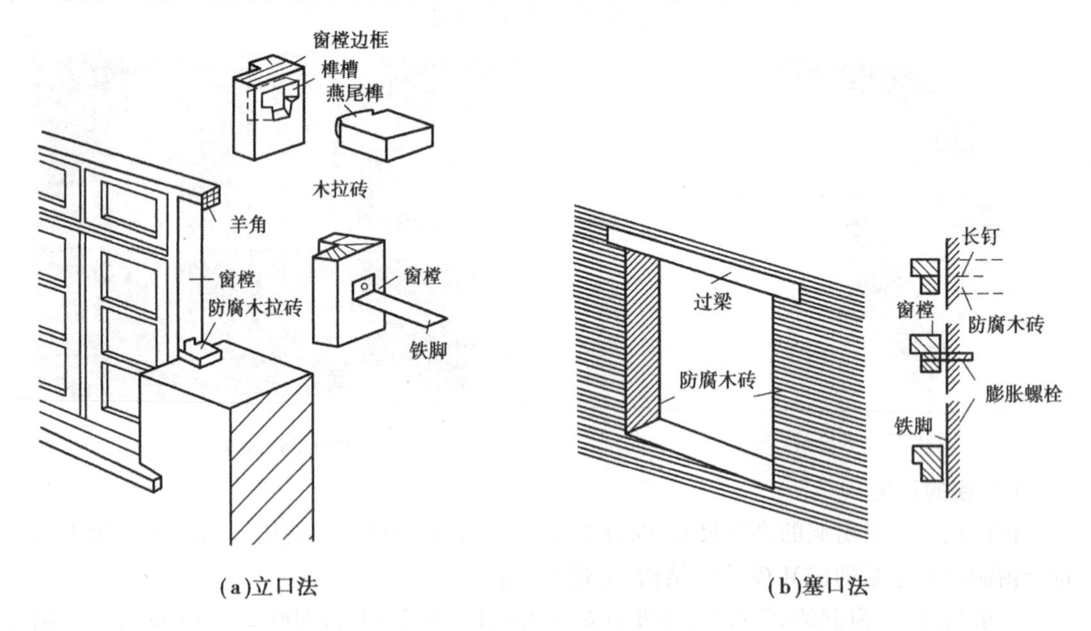

(a)立口法　　(b)塞口法

图 9.30　窗框与墙的连接

9.2.3　铝合金门窗构造

(1)特点

铝合金门窗质量轻、性能好、坚固耐用、色泽美观,因此被广泛采用(见图 9.31)。

(2)铝合金门窗型材系列

铝合金门窗的系列名称是以门窗框厚度的构造尺寸来区分的,如平开门门框厚度构造尺寸为80 mm宽,即称为80系列,推拉窗窗框厚度构造尺寸为60 mm宽,即称为60系列等。对于不同部位、不同开启方式的铝合金门窗,对铝合金的壁厚有不同的要求。普通铝合金门窗的壁厚不得小于0.8 mm;高层建筑不得小于1.2 mm等(见图9.32)。

图9.31 铝合金窗

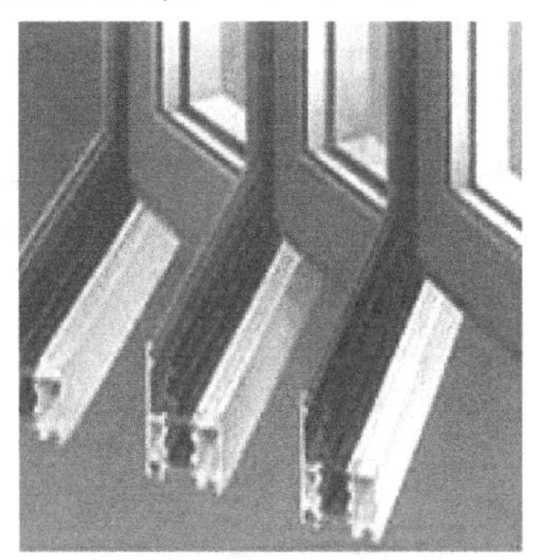

图9.32 铝合金型材

(3)铝合金门窗的组合

铝合金门窗可分为基本门和基本窗。当门窗洞较大时,采取用基本门窗进行组合,组合成较大的门、窗,满足工程的需要(见图9.33)。

(4)铝合金门窗的安装

铝合金门框的安装多采用塞口做法安装时,铝材严禁与墙体砂浆直接接触。框装入洞口应横平竖直,外框与洞口应弹性连接牢固;门框与墙体等的连接固定点,每边不得少于两点,且间距不得大于700 mm。门框固定好后与门洞口四周的缝隙一般采用软质保温材料如泡沫塑料条、泡沫聚氨酯条、矿棉毡条或玻璃丝毡条等分层填实,外表留5~8 mm深的槽口用密封膏密封(见图9.34)。

铝合金窗的开启方式常用的有平开、推拉、立转、固定等,多采用推拉窗。水平推拉铝合金窗由窗框、窗扇、五金件构成。铝合金门窗的安装如图9.34所示。

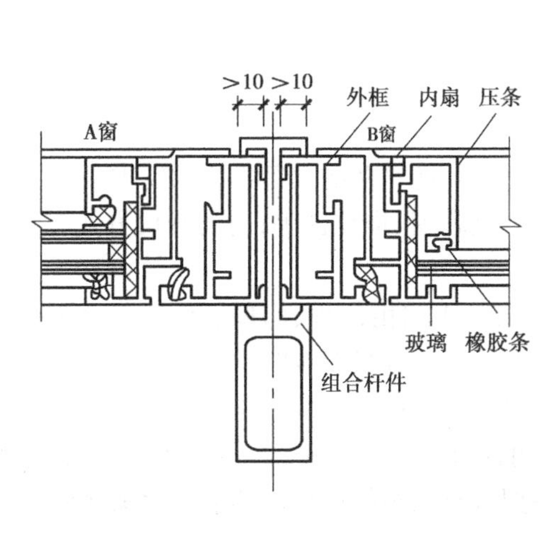

图9.33 铝合金门窗的组合示意

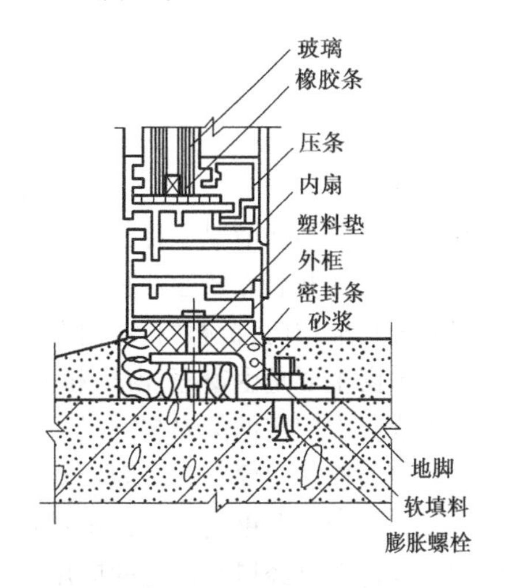

图9.34 铝合金门窗的安装示意

9.2.4 塑钢门窗构造

(1)特点

塑钢门窗的特点是质量轻、防火性能好、耐久性好、隔热性能好、节约能源、气密性和水密性好、隔音性能好且强度高、耐冲击性强、装饰性强等。但是其成本较高(见图9.35)。

图9.35 塑钢窗

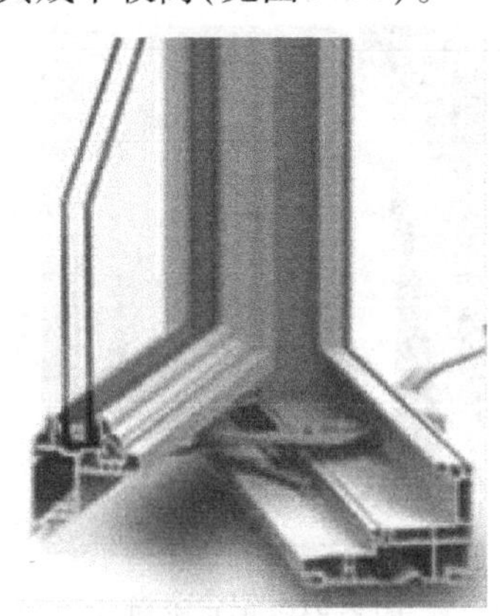

图9.36 塑钢门窗材料

(2)塑钢门窗材料和系列

塑钢门窗材料是在增强塑料PVC空腹型材中加入型钢而成的(见图9.36)。塑钢门窗的型材系列名称是以塑钢门窗框的厚度构造尺寸来区别各种塑钢门窗的称谓,如平开门门框厚度构造尺寸为60 mm宽,即称为60系列塑钢平开门;推拉窗窗框厚度构造尺寸为95 mm宽,即称为95系列塑钢推拉窗等。

(3)塑钢门窗的安装

塑钢门窗是将型材通过下料、打孔、攻丝等一系列工序加工成为门窗框及门窗扇,然后与连接件、密封件、五金件一起组合装配成门窗。塑钢门窗的安装方法与铝合金门窗的安装方法基本相同,即采用塞口做法,不允许采用立口做法。不过不同的墙体材料,安装固定方法也不尽相同。

项目小结

①门窗在不同情况下有分隔、采光、通风、保温、隔声、防水及防火等不同的要求。

②窗按其开启方式通常有固定窗、平开窗、旋窗、立转窗、推拉窗等;门的开启方式有平开门、弹簧门、推拉门、折叠门、转门等。

③木窗主要是由窗框、窗扇和五金件及附件组成。木门由门框、门扇、亮子、五金零件及附件组成。木门窗框的安装方式有立口法和塞口法两种。门窗安装时常采用塞口做法。门窗框与墙的连接主要应解决固定和密封问题,门、窗扇与窗框以合页(铰链)连接。

④铝合金和塑钢门窗以其用料省、质量轻、密闭性好、耐腐蚀、坚固耐用、色泽美观、维修费用低等优点已经得到广泛的应用。产品系列名称是以门、窗框厚度的构造尺寸来区分。

复习思考题

1. 门和窗各有哪几种形式？各自的特点及适用范围是什么？
2. 平开窗的组成和窗框的安装方法是什么？
3. 平开门的组成和门框的安装方法是什么？
4. 门窗框与墙体之间的缝隙如何处理？结合当地工程实例说明。
5. 铝合金门窗和塑钢门窗有哪些特点？
6. 铝合金门窗和塑钢门窗的安装要点是什么？

项目 10
变形缝构造

项目概述

变形缝是建筑中的一种安全防范措施。建筑物在温度变化、地基不均匀沉降、地震等外界因素作用时将会产生变形和破坏,影响正常使用和安全。为了预防和避免以上情况发生,一般可采取两种措施:一是加强房屋的整体刚度,提高其抗变形能力;二是在房屋的敏感部位将其构件垂直断开,留出一定的缝隙,将建筑物分成若干独立单元,形成能自由变形而互不影响的单元。

项目包括伸缩缝、沉降缝、防震缝和3条缝之间的关系。

情景介绍

工程类专业学生在施工现场参观实习,该工程正在主体施工,同学们看到墙体、楼板等处留有几公分的缝隙,问带队师傅,这是什么,干什么的,有什么要求。

任务10.1 变形缝定义、分类、作用以及具体规定

任务描述

了解变形缝定义、分类、作用以及具体规定。

任务实施

集中参观实习的同学,先看变形缝,有了感性认识,大家分组讨论,请带队师傅讲解。

任务引导

10.1.1 变形缝定义、分类、作用

房屋受到外界各种因素的影响,会产生变形、开裂,甚至导致破坏。为防止房屋破坏,常将房屋分成几个相对独立的部分,使各部分能独立变形,互不影响,这种人为地将建筑物垂直分割开来,各部分之间的缝隙称为变形缝。它是建筑中的一种安全防范措施(见图10.1)。

变形缝分3种类型:伸缩缝、沉降缝和防震缝。

伸缩缝,也称“温度缝”,是防止因温度影响产生破坏的变形缝。沉降缝是防止因荷载差异、结构类型差异、地基承载力差异等原因导致房屋因不均匀沉降而破坏的变形缝。防震缝

是防止因地震作用导致房屋破坏的变形缝。

图 10.1　变形缝

10.1.2　伸缩缝的设置原则、要求、缝宽和构造

(1)伸缩缝的设置原则

建筑物因受温度变化的影响而产生热胀冷缩,致使建筑物出现不规则破坏,为预防这种情况,常沿建筑物长度方向每隔一定距离或在建筑平面复杂、变化较多或结构变化较大处预留缝隙。具体规定详见表 10.1、表 10.2。

(2)伸缩缝的要求和缝宽

基础以上构件全部断开,基础不必断开(因基础受温度变化影响小)。缝宽 20 ~ 40 mm。

表 10.1　砌体建筑伸缩缝的最大间距

<table>
<tr><th>砌体类型</th><th colspan="2">屋顶或楼层结构类别</th><th>间距/m</th></tr>
<tr><td rowspan="6">各种砌体</td><td rowspan="2">整体式或装配整体式钢筋混凝土结构</td><td>有保温层或隔热层的屋顶、楼层</td><td>50</td></tr>
<tr><td>无保温层或隔热层的屋顶</td><td>40</td></tr>
<tr><td rowspan="2">装配式无檩体系钢筋混凝土结构</td><td>有保温层或隔热层的屋顶、楼层</td><td>60</td></tr>
<tr><td>无保温层或隔热层的屋顶</td><td>50</td></tr>
<tr><td rowspan="2">装配式有檩体系钢筋混凝土结构</td><td>有保温层或隔热层的屋顶、楼层</td><td>75</td></tr>
<tr><td>无保温层或隔热层的屋顶</td><td>60</td></tr>
<tr><td>黏土砖、空心砖砌体</td><td colspan="2" rowspan="3">黏土瓦或石棉瓦屋顶;木屋顶或楼层;砖石屋顶或楼层</td><td>100</td></tr>
<tr><td>石和硅酸盐砌体</td><td>80</td></tr>
<tr><td>混凝土块砌体</td><td>75</td></tr>
</table>

注:当有实践经验和可靠依据时,可不遵守本表的规定。

表 10.2　钢筋混凝土结构伸缩缝的最大间距/m

结构类型		室内或土中	露　天
排架结构	装配式	100	70
框架结构	装配式	75	50
	现浇式	55	35
剪力墙结构	装配式	65	40
	现浇式	45	30
挡土墙、地下室墙等类结构	装配式	40	30
	现浇式	30	20

注:当有实践经验和可靠依据时,表中数值可适当加大或减小。

(3)**伸缩缝的构造**

1)墙体的截面形式

伸缩缝的缝宽一般为 20 ~40 mm,因墙厚不同,可做成平缝、错口缝和企口缝(见图 10.2)。

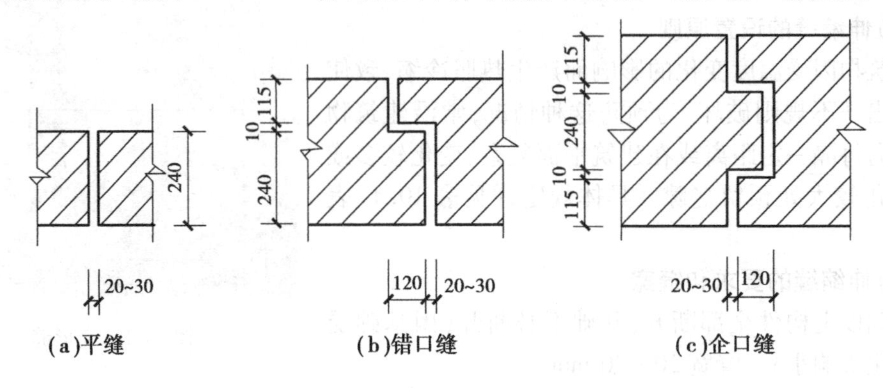

图 10.2　伸缩缝墙体的截面形式

2)墙体的盖缝构造

墙体的外表面一般采用金属板作盖缝处理,墙体的内表面可采用金属板或木板作盖缝处理(见图 10.3)。

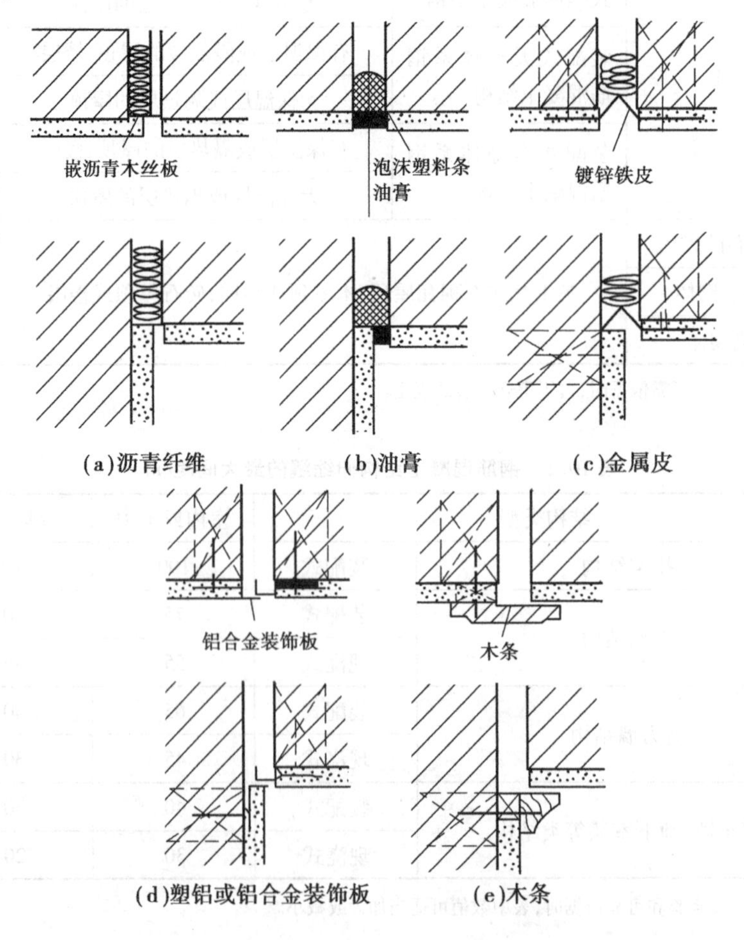

图 10.3　伸缩缝内、外墙的盖缝构造

3）楼地板层盖缝构造

楼板层伸缩缝的位置和宽度应与墙体伸缩缝一致，上部用金属板、预制水磨石板、硬塑料板等盖缝，以防止灰尘下落。顶棚的盖缝条只能固定于一端，以保证两端构件能自由伸缩变形（见图10.4）。

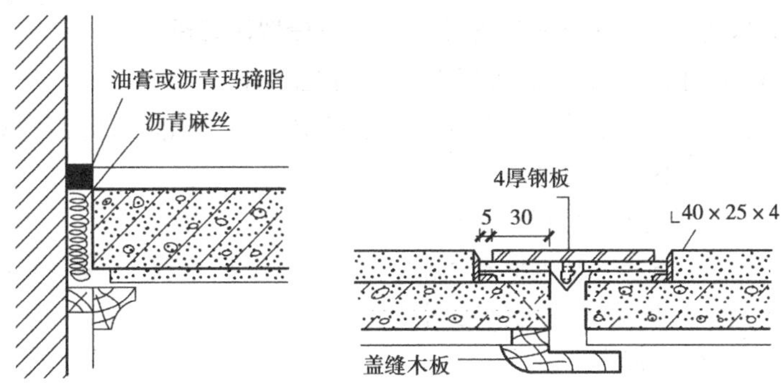

图10.4　伸缩缝楼面构造

当地坪层采用刚性垫层时，伸缩缝应从垫层到面层处断开，垫层处缝内填沥青麻丝或聚苯板，面层处理同楼面（见图10.5）。

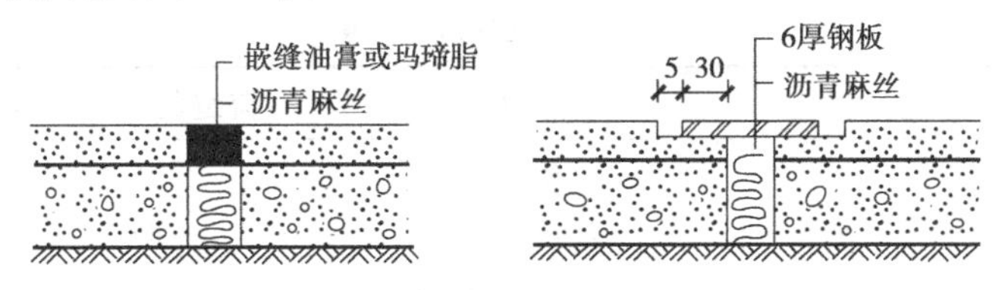

图10.5　伸缩缝地面构造

楼地板层盖缝处理需满足平整、光洁、防水、防火、卫生等使用要求。

4）屋顶盖缝构造

屋顶在伸缩缝处的构造分为等高屋面伸缩缝和不等高屋面伸缩缝两种（见图10.6、图10.7）。屋顶盖缝处理需保证两端构件在水平方向能自由伸缩变形，同时又要满足防水、保温、隔热等使用要求。

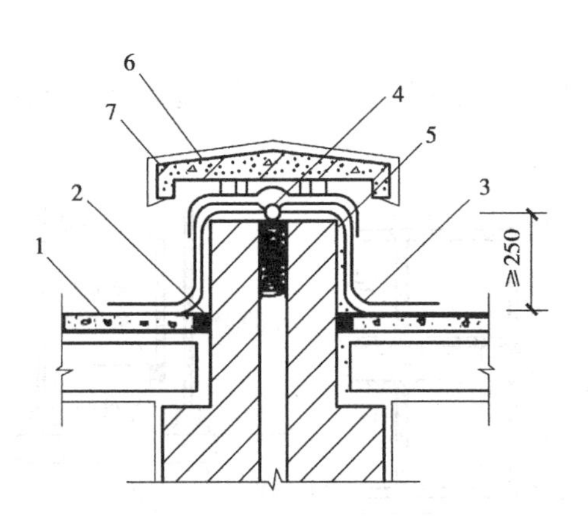

图10.6　等高屋面伸缩缝构造

1—防水层；2，4—密封材料；3—镀锌铁皮盖板；5—卷材封盖；6—混凝土盖板；7—防水砂浆

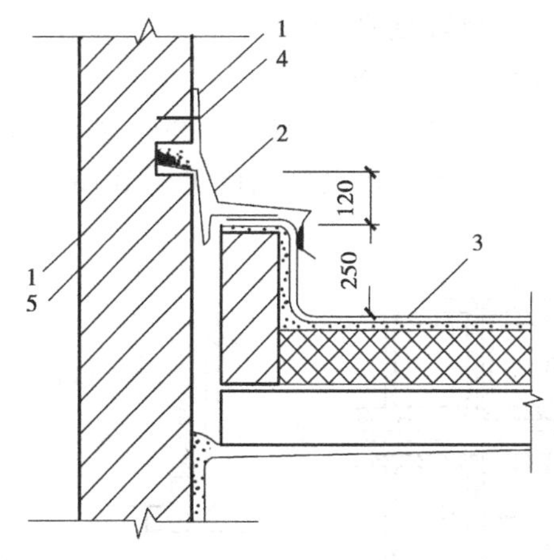

图10.7　不等高屋面伸缩缝构造

1—金属压条；2—镀锌铁皮盖板；3—防水层；4—水泥钉；5—密封材料

10.1.3　沉降缝的设置原则、要求、缝宽和构造

(1)沉降缝的设置原则

建筑物各部分由于地基承载力不同或各部分荷载差异较大等原因引起不均匀沉降，导致建筑物破坏，为预防这种情况，符合下列条件之一者应设置沉降缝：

当建筑物建造在不同的地基上，并难以保证均匀沉降时。

①当同一建筑物相邻两部分的高差较大时(超过 10 m)、相邻两部分荷载相差较大或结构形式变化较大等易导致不均匀沉降时。

②建筑体型复杂，连接部位较为薄弱时。

③当同一建筑物相邻部分的基础形式、宽度和埋置深度相差较大，易导致不均匀沉降时。

④原有建筑物与新建、扩建的建筑物之间。

⑤地基土的地耐力相差较大。

(2)沉降缝的要求和缝宽

从建筑物基础底面至屋顶全部断开。缝的宽度随地基情况和建筑物高度的不同而不同，一般为 50 ~ 70 mm。具体规定详见表 10.3。

表 10.3　沉降缝的宽度

地基情况	建筑物高度	沉降缝的宽度/mm
一般地基	$H<5$ m	30
	$H=5\sim10$ m	50
	$H=10\sim15$ m	70
软弱地基	2 ~ 3 层	50 ~ 80
	4 ~ 5 层	80 ~ 120
	6 层以上	>120
湿陷性黄土地基		≥30 ~ 70

(3)沉降缝的构造

1)基础沉降缝的构造

沉降缝的基础应该断开，并应避免因不均匀沉降造成的相互干扰。沉降缝处的构造有双墙式、悬挑式和交叉式 3 种(见图 10.8、图 10.9、图 10.10)。

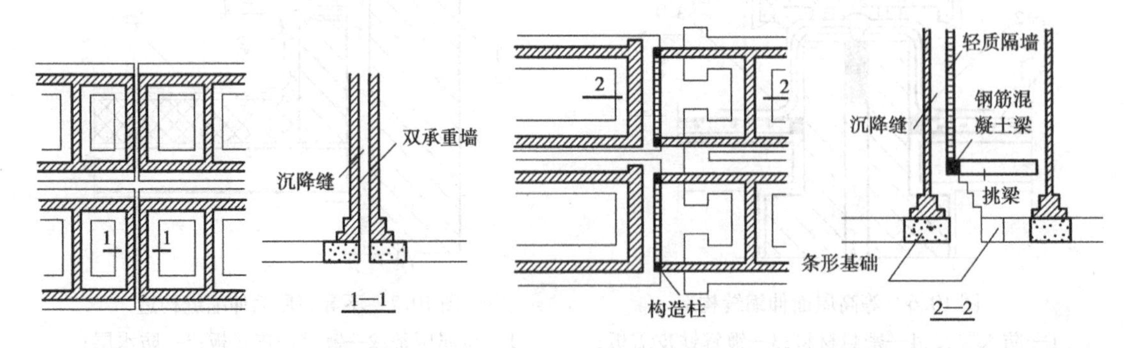

图 10.8　双墙式沉降缝构造　　图 10.9　悬挑式沉降缝构造

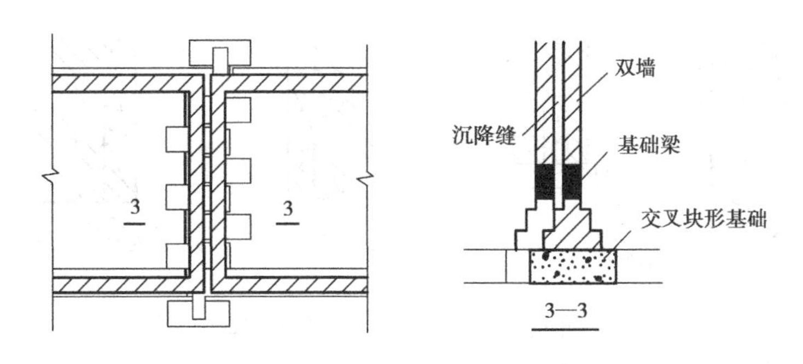

图10.10 双墙交叉式沉降缝构造

2)墙体、楼地板层、屋顶沉降缝的构造

墙体、楼地板层、屋顶沉降缝的盖缝构造基本同伸缩缝,但既要考虑垂直方向的变形,又要考虑水平方向的变形。屋顶沉降缝的盖缝构造应考虑屋顶沉降对屋面防水、泛水的影响。

10.1.4 防震缝的设置原则、要求、缝宽和构造

(1)防震缝的设置原则

强烈地震对地面建筑物和构筑物的影响或破坏是很大的,因此,在地震区建造房屋必须充分考虑地震对建筑物所造成的影响。为预防这种情况,符合下列条件之一者应设置防震缝:

①建筑物立面高差在6 m以上时。

②建筑物有错层,且楼板高差较大,建筑体型复杂,连接部位较为薄弱时。

③建筑物各部分的结构刚度、质量相差悬殊时。

(2)防震缝的要求和缝宽

防震缝应沿房屋基础顶面以上的全部结构布置,缝的两侧均应设置墙体,一般情况基础因埋在土中可不设缝,但当平面较复杂时(如山、L、U、T形等),也应将基础分开。缝的宽度随结构形式、设防烈度和建筑物高度的不同而不同,一般可采用50~100 mm。对于多层和高层钢筋混凝土结构房屋,其最小缝宽应符合下列要求:

①当高度不超过15 m时,可采用70 mm。

②当高度超过15 m时,按不同设防烈度增加缝宽:

6度地区,建筑每增高5 m,缝宽增加20 mm。

7度地区,建筑每增高4 m,缝宽增加20 mm。

8度地区,建筑每增高3 m,缝宽增加20 mm。

9度地区,建筑每增高2 m,缝宽增加20 mm。

(3)防震缝的构造

1)墙体防震缝的构造

墙体上的防震缝因缝口较宽,因此,盖缝防护措施应处理好(见图10.11—图10.14)。另外,要注意不应将防震缝做成错口、企口等形式,以免失去防震缝的作用。

2)楼地板层、屋顶、基础防震缝的构造

防震缝的楼地层、屋顶、基础部分的构造基本上和伸缩缝、沉降缝相同。缝的两侧一般应布置双墙或双柱,以加强防震缝两侧房屋的整体刚度。

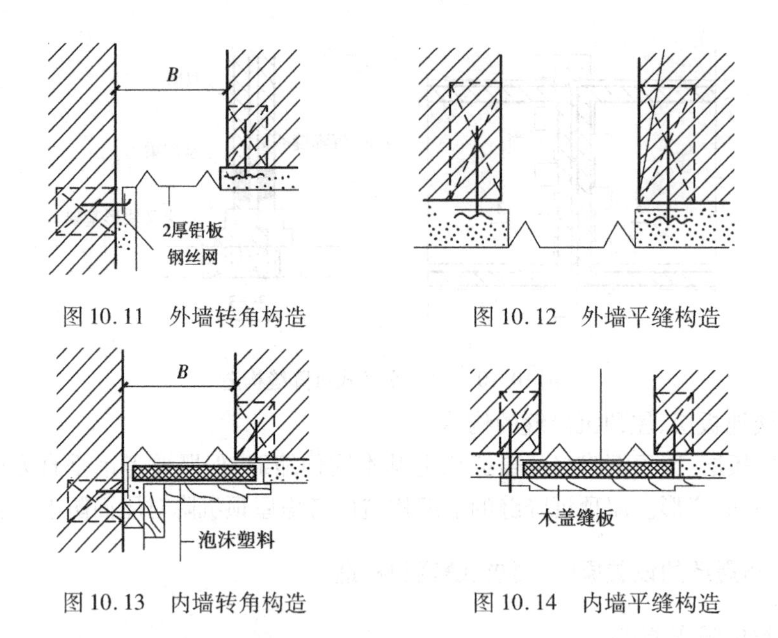

图 10.11　外墙转角构造　　图 10.12　外墙平缝构造

图 10.13　内墙转角构造　　图 10.14　内墙平缝构造

10.1.5　伸缩缝、沉降缝、防震缝之间的关系

伸缩缝、沉降缝、防震缝的上部结构都必须断开，而沉降缝的基础也必须断开，伸缩缝的基础不必断开，防震缝的基础视情况不同断开或不断开。在设置变形缝时，应综合考虑，互相兼顾，一缝多用，使工程建设既安全又经济。当两种以上变形缝合并设置时，应同时满足其缝的设置要求、宽度以及构造（如间距和基础的处理）。变形缝处理都比较复杂，还增加成本，因此，应尽量调整方案，不设或少设变形缝。

项目小结

①变形缝是为防止建筑物在外界因素（温度变化、地基不均匀沉降及地震）作用下产生变形，导致开裂，甚至破坏而预留的构造缝。变形缝包括伸缩缝、沉降缝和防震缝。

②墙体、楼地板层、屋顶变形缝均应作盖缝处理。材料要满足其使用要求。

③伸缩缝、沉降缝、防震缝的构造有相同和不同的地方，应尽量一缝多用，同时满足不同缝的功能要求。

复习思考题

1. 什么叫变形缝？变形缝有哪些种类？
2. 各种变形缝的作用是什么？设置原则是什么？缝宽如何确定？
3. 各种变形缝在构造上有何异同？
4. 两种以上变形缝合并设置时，应注意什么问题？
5. 认识各种变形缝的构造图。

项目 11 工业建筑

项目概述

工业建筑与民用建筑不同,日常生活中,同学们接触得少,了解得少。它主要是为满足各种工业生产需要而建造的。本项目以单层厂房为例,介绍相关的知识。

项目包括工业建筑概念、单层厂房的主要组成及结构类型、工业建筑的设计要求、厂方内部起重运输设备。

情景介绍

专门带学生到工厂参观,在此过程中,让学生建立感性认识。

任务 11.1 工业建筑概念

任务描述

了解工业建筑的定义、特点和分类。

任务实施

学生边参观,老师边讲解,有了感性认识后,大家分组讨论。

任务引导

11.1.1 工业建筑的定义

为满足工业生产需要而建造的各种不同用途的建筑物和构筑物。

11.1.2 工业建筑的特点

①以生产工艺为主。平面布置与形状是由生产工艺流程决定的。

②内部空间高大。跨度大、柱距大、高度高。

③结构荷载大。厂房内有各种机器设备、吊车设备,自重重。

④冷热条件复杂。满足生产工艺的各种特殊要求,如洁净车间、恒温车间、恒湿车间等。

⑤工艺管网多。供水、供电、供气、排水以及各种技术管网等。

⑥有交通工具通行。各种运输工具、有的甚至是火车。

⑦屋面面积较大。内部空间大、多跨组成。

⑧构造复杂。生产工艺复杂,有各种不同的要求。如采光、通风、防尘、防潮、防振、防磁等。

11.1.3 工业建筑的分类

工业建筑较复杂,根据不同的划分原则,可得到不同的类型。

(1)按用途划分

①主要生产厂房。

②辅助生产厂房。

③动力厂房(见图 11.1)。

④仓储厂房(见图 11.2)。

图 11.1 动力厂房

图 11.2 仓储厂房

⑤运输厂房(见图 11.3)。

⑥技术设备厂房。

⑦其他厂房。

图 11.3 运输厂房

(2)按层数划分

①单层厂房。只有 1 层的厂房(见图 11.4)。

②多层厂房。有 2 层及 2 层以上的厂房(见图 11.5)。

③混合层次厂房。在同一厂房内既有单层又有多层(见图 11.6)。

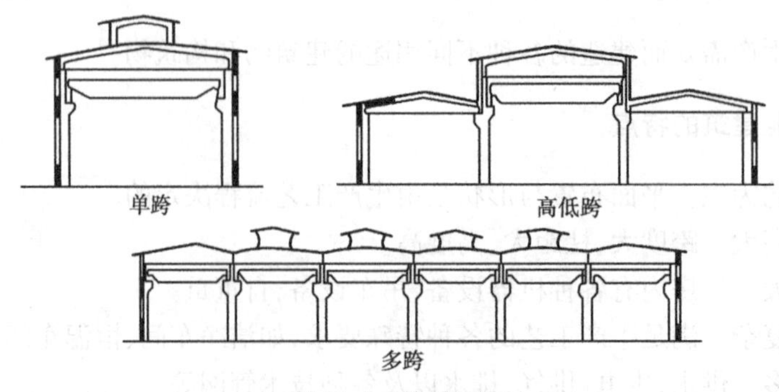

图 11.4 单层厂房

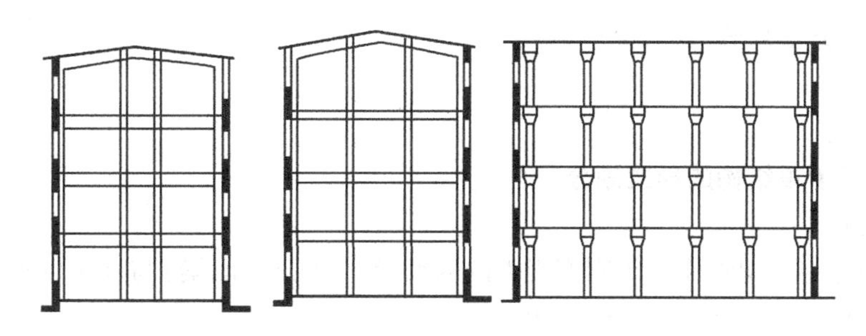

图11.5　多层厂房

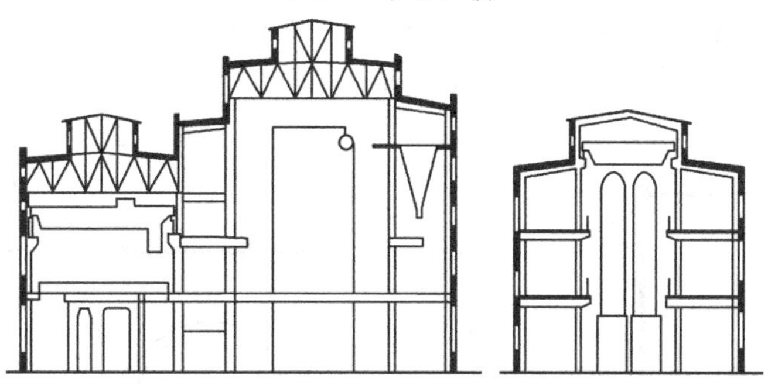

图11.6　混合层次厂房

(3)按内部生产状况划分

①冷加工厂房(常温)(见图11.7)。

②热加工厂房(见图11.8)。

③洁净厂房(见图11.9)。

④恒温、恒湿厂房。

⑤特种厂房。

(4)按承重结构的材料划分

①混合结构。

②钢筋混凝土结构。

③钢结构。

图11.7　冷加工厂房(常温)

图11.8　热加工厂房

图11.9　洁净厂房

(5)按施工方法划分

①现浇。

②预制装配。

(6)按主要承重结构的形式划分

1)排架结构

排架结构是将屋架看作一个刚度很大的横梁,屋架(或屋面梁)与柱子的连接为铰接,柱子与基础的连接为刚性连接(见图11.10)。

2)刚架结构

刚架结构是将屋架(或屋面梁)与柱子合并为一个构件,柱子与屋架(或屋面梁)的连接处为刚性节点,柱子与基础一般做成铰接(见图11.11)。

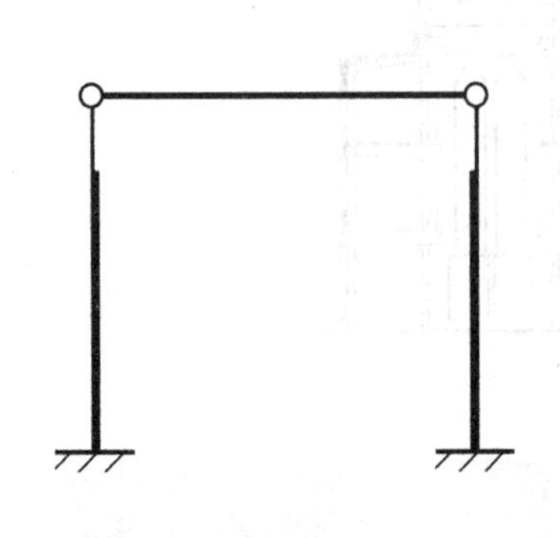

图11.10 排架结构

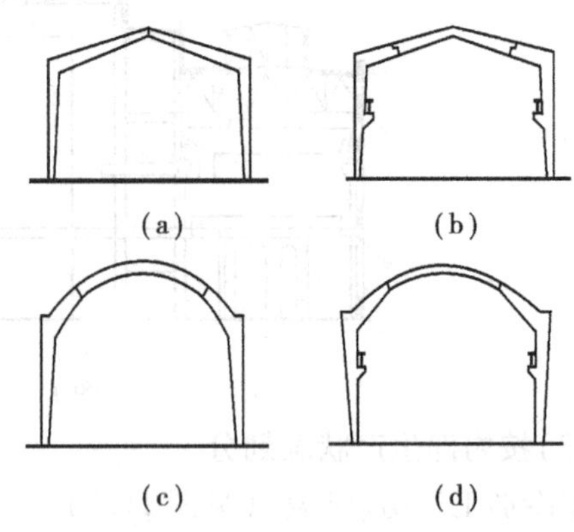

图11.11 刚架结构

任务11.2 单层厂房的主要组成和结构类型

任务描述

了解单层厂房的主要组成、结构类型、工业建筑的设计要求、单层厂房排架结构组成以及厂房内部起重运输设备。

任务实施

展示图纸给学生看,引导学生分析,单层厂房由哪些主要构件组成,有哪几种主要的结构类型,了解认识厂房内部起重运输设备。

任务引导

11.2.1 单层厂房的主要组成

单层厂房的主要组成如下(见图11.12):

①屋盖结构:屋面板、屋架、天窗架。

②吊车梁。

③柱。

④基础。

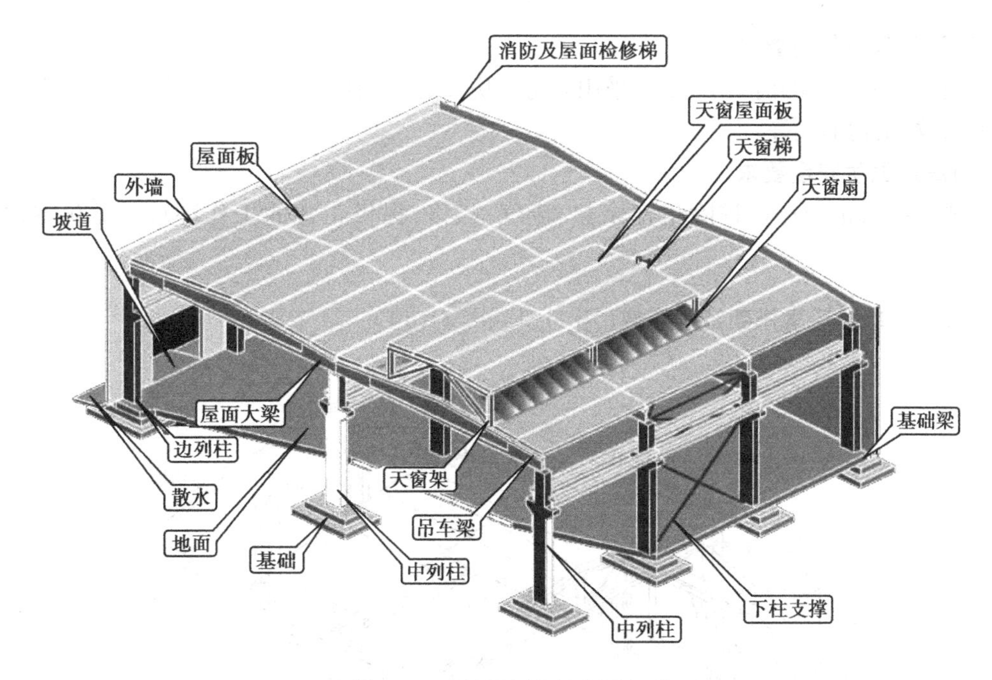

图11.12　单层厂房的主要组成

⑤支撑。

⑥围护结构：墙、墙梁、基础梁、抗风柱。

11.2.2　单层厂房的结构类型

(1)混合结构

混合结构的单层厂房柱为砖柱，屋架或屋面为钢筋混凝土、木屋架、轻钢屋架等。其特点是构造简单，但整体性、抗震性、承载能力差。一般用于跨度小于15 m的半永久性厂房，用于地震烈度较低的地区。

(2)钢筋混凝土结构

钢筋混凝土结构主要承重构件为钢筋混凝土，可分为框架结构和排架结构。其特点是坚固耐久、整体性好、承载力强，适用于大跨度、大荷载，造价低，但自重重。钢筋混凝土排架结构现在是单层厂房中应用最多的一种。

(3)钢结构

钢结构主要承重构件为钢材。其特点是抗震性好、施工速度快，但造价高，容易锈蚀、耐火性能差。现在随着钢产量的增加，单层厂房中采用钢结构的逐渐增多。

(4)其他结构

单层厂房的其他结构有网架结构、壳体屋盖等。

11.2.3　工业建筑的设计要求

(1)满足生产工艺要求

主要包括平面形状、跨度、柱距、高度以及结构形式等。

(2)满足建筑技术要求

主要包括使用年限、生产扩大、建筑模数以及使构件类型尽量少。

(3)满足建筑经济要求

在满足工艺流程的前提下,尽量采用多跨厂房,减少占地面积、外墙面积,缩短管网线路。合适的层数、结构形式等。

(4)满足卫生安全要求

主要包括采光、通风,排除生产余热、废气、噪声,提供正常的工作环境。美化室内外环境。

11.2.4 单层厂房排架结构组成(图11.13、图11.14)

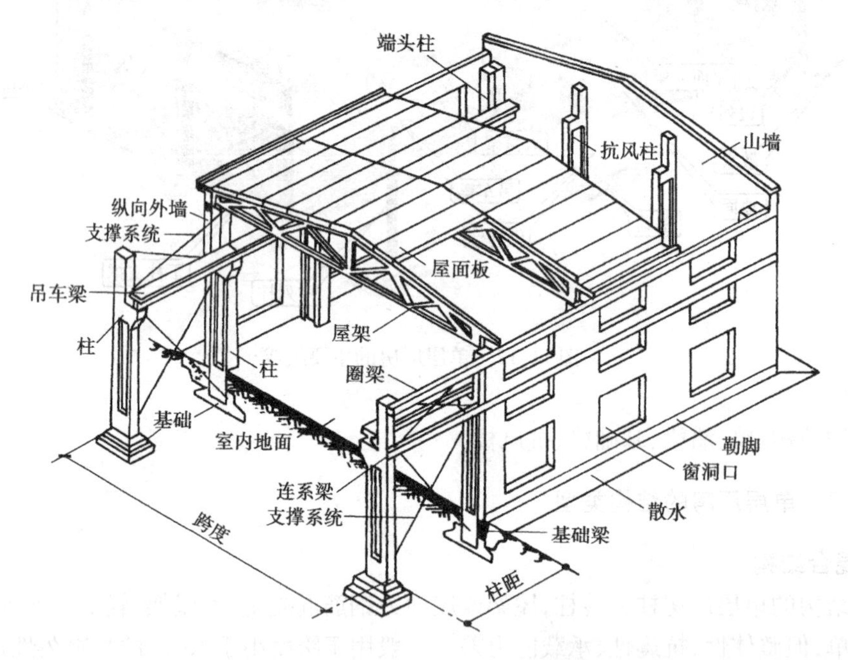

图11.13 单层厂房排架结构组成

(1)承重构件

它包括基础、基础梁、柱子、屋架、屋面板、吊车梁等。

(2)连系构件

它包括柱间支撑、连系梁、圈梁、吊车梁等。

(3)围护构件

它包括外墙、山墙、屋面板等。

(4)其他构件

它包括勒脚、散水、地沟、坡道等。

图11.14 单层厂房排架结构组成

11.2.5 厂房内部起重运输设备

(1)单轨悬挂式吊车(图11.15、图11.16)

它俗称葫芦,分手动、电动。起重量一般是3~5 t。吊车轨道悬挂在屋架下弦,因此,对屋盖结构的刚度要求较高。

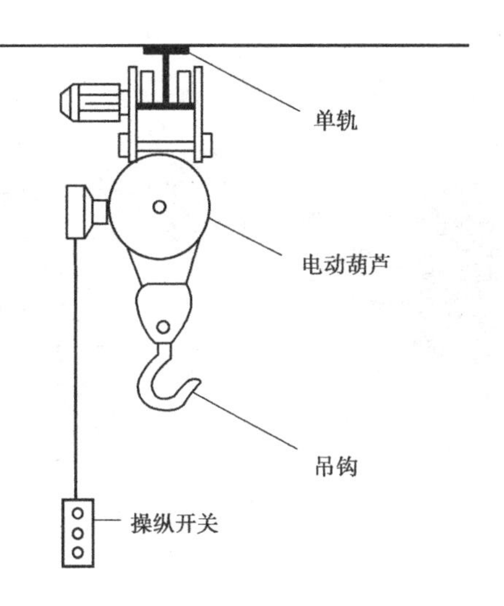

图 11.15　单轨悬挂式吊车

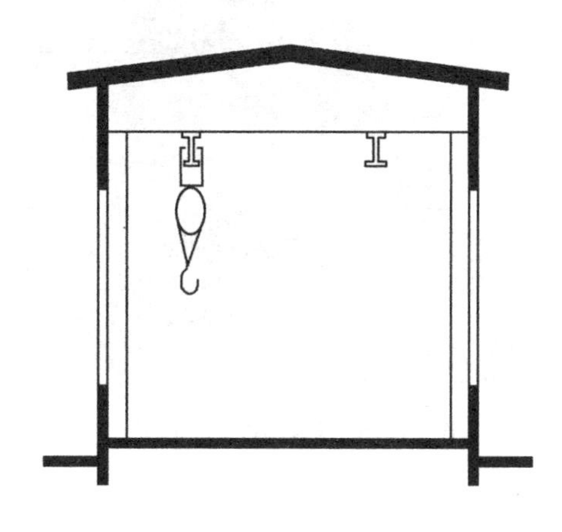

图 11.16　单轨悬挂式吊车

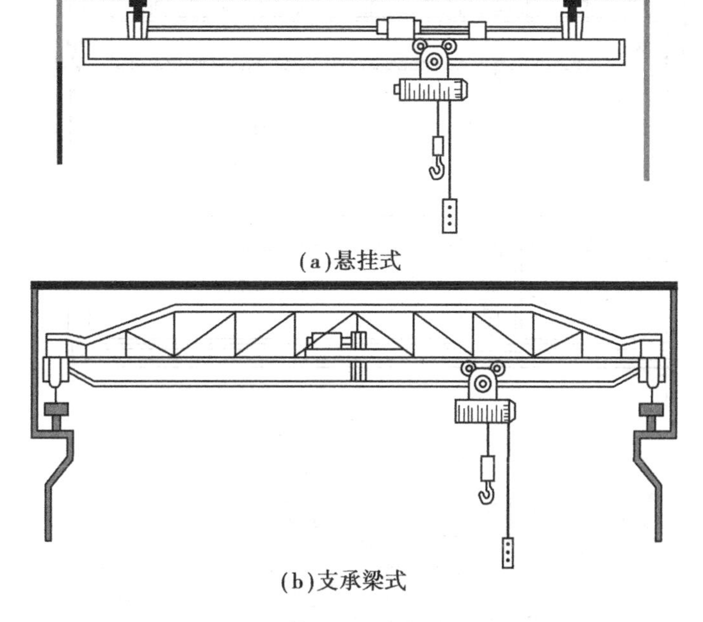

图 11.17　梁式吊车

(2)**梁式吊车**(图 11.17—图 11.19)

起重量小于 5 t。因安装形式不同,可分为悬挂式和支承式梁式吊车。悬挂式安装方式是在屋架下弦悬挂工字钢轨道,在两行工字钢轨道下翼缘上设有可移动的单梁,小车在单梁下翼缘上运行。支承式安装方式是在排架柱上设牛腿,牛腿支承吊车梁和钢轨,吊车在轨道上运行。

(3)**桥式吊车**(图 11.20、图 11.21)

起重量可从 5 t 至数千吨。安装方式是在排架柱上设牛腿,牛腿上安装吊车梁,吊车梁上安装钢轨,钢轨上设置双榀钢桥架,桥架上支承小车,吊车上设司机室。

桥式吊车根据工作的频繁程度,可分为轻、中、重级工作制。

用工时间内,吊车工作时间/工作班时间之比(用 JC 表示)或吊车工作时间/全部生产时

图 11.18　悬挂式梁式吊车

图 11.19　支承式梁式吊车

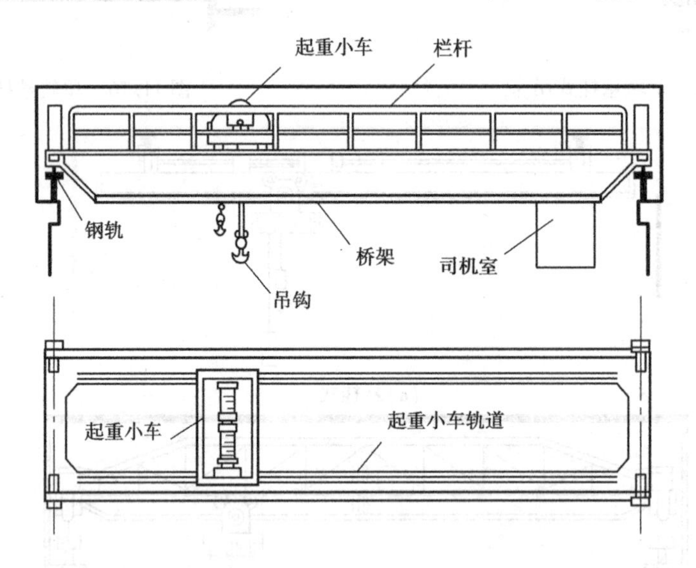

图 11.20　桥式吊车

图 11.21　桥式吊车

间之比(用 JC 表示)表示。当 JC 等于 15% ~25% 时,为轻级;当 JC 等于 25% ~40% 时,为中级;当 JC 大于 40% 时,为重级。

(4)**厂房地面运输设备**

它包括电动平板车、电瓶车、载重汽车、火车等。

知识链接

(1)**定位轴线**

单层厂房的定位轴线是确定厂房主要承重构件标志尺寸及其相互位置的基准线,也是厂房施工放线和设备安装定位的依据。厂房的定位轴线分为横向与纵向。

(2)**横向定位轴线**

横向定位轴线是与横向排架平面平行的轴线。横向定位轴线通过处是吊车梁、屋面板、连系梁、基础梁及墙板标志尺寸端部的位置。它们之间的距离,称为柱距。

(3)**纵向定位轴线**

纵向定位轴线是与横向排架平面垂直的轴线。纵向定位轴线在柱身通过处是屋架或屋面大梁标志尺寸端部的位置,也是大型屋面板边缘的位置。它们之间的距离,称为跨度。

(4)**柱网**

纵、横向定位轴线在平面上形成有规律的网格称为柱网(见图11.22)。

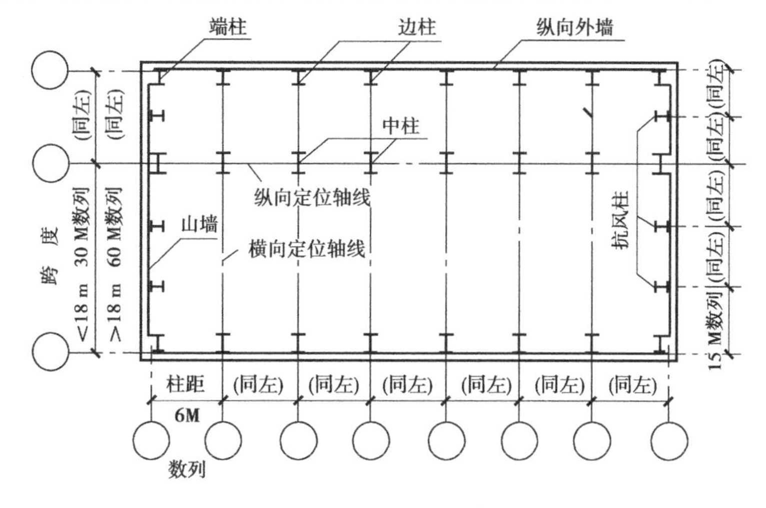

图11.22 柱网尺寸

项目小结

①工业建筑是为满足工业生产需要而建造的各种不同用途的建筑物和构筑物的总称。它在功能、结构、设备等方面有自己的特点。因为工业建筑比较复杂,根据不同的划分原则,可得到不同的类型。

②单层厂房是工业建筑常见的形式。它主要由承重构件、连系构件和围护构件组成。承重构件由基础、柱子、屋架、基础梁、吊车梁、连系梁、天窗架及支撑构件等组成。连系构件由连系梁、基础梁、吊车梁、圈梁、屋面板及支撑构件等组成。围护构件由屋面、天窗及外墙及门窗等组成。

③工业建筑结构类型常见的有混合结构、钢筋混凝土结构、钢结构等。它们各有优缺点,

根据不同的情况，选择不同的结构类型。

④厂房内部起重运输设备有单轨悬挂式吊车、梁式吊车、桥式吊车。桥式吊车根据工作的频繁程度，可分为轻、中、重级工作制。厂房地面运输设备有电动平板车、电瓶车、载重汽车、火车等。根据不同的需要，选择不同的起重运输设备以及地面运输设备。

复习思考题

1. 工业建筑的定义是什么？它有哪些特点？
2. 工业建筑设计应满足哪些要求？
3. 单层厂房是由哪些构件组成的？
4. 厂房内部常见的起重设备有哪些？

第 2 篇 建筑设计基础

项目 12 建筑设计概述

项目概述

建造房屋，从拟订计划到建成使用，通常有编制计划任务书、选择和勘测基地、设计、施工以及交付使用后的回访总结等几个阶段。设计工作又是其中比较关键的环节，它必须严格执行国家基本建设计划，并且具体贯彻建设方针和政策。通过设计这个环节，把计划中有关设计任务的文字资料，编制成表达整幢或成组房屋立体形象的全套图纸，即通常说的把业主的意图，用图纸表达出来。

项目包括建筑设计的内容和过程、建筑设计的要求和依据。

情景介绍

生活中我们能看到一幢幢的教学楼、住宅楼、商场大楼、工厂车间拔地而起，可同学们知道这些工程从立项到建成使用需要经过的程序吗？带着问题让我们去了解建筑设计的内容、过程和设计的依据。

任务12.1 建筑设计的内容和过程

任务描述

了解建筑设计的内容和过程。

任务实施

走进设计院或设计公司,参观了解设计院或设计公司工程师的工作,对建筑设计的内容和过程建立初步的认识。

任务引导

12.1.1 建筑设计的内容

房屋的设计一般包括建筑设计、结构设计和设备设计等几部分内容。

建筑设计主要是根据建设单位提供的任务书,在满足总体规划的前提下,对基地环境、建筑功能、材料设备、结构布置、建筑施工、建筑经济及建筑形象等方面做全面的综合分析,提出建筑设计方案,并将此方案绘制成建筑施工图。建筑设计包括总体设计和个体设计两个方面,一般由建筑师来完成。

结构设计是在建筑设计的基础上选择结构方案,确定结构类型,进行结构计算与结构设计,最后完成结构施工图。一般由结构工程师来完成。

设备设计包括给水排水、采暖通风、电气照明、智能、燃气及动力等专业的设计,确定其方案类型、设备选型并完成相应的设备施工图设计。一般由有关的工程师配合建筑设计来完成。

建筑设计的目的在于确定使用空间的存在形式,结构设计的目的在于确定使用空间存在的可能,设备设计的目的在于改善建筑空间的使用条件。它们之间既有分工,又相互密切配合。由于建筑设计是建筑功能、工程技术和建筑艺术的综合,因此,它必须综合考虑建筑、结构、设备等工种的要求,以及这些工种的相互联系和制约。设计人员必须贯彻执行建筑方针和政策,正确掌握建筑标准,重视调查研究和群众路线的工作方法。建筑设计还和城市建设、建筑施工、材料供应以及环境保护等部门的关系极为密切。

12.1.2 建筑设计的过程和设计阶段

由于建造房屋是一个较为复杂的物质生产过程,影响房屋设计和建造的因素又很多,因此,必须在施工前有一个完整的设计方案,综合考虑多种因素,编制出一整套设计施工图纸和文件。实践证明,遵循必要的设计程序,充分做好设计前的准备工作,划分必要的设计阶段,对提高建筑物的质量,多快好省地设计和建造房屋是极为重要的。整个设计过程也就是学习和贯彻方针政策,不断进行调查研究,合理地解决建筑物的功能、技术、经济和美观问题的过程。

建筑设计一般分为初步设计和施工图设计两个阶段,对于大型的、比较复杂的工程,也有采用3个设计阶段,即在两个设计阶段之间,还有一个技术设计阶段,用来深入解决各工种之间的协调等技术问题。

下面具体分述设计过程的各个设计阶段。

(1)**设计前的准备工作**

1)熟悉设计任务书

具体着手设计前,首先需要熟悉设计任务书,以明确建设项目的设计要求。设计任务书包括以下内容:

①建设项目总的要求和建造目的的说明。

②建筑物的具体使用要求、建筑面积以及各类用途房间之间的面积分配。

③建设项目的总投资和单方造价,并说明土建费用、房屋设备费用以及道路等室外设施费用情况。

④建设基地范围、大小,周围原有建筑、道路、地段环境的描述,并附有地形测量图。

⑤供电、供水和采暖、空调等设备方面的要求,并附有水源、电源接用许可文件。

⑥设计期限和项目的建设进程要求。

设计人员应对照有关定额指标,校核任务书中单方造价、房间使用面积等内容。在设计过程中,必须严格掌握建筑标准、用地范围、面积指标等有关限额。同时,设计人员在深入调查和分析设计任务以后,从合理解决使用功能、满足技术要求、节约投资等考虑,或从建设基地的具体条件出发,也可对任务书中一些内容提出补充或修改,但须征得建设单位的同意;涉及用地、造价、使用面积的,还须经城建部门或主管部门批准。

2)收集必要的设计原始数据

通常建设单位提出的设计任务,主要是从使用要求、建设规模、造价和建设进度方面考虑的,房屋的设计和建造,还需要收集下列有关原始数据和设计资料:

①气象资料。所在地区的温度、湿度、日照、雨雪、风向和风速,以及冻土深度等。

②基地地形及地质水文资料。基地地形标高,土壤种类及承载力,地下水位以及地震烈度等。

③水电等设备管线资料。基地地下的给水、排水、电缆等管线布置,以及基地上的架空线等供电线路情况。

④设计项目的有关定额指标。国家或所在省市地区有关设计项目的定额指标,如住宅的每户面积或每人面积定额,学校教室的面积定额,以及建筑用地、用材等指标。

3)设计前的调查研究

设计前调查研究包括以下主要内容:

①建筑物的使用要求。深入访问使用单位中有实践经验的人员,认真调查同类已建房屋的实际使用情况,通过分析和总结,对所设计房屋的使用要求,做到"心中有数"。以食堂设计为例,首先需要了解主副食品加工的作业流线,炊事员操作时对建筑布置的要求,明确餐厅的使用要求以及有无兼用功能,掌握使用单位每餐实际用膳人数,主食米、面的比例,以及燃料种类等情况,以确定家具、炊具和设备布置等要求,为具体着手设计作好准备。

②建筑材料供应和结构施工等技术条件。了解设计房屋所在地区建筑材料供应的品种、规格、价格等情况,预制混凝土制品以及门窗的种类和规格,新型建筑材料的性能、价格以及采用的可能性。结合房屋使用要求和建筑空间组合的特点,了解并分析不同结构方案的选

型,当地施工技术和起重、运输等设备条件。

③基地踏勘。根据城建部门所划定的设计房屋基地的图纸,进行现场踏勘,深入了解基地和周围环境的现状及历史沿革,核对已有资料与基地现状是否符合,如有出入给予补充或修正。从基地的地形、方位、面积和形状等条件,以及基地周围原有建筑、道路、绿化等多方面的因素,考虑拟建建筑物的位置和总平面布局的可能性。

④当地传统建筑经验和生活习惯。传统建筑中有许多结合当地地理、气候条件的设计布局和创作经验,根据拟建建筑物的具体情况,可“取其精华”,以资借鉴。同时,在建筑设计中,也要考虑到当地的生活习惯以及人们喜闻乐见的建筑形象。

4)学习有关方针政策,以及同类设计的文字、图纸资料

在设计的准备过程以及各个阶段中,设计人员都需要认真学习并贯彻有关建设方针和政策,同时也需要学习并分析有关设计项目的国内外图纸文字资料等设计经验。

(2)初步设计阶段

初步设计是建筑设计的第一阶段,它的主要任务是提出设计方案,即在已定的基地范围内,按照设计任务书所拟订的房屋使用要求,综合考虑技术经济条件和建筑艺术方面的要求,提出设计方案。

初步设计的内容包括确定建筑物的组合方式,选定所用建筑材料和结构方案,确定建筑物在基地的位置,说明设计意图,分析设计方案在技术上、经济上的合理性,并提出概算书。

初步设计的图纸和设计文件如下:

①建筑总平面。比例尺 1:500 ~ 1:2 000(建筑物在基地上的位置、标高、道路、绿化以及基地上设施的布置和说明)。

②各层平面及主要剖面、立面。比例尺 1:100 ~ 1:200(标出房屋的主要尺寸,房间的面积、高度以及门窗位置,部分室内家具和设备的布置)。

③说明书(设计方案的主要意图,主要结构方案及结构特点,以及主要技术经济指标等)。

④建筑概算书。

⑤根据设计任务的需要,可能辅以建筑透视图或建筑模型。

建筑初步设计有时可有几个方案进行比较,送审经有关部门协议并确定的方案批准下达后,这一方案便是二阶段设计时的施工准备、材料设备订货、施工图编制以及基建拨款等的依据文件。

(3)技术设计阶段

技术设计是三阶段建筑设计时的中间阶段。它的主要任务是在初步设计的基础上,进一步确定房屋各工种和工种之间的技术问题。

技术设计的内容为各工种相互提供资料、提出要求,并共同研究和协调编制拟建工程各工种的图纸和说明书,为各工种编制施工图打下基础。在三阶段设计中,经过送审并批准的技术设计图纸和说明书等,是施工图编制、主要材料设备订货以及基建拨款的依据文件。

技术设计的图纸和设计文件,要求建筑工种的图纸标明与技术工种有关的详细尺寸,并编制建筑部分的技术说明书,结构工种应有房屋结构布置方案图,并附初步计算说明,设备工种也应提供相应的设备图纸及说明书。

对于不太复杂的工程,技术设计阶段可以省略,把这个阶段的一部分工作纳入初步设计

阶段,称为“扩大初步设计”;另一部分工作则留待施工图设计阶段进行。

(4)**施工图设计阶段**

施工图设计是建筑设计的最后阶段。它的主要任务是满足施工要求,即在初步设计或技术设计的基础上,综合建筑、结构、设备各工种,相互交底、核实核对,深入了解材料供应、施工技术、设备等条件,把满足工程施工的各项具体要求反映在图纸中,做到整套图纸齐全统一,明确无误。

施工图设计的内容包括确定全部工程尺寸和用料,绘制建筑、结构、设备等全部施工图纸,编制工程说明书、结构计算书和预算书。

施工图设计的图纸及设计文件如下:

①建筑总平面。比例尺1∶500(建筑基地范围较大时,也可用1∶1 000,1∶2 000,应详细标明基地上建筑物、道路、设施等所在位置的尺寸、标高,并附说明)。

②各层建筑平面、各个立面及必要的剖面。比例尺1∶100～1∶200。

③建筑构造节点详图。根据需要可采用1∶1,1∶5,1∶10,1∶20等比例尺(主要为檐口、墙身和各构件的连接点,楼梯、门窗以及各部分的装饰大样等)。

④各工种相应配套的施工图。如基础平面图和基础详图、楼板及屋顶平面图和详图,结构构造节点详图等结构施工图。给排水、电器照明以及暖气或空气调节等设备施工图。

⑤建筑、结构及设备等的说明书。

⑥结构及设备的计算书。

⑦工程预算书。

任务12.2　建筑设计的要求和依据

任务描述

了解建筑设计的要求和依据。

任务实施

走进设计院或设计公司,参观了解设计院或设计公司工程师的工作,对建筑设计的要求和依据建立初步的认识。

任务引导

12.2.1　建筑设计的要求

建筑房屋的主要目的是满足人们居住、教育、办公、文化和娱乐等使用要求,满足物质和精神的需求,同时建筑物首先保障人身安全,保障人体健康的卫生条件,不影响公众利益,不破坏周围环境,同时还要符合节约能源等基本国策。

建筑设计要满足下面的要求。

(1)**满足建筑功能要求**

满足建筑物的功能要求,为人们生产和生活活动创造良好的环境,是建筑设计的首要任务。例如,设计学校,首先考虑满足教学活动的需要,教室设置应分班合理,采光通风良好,同时还要合理安排教师备课、办公、贮藏及厕所等行政管理和辅助用房，并配置良好的体育场和室外活动场地等。

(2)采用合理的技术措施

正确选用建筑材料，根据建筑空间组合的特点，选择合理的结构、施工方案，使房屋坚固耐久、建造方便。例如，近年来我国设计建造的一些覆盖面积较大的体育馆，由于屋顶采用钢网架空间结构和整体提升的施工方法，既节省了建筑物的用钢量，也缩短了施工期限。

(3)具有良好的经济效果

建造房屋是一个复杂的物质生产过程，需要大量人力、物力和资金，在房屋的设计和建造中，要因地制宜、就地取材，尽量做到节省劳动力、节约建筑材料和资金。设计和建造房屋要有周密的计划和核算，重视经济领域的客观规律，讲究经济效果。房屋设计的使用要求和技术措施，要和相应的造价、建筑标准统一起来。

(4)考虑建筑美观要求

建筑物是社会的物质和文化财富，它在满足使用要求的同时，还需要考虑人们对建筑物在美观方面的要求，考虑建筑物所赋予人们在精神上的感受。建筑设计要努力创造具有我国时代精神的建筑空间组合与建筑形象。历史上创造的具有时代印记和特色的各种建筑形象，往往是一个国家、一个民族文化传统宝库中的重要组成部分。

(5)符合总体规划要求

单体建筑是总体规划中的组成部分，单体建筑应符合总体规划提出的要求。建筑物的设计，还要充分考虑和周围环境的关系。例如，原有建筑的状况，道路的走向，基地面积大小以及绿化等方面和拟建建筑物的关系。新设计的单体建筑，应使所在基地形成协调的室外空间组合、良好的室外环境。

12.2.2 建筑设计的依据

建筑设计的主要依据是人体尺寸和人体活动所需的空间尺度，家具、设备要求的空间，气象条件和地形、地质、水文及地震烈度。

(1)人体尺度和人体活动所需的空间尺度(见图12.1)

房屋是供人使用的，它的空间必须满足人们居住、学习、活动和精神上的各种使用功能要求，有恰当的尺寸和尺度。

建筑物中家具、设备的尺寸，踏步、窗台、栏杆的高度，门洞、走廊、楼梯的宽度和高度，以至各类房间的高度和面积大小，都和人体尺度以及人体活动所需的空间尺度直接或间接有关。因此，人体尺度和人体活动所需的空间尺度是确定建筑空间的基本依据之一。我国成年男子和女子的平均高度分别为1 670 mm和1 560 mm。

近年来，在建筑设计中日益重视人体工程学的运用，人体工程学是运用人体计测、生理心理计测和生物力学等研究方法，综合地进行人体结构、功能、心理等问题的研究，用以解决人与物、人与外界环境之间的协调关系并提高效能。建筑设计中，人体工程学的运用将使确定空间范围始终以人的生理、心理需求为研究中心，使空间范围的确定具有定量计测的科学依据。

(2)家具、设备的尺寸和使用它们的必要空间

家具、设备的尺寸，以及人们在使用家具和设备时，在它们近旁必要的活动空间，是考虑

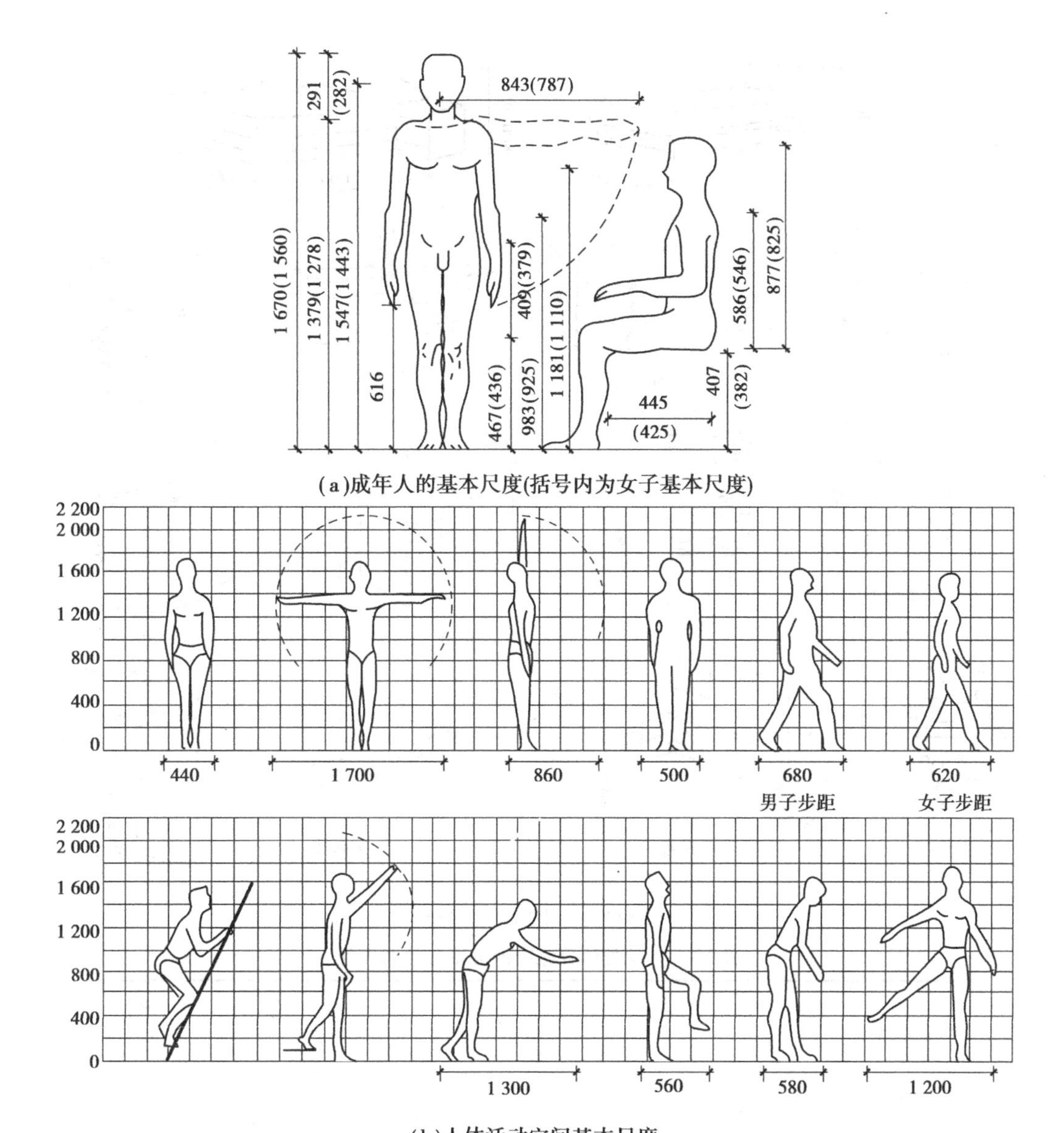

(a)成年人的基本尺度(括号内为女子基本尺度)

(b)人体活动空间基本尺度

图 12.1　人体尺度和人体活动所需的空间尺度

房间内部使用面积的重要依据。常用家具尺寸如图 12.2 所示。

(3)**温度、湿度、日照、雨雪、风向、风速等气候条件**

气候条件对建筑物的设计有较大影响。例如,湿热地区,房屋设计要很好考虑隔热、通风和遮阳等问题;干冷地区,通常又希望把房屋的体型尽可能设计得紧凑一些,以减少外围护面的散热,有利于室内采暖、保温。

日照和主导风向,通常是确定房屋朝向和间距的主要因素。风速是高层建筑、电视塔等设计中考虑结构布置和建筑体型的重要因素。雨雪量的多少对屋顶形式和构造也有一定影响。在设计前,需要收集当地上述有关的气象资料,作为设计的依据。我国部分城市的最冷最热月份气温见表 12.1。

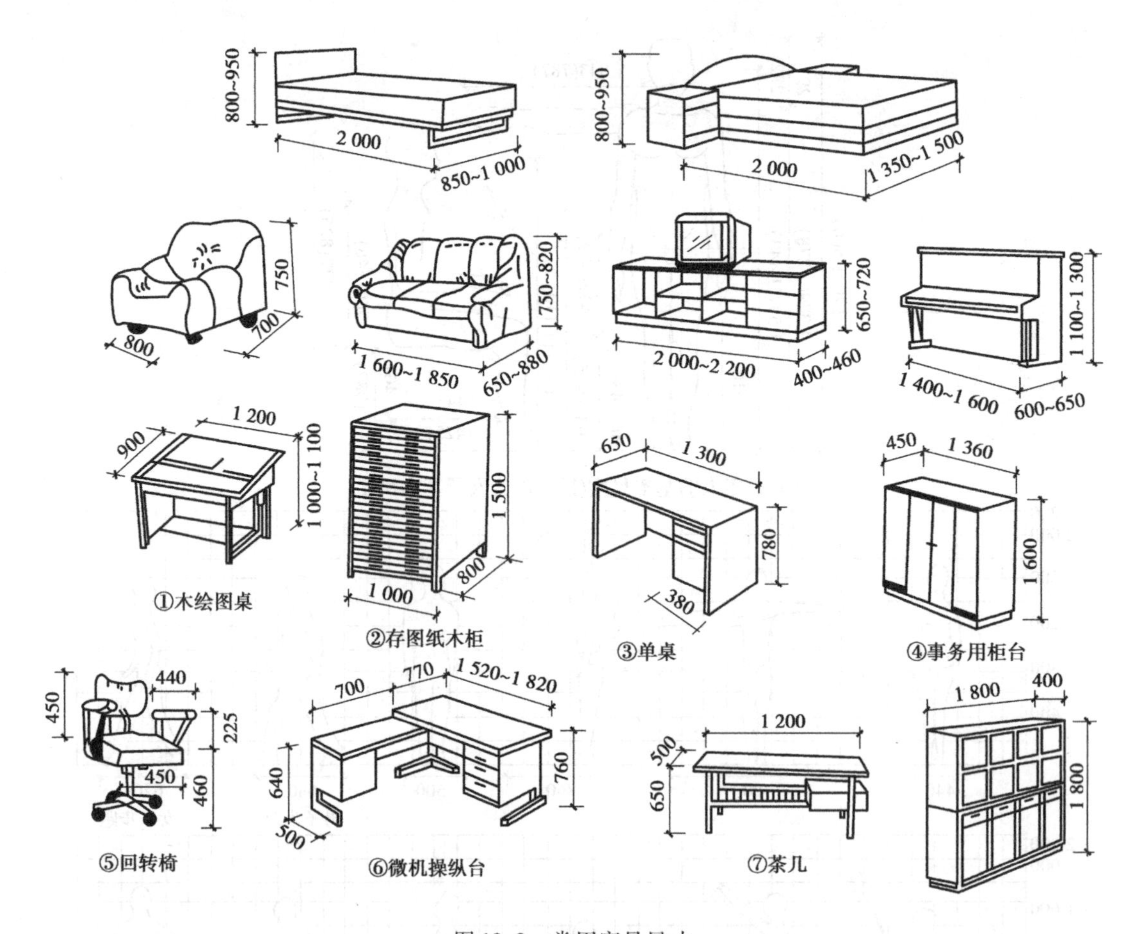

图 12.2　常用家具尺寸

表 12.1　我国部分城市的最冷最热月气温

城市名称	最冷月平均 /℃	最热月平均 /℃	城市名称	最冷月平均 /℃	最热月平均 /℃
北京	-4.8	25.8	汉口	3.4	28.6
哈尔滨	-19.7	22.9	长沙	4.2	29.6
乌鲁木齐	-16.1	23.2	重庆	7.4	28.5
天津	-4.7	26.5	福州	10.6	28.7
西安	-1.7	27.3	广州	13.7	28.3
上海	3.5	28.0	南宁	13.5	29.0

如图 12.3 所示为我国部分城市的风向频率玫瑰图。图 12.3 中，粗实线部分表示全年风向频率，虚线部分表示夏季风向频率。风向是指由外吹向地区中心。风向频率玫瑰图（简称风玫瑰图）是依据该地区多年来统计的各个方向吹风的平均日数的百分数按比例绘制而成，一般用 16 个罗盘方位表示。

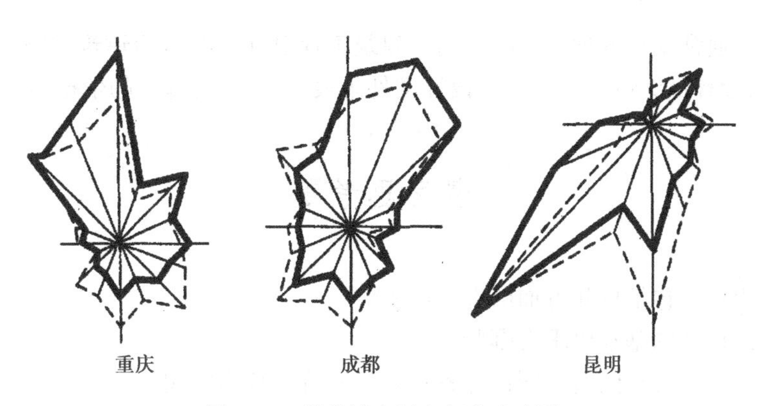

图 12.3　部分城市风向频率玫瑰图

(4)地形、地质条件和地震烈度

基地地形的平缓或起伏,基地的地质构成、土壤特性和地耐力的大小,对建筑物的平面组合、结构布置和建筑体型都有明显的影响。坡度较陡的地形,常使房屋结合地形错层建造,复杂的地质条件,要求房屋的构成和基础的设置采取相应的结构构造措施。

地震烈度表示地面及房屋建筑遭受地震破坏的程度。在烈度 6 度及 6 度以下地区,地震对建筑物的损坏影响较小。9 度以上的地区,由于地震过于强烈,从经济因素及耗用材料考虑,除特殊情况外,一般应尽可能避免在这些地区建设。房屋抗震设防的重点,是针对 7,8,9 度地震烈度的地区。

地震区的房屋设计,主要应考虑以下 4 个方面:

①选择对抗震有利的场地和地基。例如,应选择地势平坦、较为开阔的场地,避免在陡坡、深沟、峡谷地带,以及处于断层上下的地段建造房屋。

②房屋设计的体型,应尽可能规整,简洁,避免在建筑平面及体型上的凹凸。例如,住宅设计中,地震区应避免采用突出的楼梯间等。

③采取必要的加强房屋整体性的构造措施,不做或少做地震时容易倒塌或脱落的建筑附属物,如女儿墙、附加的花饰等须作加固处理。

④从材料选用和构造做法上尽可能减轻建筑物的自重,特别需要减轻屋顶和围护墙的质量。

(5)建筑模数和模数制

为了建筑设计、构件生产以及施工等方面的尺寸协调,从而提高建筑工业化的水平,降低造价并提高房屋设计和建造的质量和速度,建筑设计应采用国家规定的建筑统一模数制。

项目小结

①建筑设计对房屋建造具有十分重要的影响,从事建筑设计、施工的专业技术人员都应当掌握或了解建筑设计的相关知识和规定。

②建筑设计是复杂的系统工程,设计之前的调查研究非常重要。建筑工程的设计需要有关专业的密切配合。

③建筑设计通常受到各种因素的制约。建筑工程设计一般包括建筑、结构和设备 3 个方面的设计内容,设计最终以一套完整的设计文件来表达,以作为施工的依据。

复习思考题

1. 建筑工程设计包括哪几方面的设计内容?
2. 民用建筑设计的基本要求有哪些?
3. 初步设计、技术设计、施工图设计各自要解决哪些技术问题?
4. 建筑设计的主要依据是什么?

项目 13 民用建筑设计原理

项目概述

建筑是三维的立体空间,平面、立面、剖面就是建筑空间在不同方向的投影,这几个面之间是有机联系的。建筑设计就是将二维的平、立、剖面综合在一起,用来表达建筑物三维空间的相互关系及整体效果。在进行建筑方案设计时,总是先从平面入手,同时认真分析剖面及立面的可能性和合理性及其对平面设计的影响,只有综合考虑平、立、剖三者的关系,按完整的三维空间概念去进行设计,才能完成一个好的建筑设计。

项目包括建筑平面设计、建筑剖面设计、建筑体型和立面设计。

情景介绍

当我们要着手进行一幢教学楼、学生宿舍楼、单元住宅楼或其他功能的建筑设计时,需要掌握的规律和原则是什么? 如何进行建筑的设计? 让我们在这一项目的学习中找寻答案。

任务 13.1 建筑平面设计

任务描述

掌握建筑平面设计的一般规律和原则。

任务实施

从一套相对简单的实际工程图纸入手,了解建筑平面设计的内容及表达方法。

任务引导

13.1.1 建筑平面设计的内容

建筑平面设计是根据建筑的功能要求确定各房间合理的面积、形状,门窗的大小、位置及各部位的尺寸;满足日照、采光、通风、保温、隔热、隔声、防潮、防水、防火、节能等方面的要求;确保平面组合合理,功能分区明确;同时兼顾结构及施工的可行性。

各类民用建筑的平面主要由使用部分、交通联系部分和建筑结构部分组成。使用部分是指各类建筑物中的使用房间和辅助房间,它是人们建造房屋的目的所在,也是平面设计中应重点做好的工作。交通联系部分是建筑物中各房间之间、楼层之间和室内与室外之间联系的空间,它承担平时交通和紧急情况下的疏散任务,在设计时应慎重对待。建筑结构构件具有承重、围护和分隔的作用,是建筑平面的重要组成部分。

建筑平面设计包括单个房间平面设计及平面组合设计。

单个房间设计是在整体建筑合理而适用的基础上,确定房间的面积、形状、尺寸以及门窗的大小和位置。

平面组合设计是根据各类建筑功能要求,抓住使用房间、辅助房间、交通联系部分的相互关系,结合基地环境及其他条件,采取不同的组合方式将各单个房间合理地组合起来。

如图13.1所示为某住宅平面示意图。

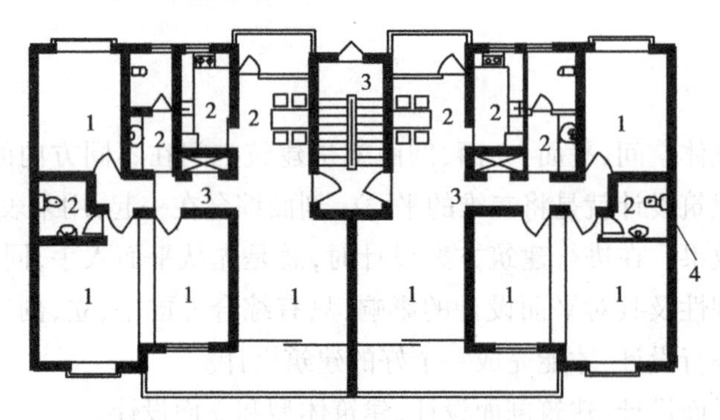

图13.1　住宅单元平面面积的组成部分

1—使用部分(主要房间);2—使用部分(辅助房间);3—交通部分;4—结构部分

13.1.2　使用部分的平面设计

(1)使用房间的设计

1)房间面积

房间的面积可由以下3部分组成:家具和设备所占用的面积;人们使用家具设备及活动所需的面积;房间内部的交通面积。

影响房间面积大小的因素如下:

①容纳人数

在实际工作中,房间面积的确定主要是依据我国有关部门及各地区制订的面积定额指标。应当指出:每人所需的面积除面积定额指标外,还需通过调查研究并结合建筑物的标准综合考虑。表13.1是部分民用建筑房间面积定额参考指标。

有些建筑的房间面积指标未作规定,使用人数也不固定,如展览室、营业厅等。这就要求设计人员根据设计任务书的要求,对同类型、规模相近的建筑物调查研究,通过分析比较得出合理的房间面积。

表 13.1　部分民用建筑房间面积定额参考指标

建筑类型 \ 项目	房间名称	面积定额/($m^2 \cdot 人^{-1}$)	备　注
中小学	普通教室	1～1.36	小学取下限
办公楼	一般办公室	3.5	不包括走道
	会议室	0.5	无会议桌
		2.3	有会议桌
铁路旅客站	普通候车室	1.1～1.3	
图书馆	普通阅览室	1.8～2.5	4～6 座双面阅览桌

②家具设备及人们使用活动面积

如图 13.2 所示为一卧室和教室室内使用面积分析示意图。

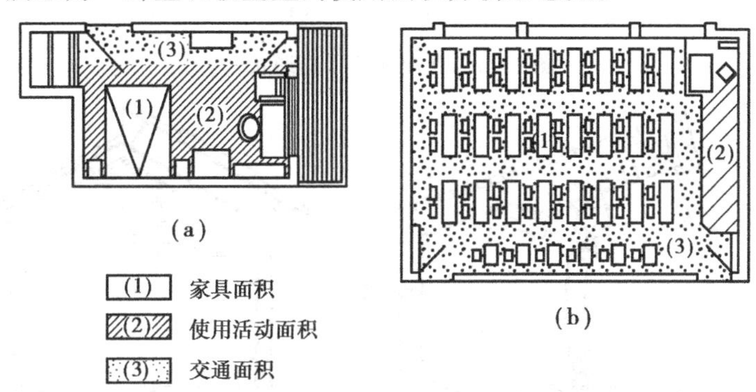

图 13.2　房间使用面积分析图

2)房间形状

民用建筑常见的房间形状有矩形、方形、多边形、圆形及扇形等。如图 13.3 所示为教室平面形状。

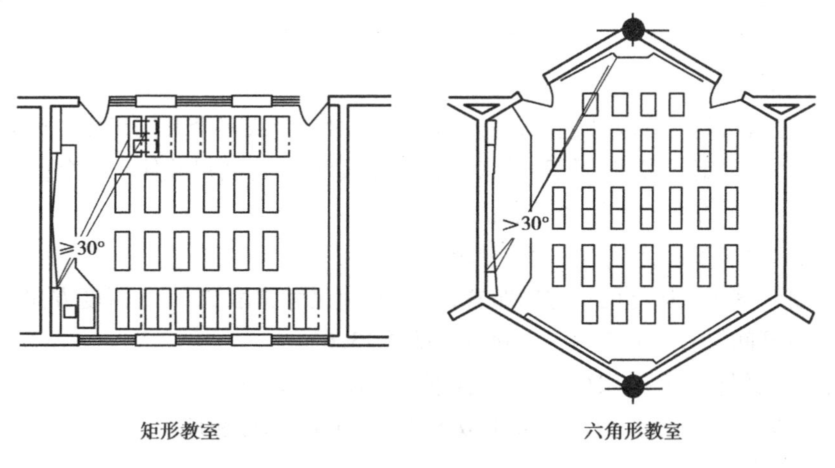

图 13.3　教室平面形状

绝大多数的民用建筑房间形状常采用矩形。

对于一些单层大空间如观众厅、杂技场、体育馆等房间,它的形状则首先应满足这类建筑的特殊功能及视听要求,如图 13.4 所示为观众厅平面形状。

有的公共建筑由于结构、功能、视线、音质、建筑艺术等要求,把房间设计成各种形状,如图 13.5 所示为哈尔滨市黑天鹅电影院和北京市地坛体育馆。

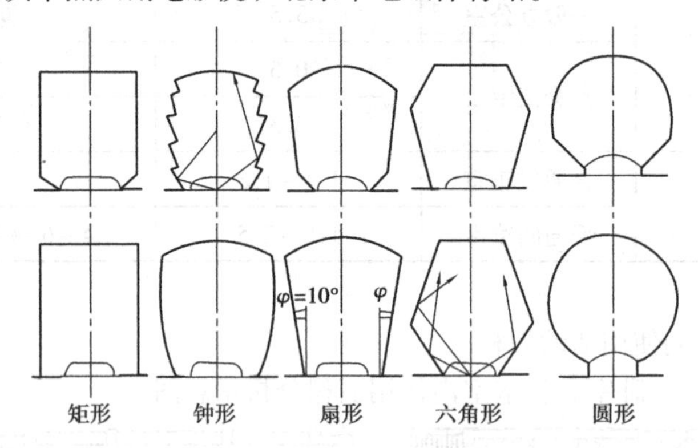

图 13.4 观众厅的平面形状

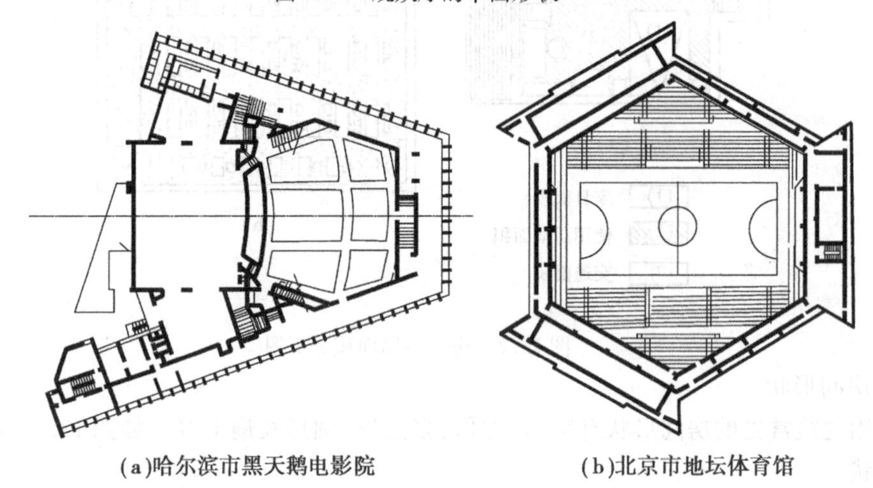

图 13.5 特殊平面形状的房间

3)房间平面尺寸

房间尺寸是指房间的开间和进深,而开间常常是由一个或多个开间组成。开间和进深指房间轴线尺寸。在确定了房间面积和形状之后,确定合适的房间尺寸便是一个重要问题了。

一般从以下 5 个方面进行综合考虑:

①满足家具设备布置及人们活动的要求

例如,主要卧室要求床能两个方向布置,因此开间尺寸常取 3.6 m,深度方向常取3.90 ~ 4.50 m;小卧室开间尺寸常取 2.70 ~ 3.00 m(见图 13.6)。

医院病房主要是满足病床的布置及医护活动的要求,3 ~ 4 人的病房开间尺寸常取 3.30 ~ 3.60 m,6 ~ 8 人的病房开间尺寸常取 5.70 ~ 6.00 m(见图 13.7)。

②满足视听要求

有的房间如教室、会堂、观众厅等的平面尺寸除满足家具设备布置及人们活动要求外,还

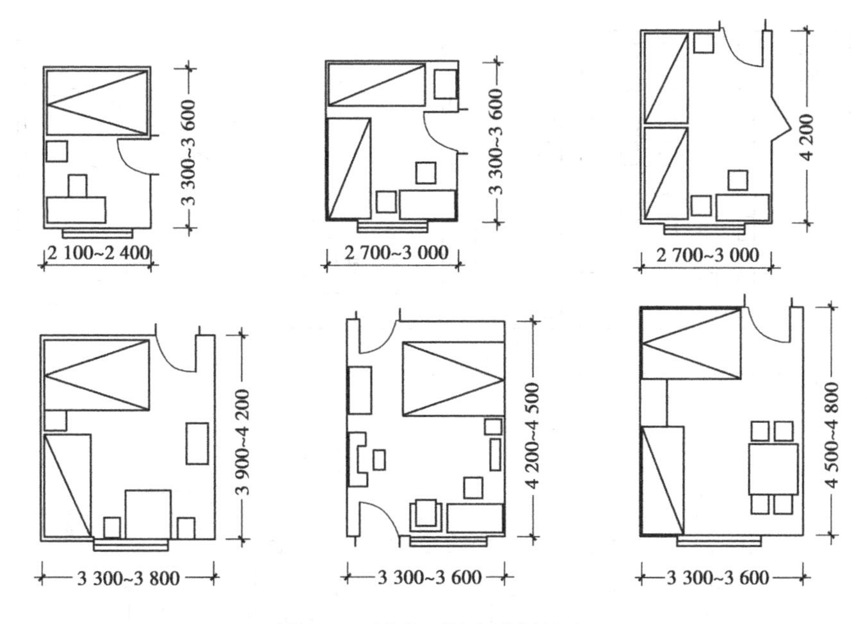

图 13.6　卧室开间和进深尺寸

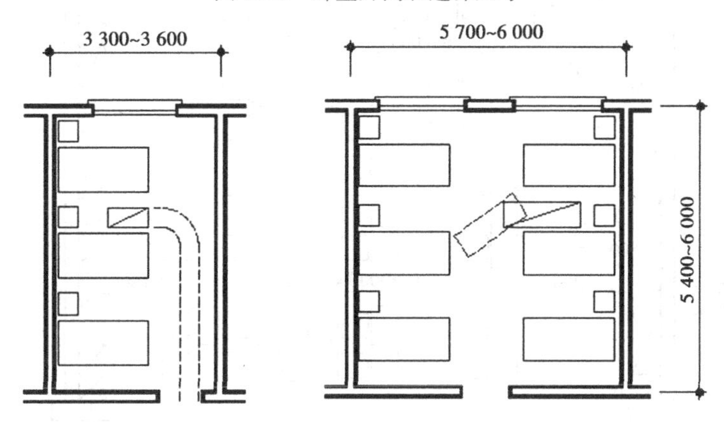

图 13.7　病房开间和进深尺寸

应保证有良好的视听条件。

从视听的功能考虑，教室的平面尺寸应满足以下的要求：第一排座位距黑板的距离≥2.500 m；后排距黑板的距离不宜大于 8.00 m；为避免学生过于斜视，水平视角应≥30°。如中小学教室平面尺寸常取 6.00 m×9.00 m，6.60 m×9.00 m，6.90 m×9.00 m 等（见图 13.8）。

③良好的天然采光

一般房间多采用单侧或双侧采光，因此，房间的深度常受到采光的限制。一般单侧采光时进深不大于窗上口至地面距离的 2 倍；双侧采光时进深可较单侧采光时增大 1 倍（见图 13.9）。

④经济合理的结构布置

砖混结构较经济的开间尺寸是不大于 4.00 m，钢筋混凝土结构梁较经济的跨度是不大于 9.00 m。对于由多个开间组成的大房间，如教室、会议室、餐厅等，应尽量统一开间尺寸，减少构件类型。

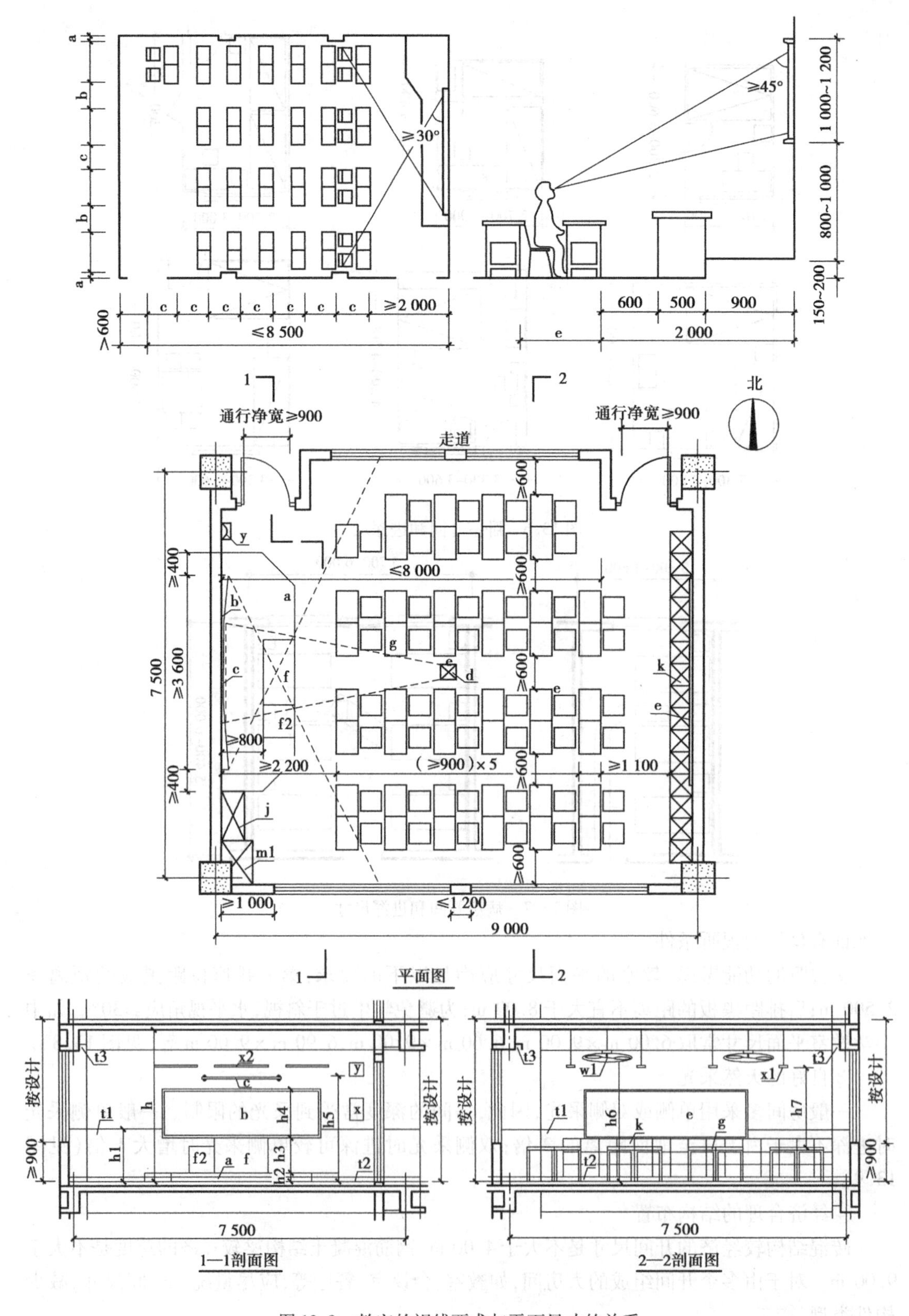

图 13.8 教室的视线要求与平面尺寸的关系

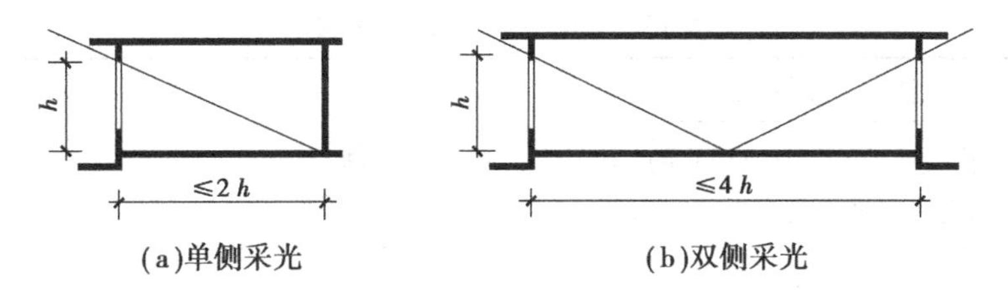

图13.9 采光方式与进深的关系

⑤符合建筑模数协调统一标准

为提高建筑工业化水平,必须统一构件类型,减少规格,这就需要在房间开间和进深上采用统一的模数。按照建筑模数协调统一标准,房间尺寸一般以300 mm为模数。例如,办公楼、宿舍、旅馆等以小空间为主的建筑,其开间尺寸常取3.3,3.6 m,住宅楼梯间的开间尺寸常取2.4,2.7 m等。

4)房间的门窗设置

①门的宽度及数量

门的主要作用是联系和分隔室内外空间,有时也兼作通风、采光用。在建筑平面设计中,主要应解决门的宽度、数量、位置和开启方式等问题。

建筑平面图中所标注的门宽是指门洞口的宽度,门宽不超过1 m时宜以1M为模数,超过1 m时宜以3M为模数。门的通行宽度指门的净宽,即两侧门框内缘之间的水平距离。

门的宽度主要取决于人流量和家具设备的尺寸以及防火要求等因素。一般单股人流通行最小宽度取550 mm,一个人侧身通行需要300 mm宽。因此,门的最小宽度一般为700 mm,常用于住宅中的厕所、浴室。住宅中卧室、厨房、阳台的门应考虑一人携带物品通行,卧室常取900 mm,厨房可取800 mm。普通教室、办公室等的门应考虑一人正面通行,另一人侧身通行,常采用1 000 mm。双扇门的宽度可为1 200 ~1 800 mm,四扇门的宽度可为2 400 ~3 600 mm。

按照《建筑设计防火规范》的要求,当房间使用人数超过50人,面积超过60 m^2 时,至少需设两个门。影剧院、礼堂的观众厅、体育馆的比赛大厅等,门的总宽度可按每100人或600 mm/100人宽(根据规范估计值)计算。影剧院、礼堂的观众厅,按≤250人/安全出口,人数超过2 000人时,超过部分按≤400人/安全出口;体育馆按≤400 ~700人/安全出口,规模小的按下限值取。

为便于开启,门扇的宽度通常在1 000 mm以内。门的宽度不超过1 000 mm时,一般采用单扇门;1 200 ~1 800 mm时,一般采用双扇门;超过1 800 mm时,一般不少于四扇门。

②窗的面积

窗口面积大小主要根据房间的使用要求、房间面积及当地日照情况等因素来考虑。根据不同房间的使用要求,建筑采光标准分为5级,每级规定相应的窗地面积比,即房间窗口总面积与地面积的比值。民用建筑采光等级见表13.2。

表 13.2　民用建筑采光等级表

采光等级	视觉工作特征		房间名称	窗地面积比
	工作或活动要求精确程度	要求识别的最小尺寸/mm		
Ⅰ	极精密	0.2	绘图室、制图室、画廊、手术室	1/5～1/3
Ⅱ	精密	0.2～1	阅览室、医务室、健身房、专业实验室	1/6～1/4
Ⅲ	中精密	1～10	办公室、会议室、营业厅	1/8～1/6
Ⅳ	粗糙	>10	观众厅、居室、盥洗室、厕所	1/10～1/8
Ⅴ	极粗糙	不作规定	贮藏室、走廊、楼梯间	

③门窗位置

门窗位置应尽量使墙面完整，便于家具设备布置和充分利用室内有效面积，有利于采光、通风，方便交通，利于疏散（见图 13.10）。

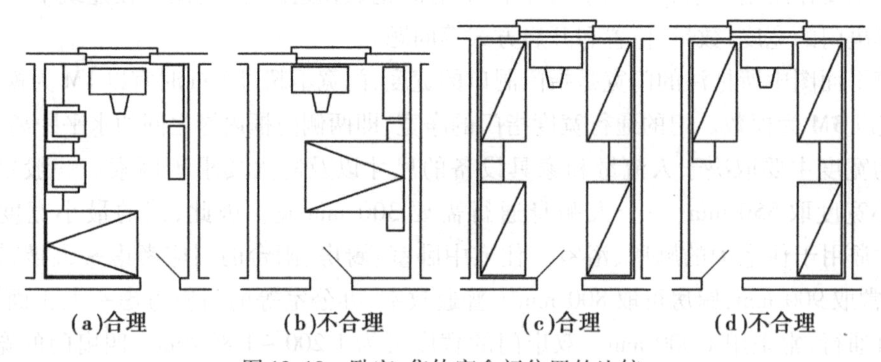

图 13.10　卧室、集体宿舍门位置的比较

④门的开启方向

门的开启方向应不影响交通，便于安全疏散，防止紧靠在一起的门扇相互碰撞（见图 13.11）。

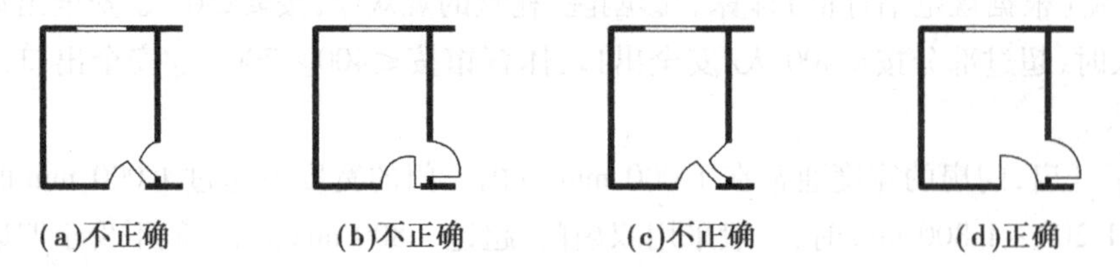

图 13.11　门的开启方向对房间使用的影响

(2)辅助房间的设计

1)厕所

①厕所设备及数量

卫生设备的选用根据建筑性质、规模、建筑标准、生活习惯不同而有所区别。

厕所卫生设备通常包括（见图 13.12）：

a. 大便器。大便器有蹲式大便器和坐式大便器两种。

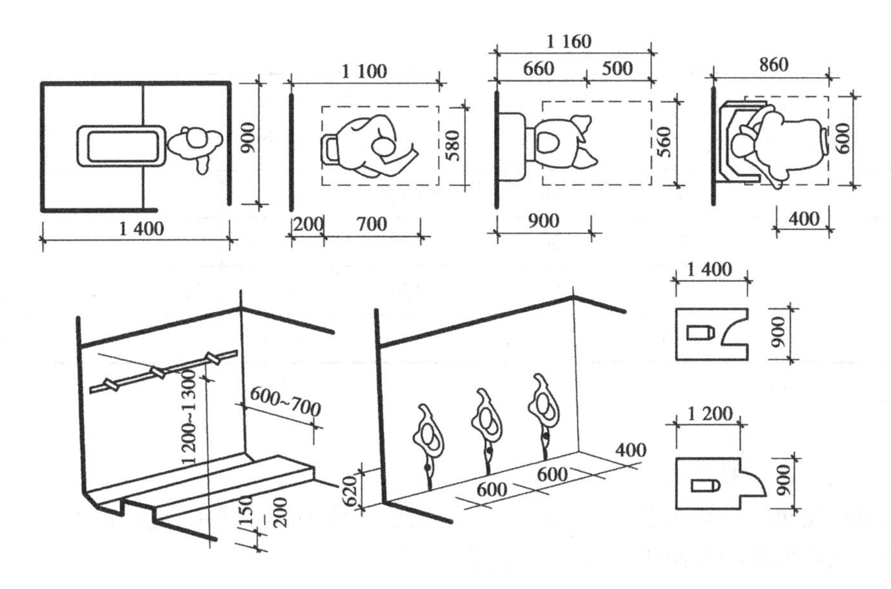

图 13.12　厕所设备

b. 小便器。小便器小有小便斗和小便槽两种。

c. 洗手盆和污水池。洗手盆和污水池是厕所中常设的设备。

如图 13.13 所示为厕所设备的组合尺寸。

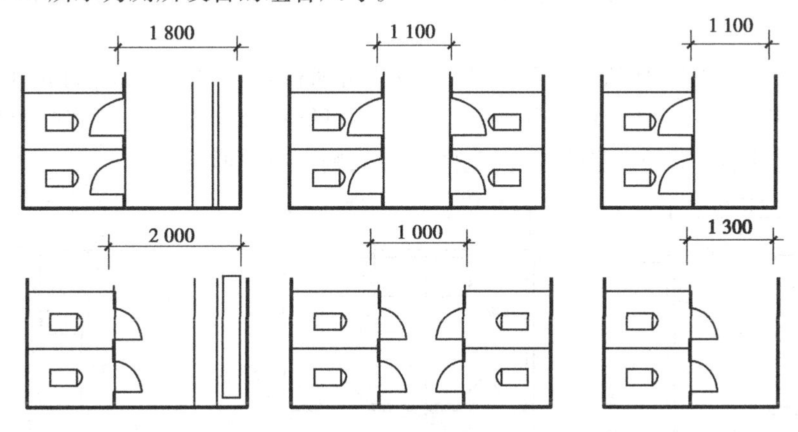

图 13.13　厕所设备组合尺寸

卫生设备的数量及小便槽的长度主要取决于使用人数、使用对象、使用特点。一般民用建筑每一个卫生器具可供使用的人数参考表 13.3。具体设计中可按此表并结合调查研究最后确定其数量。

表 13.3　部分民用建筑厕所设备数量参考指标

建筑类型	男小便器/(人·个$^{-1}$)	男大便器/(人·个$^{-1}$)	女大便器/(人·个$^{-1}$)	洗手盆或龙头/(人·个$^{-1}$)	男女比例	备　注
旅馆	20	20	12			男女比例按设计要求
宿舍	20	20	15	15		男女比例按实际使用情况
中小学	40	40	25	100	1:1	小学数量应稍多
火车站	80	80	50	150	2:1	

续表

建筑类型	男小便器/(人·个$^{-1}$)	男大便器/(人·个$^{-1}$)	女大便器/(人·个$^{-1}$)	洗手盆或龙头/(人·个$^{-1}$)	男女比例	备　注
办公楼	50	50	30	50~80	3:1~5:1	
影剧院	35	75	50	140	2:1~3:1	
门诊部	50	100	50	150	1:1	总人数按全日门诊人次计算
幼托		5~10	5~10	2~5	1:1	

注:一个小便器折合0.6 m长小便槽。

②厕所设计的一般要求

a.厕所在建筑物中常处于人流交通线上,与走道及楼梯间相联系,应设前室,以前室作为公共交通空间和厕所的缓冲地,并使厕所隐蔽一些。

b.大量人群使用的厕所,应有良好的天然采光与通风。少数人使用的厕所允许间接采光,但必须有抽风设施。

c.厕所位置应有利于节省管道,减少立管并靠近室外给排水管道。同层平面中男、女厕所最好并排布置,避免管道分散。多层建筑中应尽可能把厕所布置在上下相对应的位置。

③厕所布置

应设前室,带前室的厕所有利于隐蔽,可以改善通往厕所的走道和过厅的卫生条件。前室的深度应不小于1.5~2.0 m。当厕所面积小,不可能布置前室时,应注意门的开启方向,务必使厕所蹲位及小便器处于隐蔽位置(见图13.14,厕所布置形式)。

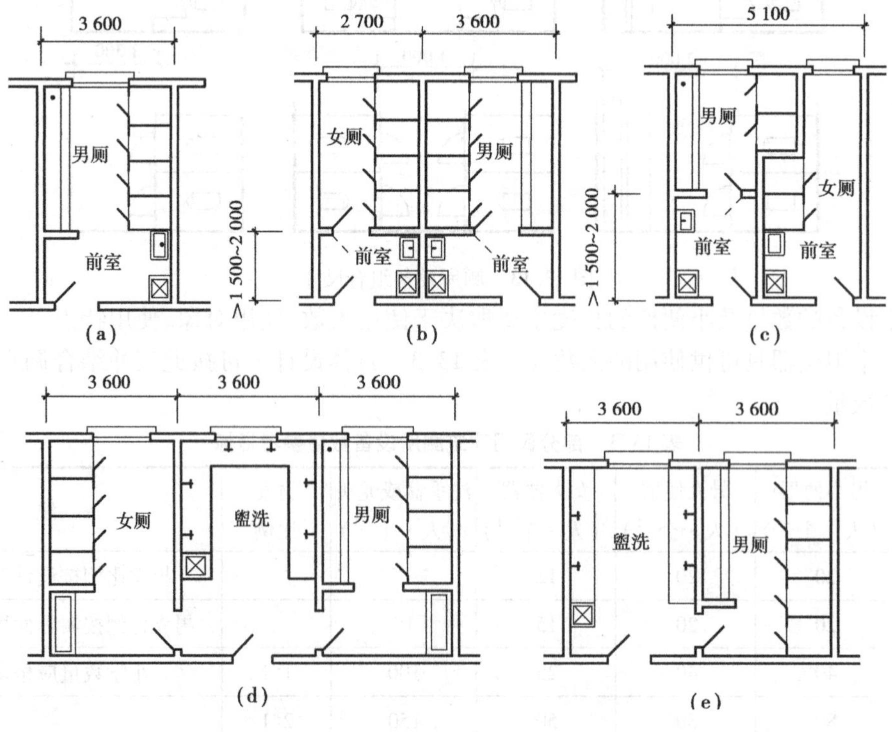

图13.14　厕所布置形式

2)浴室、盥洗室

浴室和盥洗室的主要设备有洗脸盆、污水池、淋浴器,有的设置浴盆等。除此以外,公共浴室还有更衣室,其中主要设备有挂衣钩、衣柜、更衣凳等。设计时,可根据使用人数确定卫生器具的数量,同时结合设备尺寸及人体活动所需的空间尺寸进行布置。如图 13.15 所示为淋浴设备及组合尺寸,如图 13.16 所示为面盆、浴盆设备及组合尺寸。

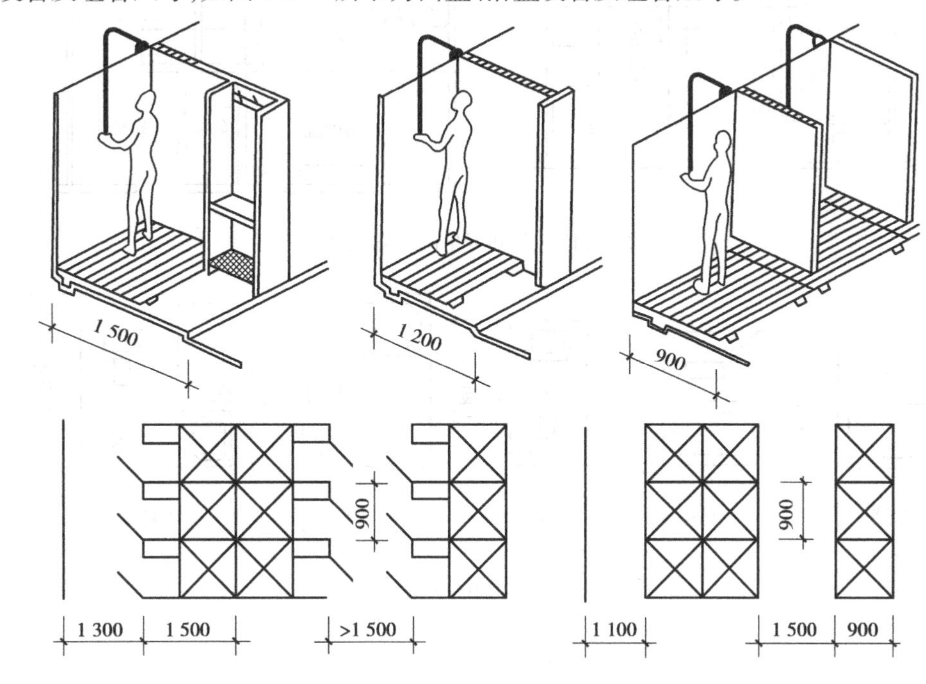

图 13.15　淋浴设备及组合尺寸

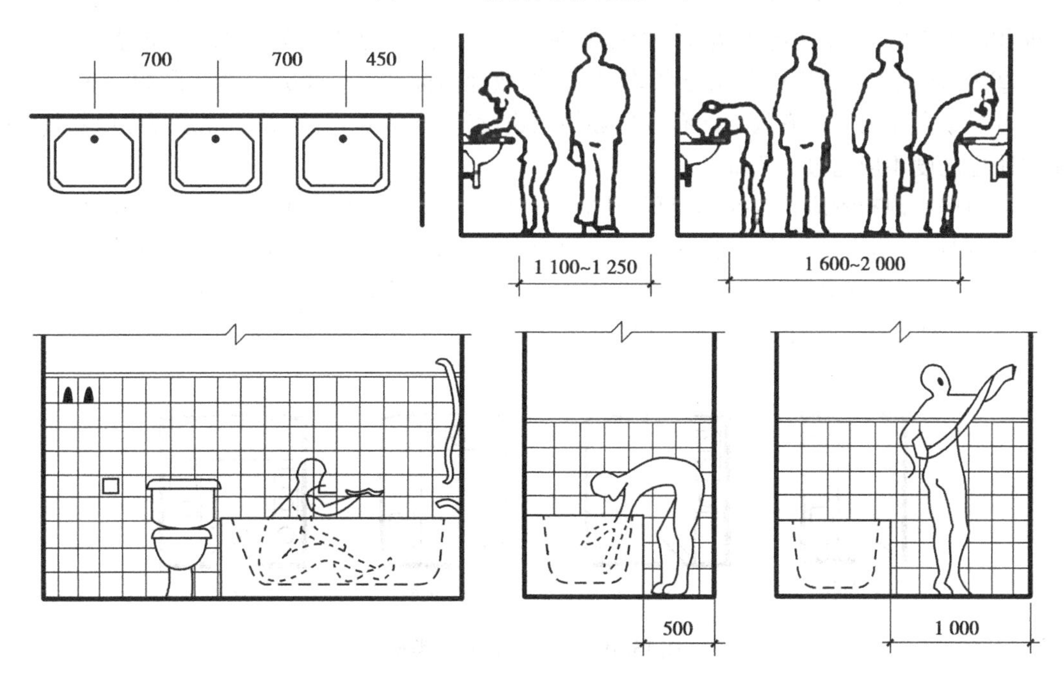

图 13.16　面盆、浴盆设备及组合尺寸

浴室、盥洗室常与厕所布置在一起，称为卫生间，按使用对象不同，卫生间又可分为专用卫生间及公共卫生间。如图 13.17 所示为公共卫生间布置实例，如图 13.18 所示为专用卫生间布置实例。

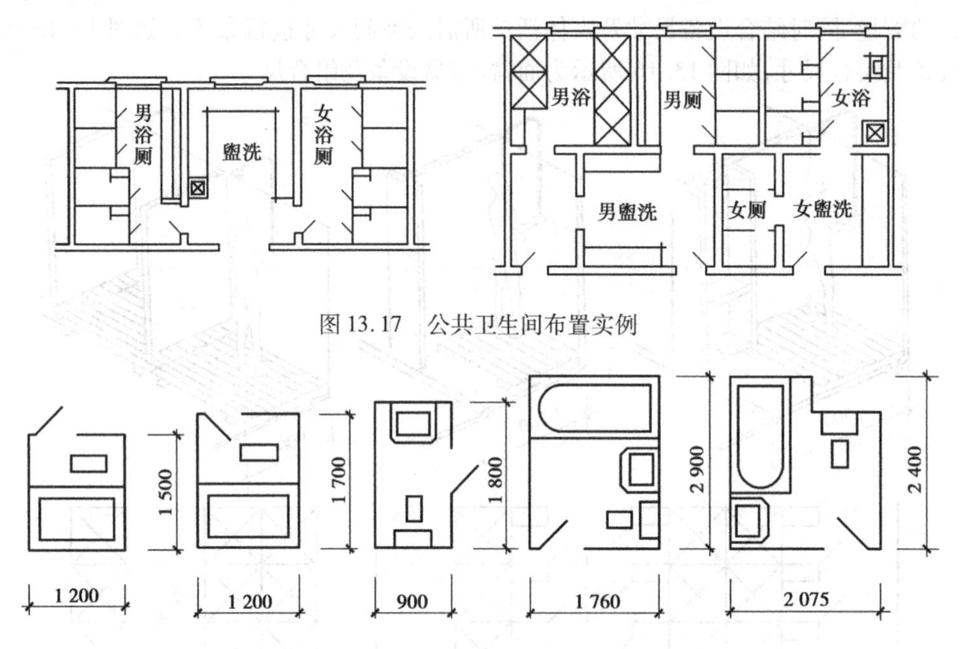

图 13.17　公共卫生间布置实例

图 13.18　专用卫生间布置实例

3）厨房

厨房设计应满足以下 4 个方面的要求：

①厨房应有外窗或开向走廊的窗户，窗地比不应小于 1/7，通风开口面积不应小于房间地面面积的 1/10，并不得小于 0.8 m^2，炉灶上部应设排除油烟的设备或预留设备位置。

②厨房的墙面、地面应考虑防水、便于清洁，故地面标高比一般房间地面低 20 ~ 30 mm。

③尽量利用厨房的有效空间布置足够的贮藏设施，如壁龛、吊柜等。为方便存取物件，吊柜底距地高度不应超过 1.7 m。

④厨房室内布置应符合操作流程，其形式有单排、双排、L 形及 U 形（见图 13.19）。单面布置设备时，厨房净宽不应小于 1.4 m，双面布置设备时，厨房净宽不应小于 1.7 m。采用管道煤气、液化石油气为燃料的厨房面积不应小于 3.5 m^2；以加工煤为燃料的厨房面积不应小于 4 m^2；以原煤为燃料的厨房面积不应小于 4.5 m^2；以薪柴为燃料的厨房面积不应小于5.5 m^2。

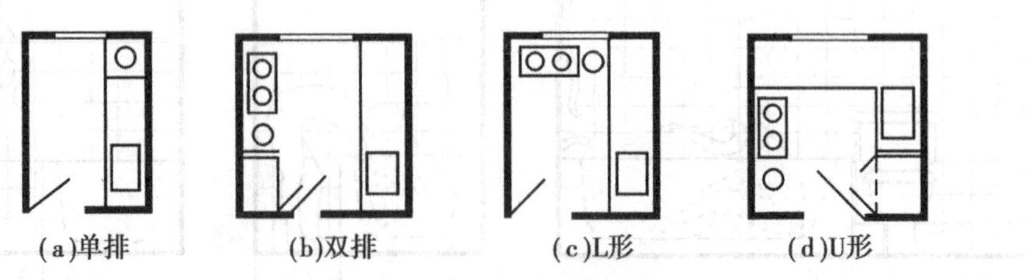

图 13.19　厨房平面布置类型

13.1.3　交通部分的平面设计

交通联系部分包括水平交通空间(走道)、垂直交通空间(楼梯、电梯、自动扶梯、坡道)、交通枢纽空间(门厅、过厅)等。

(1)走道

1)走道的类型

走道又称为过道、走廊。有内廊和外廊。

按走道的使用性质不同,可以分为以下 3 种情况:

①完全为交通需要而设置的走道。

②主要作为交通联系同时也兼有其他功能的走道。

③多种功能综合使用的走道,如展览馆的走道应满足边走边看的要求。

2)走道的宽度和长度

走道的宽度和长度主要根据人流和家具通行、安全疏散、防火规范、走道性质、空间感受来综合考虑。为了满足人的行走和紧急情况下的疏散要求,我国《建筑设计防火规范》对学校、商店、办公楼等建筑低层的疏散走道、楼梯、外门的各自总宽度作出了具体规定(详见第 1 篇项目 3 中任务 3.1 的表 3.4)。

走道的长度应根据建筑性质、耐火等级以及防火规范来确定。按照《建筑设计防火规范》的要求,最远房间出入口到楼梯安全出入口的距离必须控制在一定的范围内(详见第 1 篇项目 3 中任务 3.1 的表 3.5)。

3)走道的采光和通风

走道的采光和通风主要依靠天然采光和自然通风。内走道一般是通过直接和间接采光,如在走道尽端开窗,利用楼梯间、门厅或走道两侧房间设高窗来解决。

(2)楼梯

具体内容详见第 1 篇项目 7 楼梯。

(3)电梯

高层建筑的垂直交通以电梯为主,其他有特殊功能要求的多层建筑,如大型宾馆、百货公司、医院等,除设置楼梯外,还需设置电梯以解决垂直交通的问题。

电梯按其使用性质,可分为乘客电梯、载货电梯、消防电梯、客货两用电梯及杂物梯等。确定电梯间的位置及布置方式时,应充分考虑以下 3 点要求:

①电梯间应布置在人流集中的地方,如门厅、出入口等,位置要明显,电梯前面应有足够的等候面积(电梯前室),以免造成拥挤和堵塞。

②按防火规范的要求,设计电梯时应配置辅助楼梯,供电梯发生故障时使用。布置时,可将两者靠近,以便灵活使用,并有利于安全疏散。

③电梯井道无天然采光要求,布置较为灵活,通常主要考虑人流交通方便、通畅。电梯前室由于人流集中,最好有天然采光及自然通风。

(4)自动扶梯及坡道

自动扶梯是一种在一定方向上能大量、连续输送流动客流的装置。除了提供乘客一种既方便又舒适的上下楼层间的运输工具外,自动扶梯还可引导乘客走一些既定路线,以引导乘客和顾客游览、购物,并具有良好的装饰效果。在具有频繁而连续人流的大型公共建筑中,如百货大楼、展览馆、游乐场、火车站、地铁站、航空港等建筑，将自动扶梯作为主要垂直交通工具考虑。其布置方式有单向布置、转向布置和交叉布置（见图 13.20）。其梯段宽度较小，通常为 600 ~ 1 000 mm。

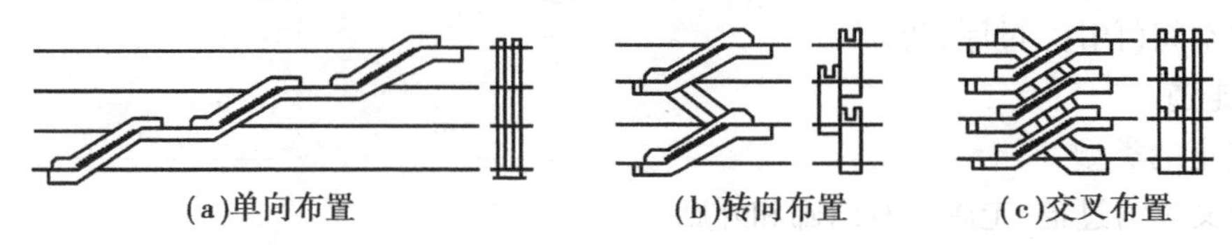

图 13.20　自动扶梯的布置形式

（5）门厅

门厅作为交通枢纽，其主要作用是接纳、分配人流，室内外空间过渡及各方面交通（过道、楼梯等）的衔接。同时，根据建筑物使用性质不同，门厅还兼有其他功能，如医院门厅常设挂号、收费、取药的房间，旅馆门厅兼有休息、会客、接待、登记、小卖部等功能。除此以外，门厅作为建筑物的主要出入口，其不同空间处理可体现出不同的意境和形象。因此，民用建筑中门厅是建筑设计重点处理的部分。

1）门厅的大小

门厅的大小应根据各类建筑的使用性质、规模及质量标准等因素来确定，设计时可参考有关面积定额指标。部分民用建筑门厅面积参考指标见表 13.4。

表 13.4　**部分民用建筑门厅面积参考指标**

建筑名称	面积定额	备　注
中小学校	0.06 ~ 0.08 m^2/每生	
食堂	0.08 ~ 0.18 m^2/每座	包括洗手、小卖部
城市综合医院	11 m^2/每日百人次	包括衣帽和询问
旅馆	0.2 ~ 0.5 m^2/床	
电影院	0.13 m^2/每个观众	

2）门厅的布局

门厅的布局可分为对称式与非对称式两种（见图 13.21）。门厅设计应注意以下 4 点：

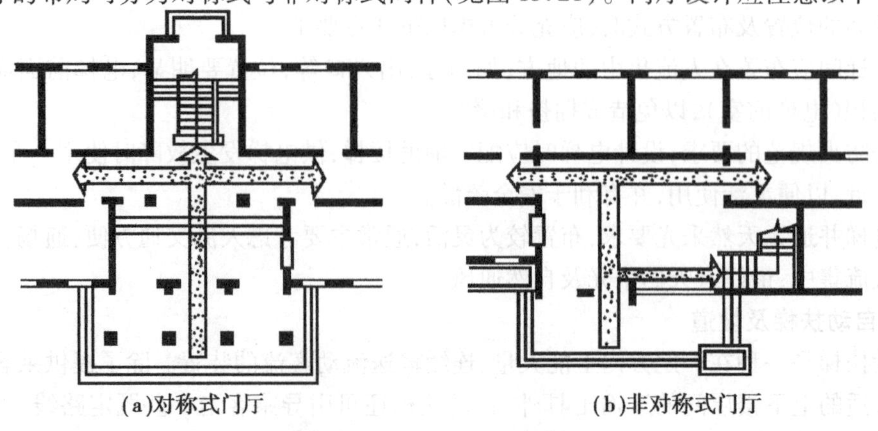

图 13.21　门厅的平面布置形式

①门厅应处于总平面中明显而突出的位置。

②门厅内部设计要有明确的导向性，同时交通流线组织简明醒目，减少相互干扰。

③重视门厅内的空间组合和建筑造型要求。

④门厅对外出口的宽度按防火规范的要求不得小于通向该门厅的走道、楼梯宽度的总和。

13.1.4 建筑平面组合设计

(1)平面组合设计的任务

建筑平面组合设计就是将建筑平面中的使用部分、交通联系部分有机地联系起来，使之成为一个使用方便、结构合理、体型简洁、构图完整、造价经济及与环境协调的建筑物。

(2)平面组合设计的要求

1)使用功能

平面组合的优劣主要体现在合理的功能分区及明确的流线组织两个方面。当然，采光、通风、朝向等要求也应予以充分的重视。

①功能分区合理

合理的功能分区是将建筑物若干部分按不同的功能要求进行分类，并根据它们之间的密切程度加以划分，使之分区明确，又联系方便。在分析功能关系时，常借助于功能分析图来形象地表示各类建筑的功能关系及联系顺序(见图13.22、图13.23)。

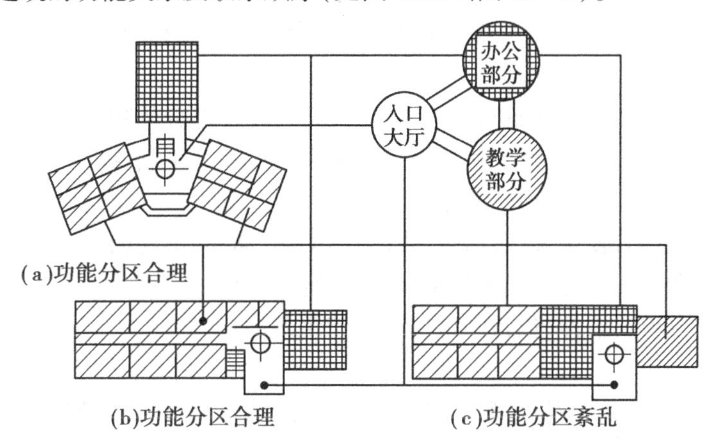

图13.22 教学楼功能分区

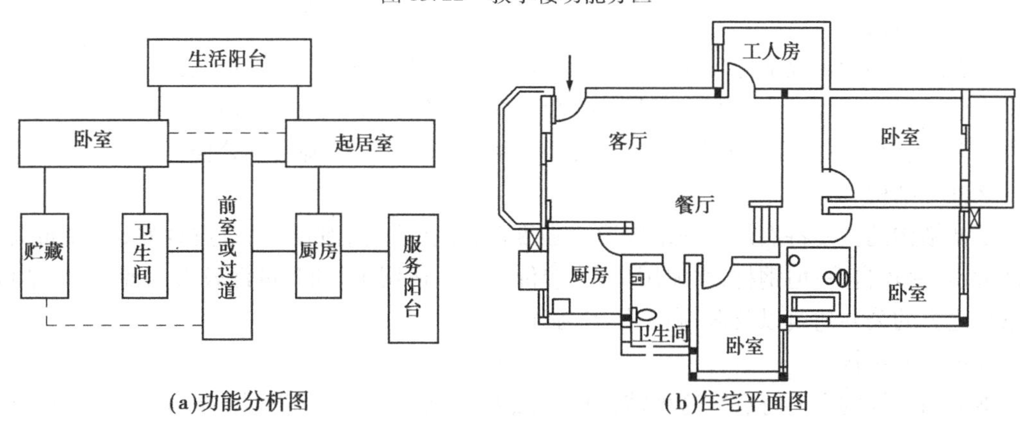

图13.23 居住建筑房间的主次关系

具体设计时,可根据建筑物不同的功能特征,从以下3个方面进行分析:

A. 主次关系

组成建筑物的各房间,按使用性质及重要性,必然存在着主次之分。在平面组合时应分清主次,合理安排。平面组合中,一般是将主要使用房间布置在朝向较好的位置,靠近主要出入口,并有良好的采光通风条件;次要房间可布置在条件较差的位置。

B. 内外关系

各类建筑的组成房间中,有的对外联系密切,直接为公众服务;有的对内关系密切,供内部使用。一般是将对外联系密切的房间布置在交通枢纽附近,位置明显便于直接对外;而将对内性强的房间布置在较隐蔽的位置。对于饮食建筑,餐厅是对外的,人流量大,应布置在交通方便、位置明显处;而对内性强的厨房等部分则布置在后部,次要入口面向内院较隐蔽的地方。

C. 联系与分隔

在分析功能关系时,常根据房间的使用性质如"闹"与"静"、"清"与"污"等方面进行功能分区,使其既分隔而互不干扰,且又有适当的联系。如教学楼中的多功能厅、普通教室和音乐教室,它们之间联系密切,但为防止声音干扰,必须适当隔开。教室与办公室之间要求方便联系,但为了避免学生影响教师的工作,需适当隔开。

②流线组织明确

交通流线是人或物在建筑物内部各部分之间及建筑物内外之间的流动路线。交通流线有人的流线和货物流线两种。人的流线又可分为公众人员流线和内部工作人员流线两种,或主要的人流线和次要的人流线等。

交通流线的组织直接影响到建筑平面布局,建筑物中各部分的功能关系总是通过交通流线的组织体现出来。设计时,交通流线的组织应主要考虑以下4点要求:

a. 不同性质的流线应明确分开,避免相互干扰。

b. 流线的组织应符合使用顺序,力求流线简捷明确、通畅、不迂回。

c. 流线的组织和出入口的设置应与室外道路密切结合。

d. 流线组织应具有灵活性,创造一定的灵活使用条件。

2)结构类型

目前,民用建筑常用的结构类型有混合结构、框架结构、剪力墙结构、框剪结构及空间结构。

①混合结构

混合结构多为砖混结构。这种结构形式的优点是构造简单、造价较低,其缺点是房间尺寸受钢筋混凝土梁板经济跨度的限制,室内空间小,开窗也受到限制,仅适用于房间开间和进深尺寸较小、层数不多的中小型民用建筑,如住宅、中小学校、医院及办公楼等。

②框架结构

框架结构的主要特点是这种结构形式强度高,整体性好,刚度大,抗震性好,平面布局灵活性大,开窗较自由;但钢材、水泥用量大,造价较高。适用于开间、进深较大的商店、教学楼、图书馆之类的公共建筑以及多、高层住宅、旅馆等。

③剪力墙结构

剪力墙结构的主要特点是这种结构形式强度高,整体性好,刚度大,抗震性好,其缺点是剪力墙间距小,一般为3~8 m,平面布置不灵活,建筑空间受限制。因此,只适用于住宅、旅馆等建筑。

④框剪结构

框剪结构的主要特点是结合了框架结构和剪力墙结构的优点。

⑤空间结构

这类结构用材经济,受力合理,并为解决大跨度的公共建筑提供了有利条件。如薄壳、悬索、网架等。

3)设备管线

民用建筑中的设备管线主要包括给水排水、空气调节以及电气照明等所需的设备管线,它们都占有一定的空间。在满足使用要求的同时,应尽量将设备管钱集中布置、上下对齐,方便使用,有利于施工和节约管线。如图 13.24 所示为旅馆卫生间管线集中布置。

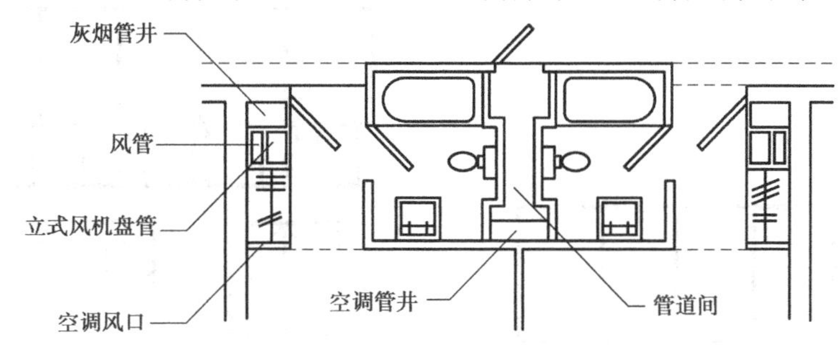

图 13.24 旅馆卫生间管线布置

4)建筑造型

建筑造型也影响到平面组合。当然,造型本身是离不开功能要求的,它一般是内部空间的外观反映。但是,简洁、完美的造型要求以及不同建筑的外部性格特征又会反过来影响到平面布局及平面形状。

(3)平面组合形式

平面组合就是根据使用功能特点及交通路线的组织,将不同房间组合起来。常见组合形式如下:

1)走道式组合

走道式组合的特点是使用房间与交通联系部分明确分开,各房间沿走道一侧或两侧并列布置,房间门直接开向走道,通过走道相互联系;各房间基本上不被交通穿越,能较好地保持相对独立性;各房间有直接的天然采光和通风,结构简单,施工方便等。这种形式广泛应用于一般民用建筑,特别适用于相同房间数量较多的建筑,如学校、宿舍、医院、旅馆等(见图 13.25)。

根据房间与走道布置关系不同,走道式又可分为内走道与外走道两种。

①外走道。可保证主要房间有好的朝向和良好的采光通风条件,但这种布局造成走道过长,交通面积大。个别建筑由于特殊要求,也采用双侧外走道形式。

②内走道。各房间沿走道两侧布置,平面紧凑,外墙长度较短,对寒冷地区建筑热工有利。但这种布局难免出现一部分使用房间朝向较差,且走道采光通风较差,房间之间相互干扰较大。

2)套间式组合

套间式组合的特点是用穿套的方式按一定的序列组织空间。房间与房间之间相互穿套,

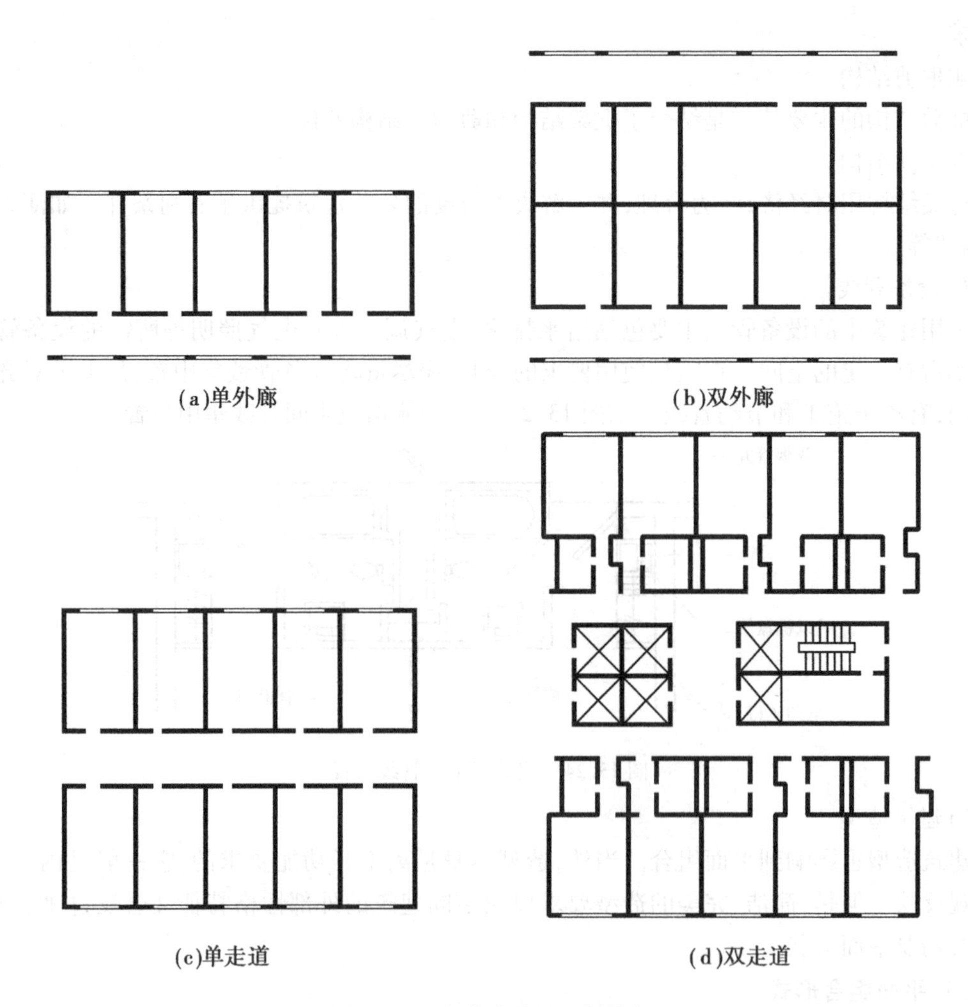

图 13.25　走道式平面组合形式

不再通过走道联系。其平面布置紧凑,面积利用率高,房间之间联系方便,但各房间使用不灵活,相互干扰大。适用于住宅、展览馆等。

3)大厅式组合

大厅式组合是以公共活动的大厅为主穿插布置辅助房间。这种组合的特点是主体房间使用人数多、面积大、层高大,辅助房间与大厅相比,尺寸大小悬殊,常布置在大厅周围并与主体房间保持一定的联系。它适用于影剧院、体育馆等(见图 13.26)。

4)单元式组合

单元式组合是将关系密切的房间组合在一起成为一个相对独立的整体,称为单元。将一种或多种单元按地形和环境情况在水平或垂直方向重复组合起来成为一幢建筑,这种组合方式称为单元式组合。

单元式组合的优点是:能提高建筑标准化,节省设计工作量,简化施工;功能分区明确,平面布置紧凑,单元与单元之间相对独立,互不干扰;布局灵活,能适应不同的地形,满足朝向要求,形成多种不同组合形式。因此,广泛用于大量民用建筑,如住宅、学校、医院等(见图 13.27)。

5)庭院式

建筑物围合成院落。它用于学校、医院、图书室、旅馆等。

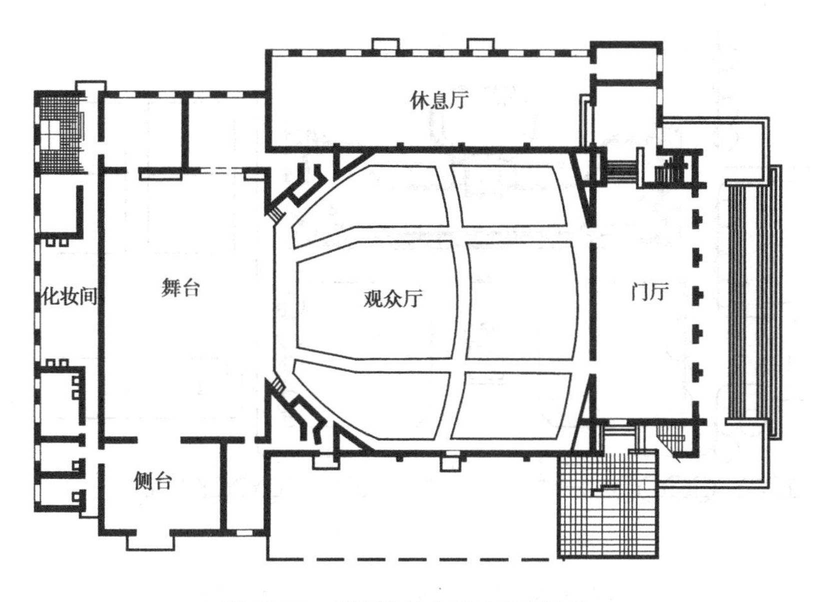

图13.26 影剧院的大厅式平面组合

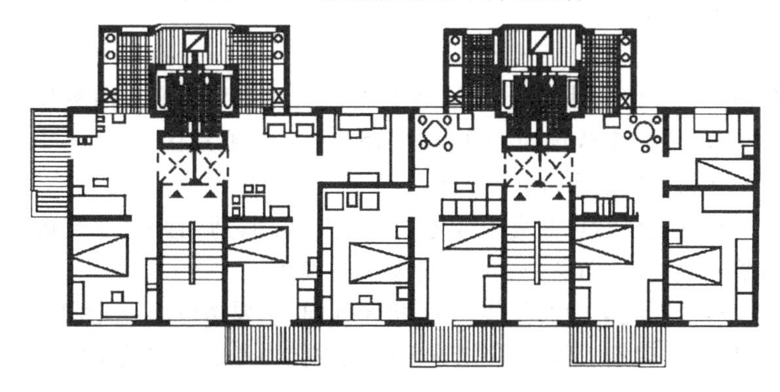

图13.27 住宅单元式组合

(4)建筑平面组合与总平面的关系

1)基地的大小、形状和道路布置

基地的大小和形状直接影响到建筑平面布局、外轮廓形状和尺寸。基地内的道路布置及人流方向是确定出入口和门厅平面位置的主要因素。因此,在平面组合设计中,应密切结合基地的大小、形状和道路布置等外在条件,使建筑平面布置的形式、外轮廓形状和尺寸以及出入口的位置等符合城市总体规划的要求。

实例:如图13.28所示为某大学附中教学楼的总平面图。该教学楼位于学校的主轴线上,建筑布局较好地控制了校园空间的划分与联系。

2)基地的地形条件

基地地形若为坡地时,则应将建筑平面组合与地面高差结合起来,以减少土方量,而且可以造成富于变化的内部空间和外部形式。

坡地建筑的布置方式有以下几种:

①地面坡度在25%以上时,建筑物适宜平行于等高线布置。

②地面坡度在25%以下时,建筑物应结合朝向要求布置。

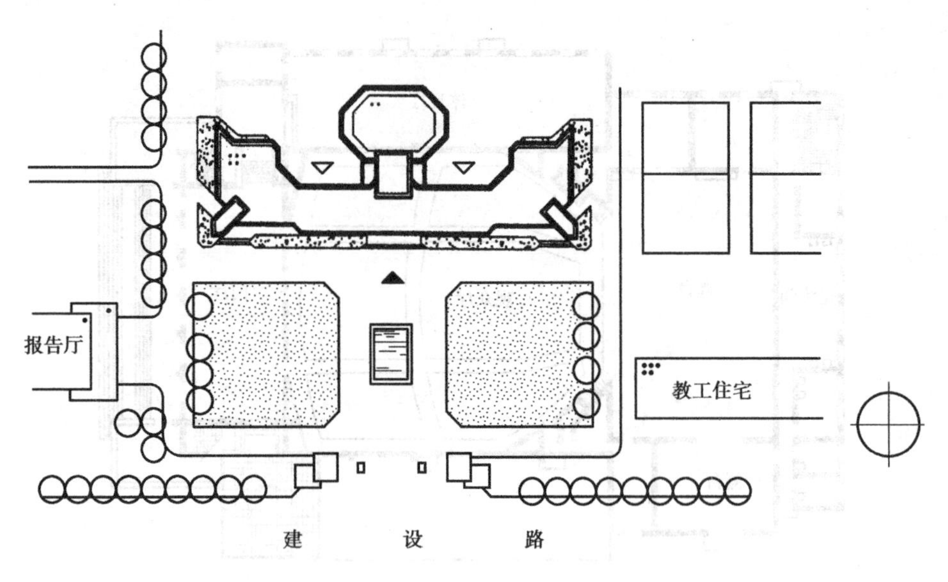

图 13.28　某大学附中教学楼的总平面图

3）建筑物的朝向和间距

①朝向

a. 日照。我国大部分地区处于夏季热、冬季冷的状况。为保证室内冬暖夏凉的效果，建筑物的朝向应为南向，南偏东或偏西少许角度（15°）。在严寒地区，由于冬季时间长、夏季不太热，应争取日照，建筑朝向以东、南、西为宜。

b. 风。根据当地的气候特点及夏季或冬季的主导风向，适当调整建筑物的朝向，使夏季可获得良好的自然通风条件，而冬季又可避免寒风的侵袭。

c. 基地环境。对于人流集中的公共建筑、房屋朝向，主要考虑人流走向、道路位置和邻近建筑的关系，对于风景区建筑，则应以创造优美的景观作为考虑朝向的主要因素。

②间距

建筑物之间的距离，主要应根据日照、通风等卫生条件与建筑防火安全要求来确定。除此以外，还应综合考虑防止声音和视线干扰，绿化、道路及室外工程所需要的间距以及地形利用、建筑空间处理等问题。

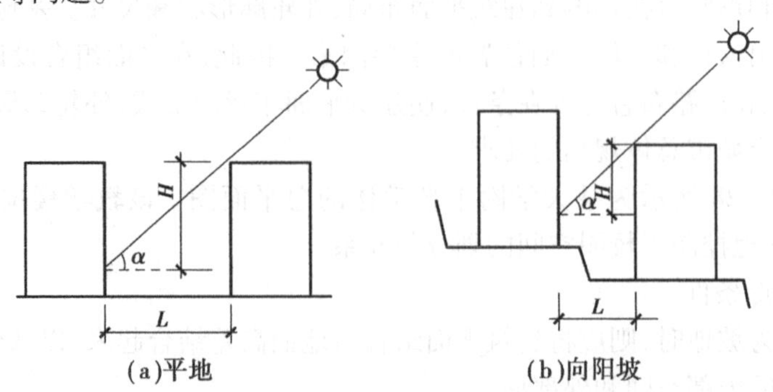

图 13.29　建筑物的日照间距

日照间距的计算公式为（见图 13.29）：

$$L = \frac{H}{\tan \alpha}$$

式中 L——房屋水平间距；

H——南向前排房屋檐口至后排房屋底层窗台的垂直高度；

α——当房屋正南向时冬至日正午的太阳高度角。

我国大部分地区日照间距为 1.0 ~ 1.7H。越往南日照间距越小，越往北则日照间距越大，这是因为太阳高度角在南方要大于北方的原因。

对于大多数的民用建筑，日照是确定房屋间距的主要依据，因为在一般情况下，只要满足了日照间距，其他要求也就能满足。但有的建筑由于所处的周围环境不同，以及使用功能要求不同，房屋间距也不同。例如，教学楼为了保证教室的采光和防止声音、视线的干扰，间距要求应大于或等于 2.5H，而最小间距不小于 25 m。又如，医院建筑，考虑卫生要求，间距应大于 2.0H，对于 1—2 层病房，间距不小于 25 m；3—4 层病房，间距不小于 30 m；对于传染病房与非传染病房的间距，应不小于 40 m。为节省用地，实际设计采用的建筑物间距可能会略小于理论计算的日照间距。

任务 13.2 建筑剖面设计

任务描述

掌握建筑剖面设计的一般规律和原则。

任务实施

从一套相对简单的实际工程图纸入手，了解建筑剖面设计的内容及表达方法。

任务引导

剖面设计是在平面设计的基础之上进行的，而不同的剖面关系又会反过来影响到建筑平面的布局。剖面设计的基本内容包括房间的剖面设计、建筑物层数的确定和建筑空间的组合利用这 3 个方面。

13.2.1 房间的剖面形状

房间的剖面形状分为矩形和非矩形两类，大多数民用建筑均采用矩形，非矩形剖面常用于有特殊要求的房间。房间的剖面形状主要是根据使用要求和特点来确定，同时也要结合具体的物质技术、经济条件及特定的艺术构思考虑，使之既满足使用又能达到一定的艺术效果。

(1) **使用要求**

在民用建筑中，绝大多数的建筑是属于一般功能要求的，如住宅、学校、办公楼、旅馆和商店等。这类建筑房间的剖面形状多采用矩形，因为矩形剖面不仅能满足这类建筑的使用要求，而且具有上面谈到的一些优点。对于某些特殊功能要求（如视线、音质等）的房间，则应根据使用要求选择适合的剖面形状。

有视线要求的房间主要是指影剧院的观众厅、体育馆的比赛大厅、教学楼中阶梯教室等。这类房间除平面形状、大小满足一定的视距、视角要求外，地面应有一定的坡度，以保证良好的视觉要求，即舒适、无遮挡地看清对象。

1) 视线要求

在剖面设计中，为了保证良好的视觉条件，即视线无遮挡，需要将座位逐排升高，使室内地面形成一定的坡度。地面的升起坡度主要与设计视点的位置及视线升高值有关,另外,第一排座位的位置、排距等对地面的升起坡度也有影响(见图 13.30)。

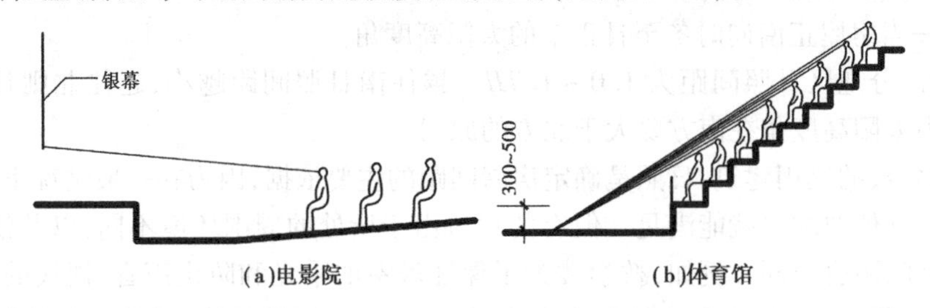

图 13.30　设计视点与地面坡度的关系

视线升高值 C 的确定与人眼到头顶的高度和视觉标准有关,一般定为 120 mm。当错位排列(即后排人的视线擦过前面隔一排人的头顶而过)时,C 值取 60 mm;当对位排列(即后排人的视线擦过前排人的头顶而过)时,C 值取 120 mm。以上两种座位排列法均可保证视线无遮挡的要求(见图 13.31、图 13.32)。

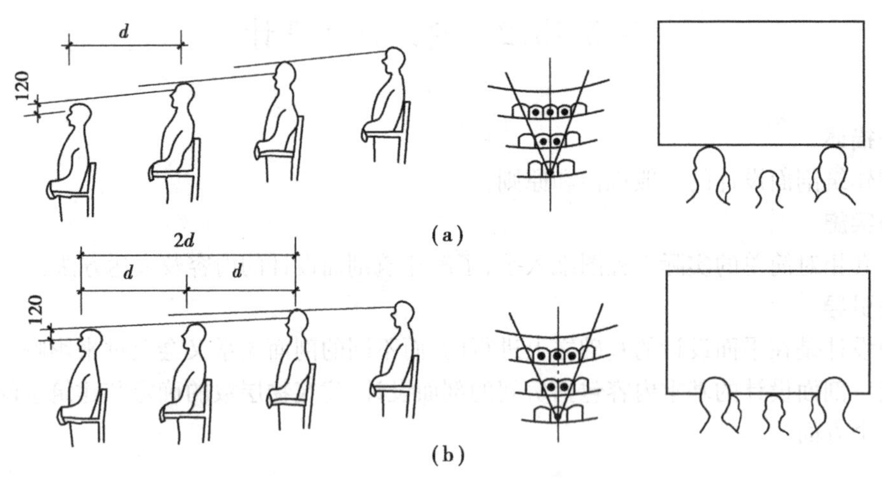

图 13.31　视觉标准与地面升起的关系

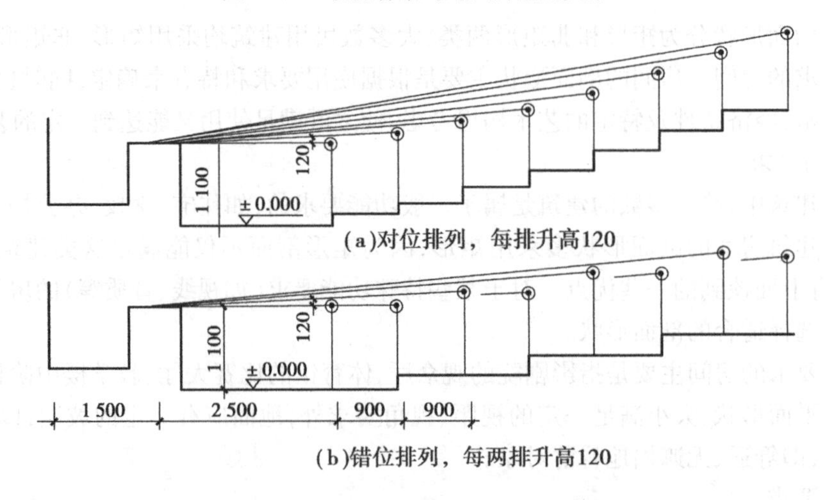

图 13.32　中学演示教室的地面升高剖面

2）音质要求

凡剧院、电影院、会堂等建筑，大厅的音质要求对房间的剖面形状影响很大。为保证室内声场分布均匀，防止出现空白区、回声和聚焦等现象，在剖面设计中要注意顶棚、墙面和地面的处理。为有效地利用声能，加强各处直达声，必须使大厅地面逐渐升高，除此以外，顶棚的高度和形状是保证听得清楚、真实的一个重要因素。它的形状应使大厅各座位都能获得均匀的反射声，同时并能加强声压不足的部位。一般来说，凹面易产生聚焦，声场分布不均匀，凸面是声扩散面，不会产生聚焦，声场分布均匀。为此，大厅顶棚应尽量避免采用凹曲面或拱顶（见图 13.33）。

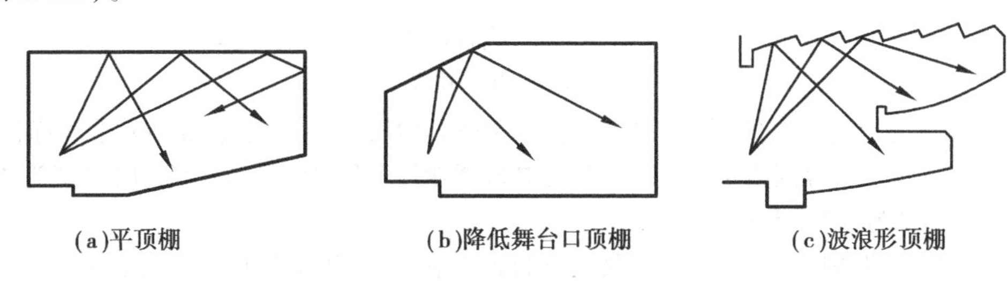

图 13.33　观众厅的几种剖面形状示意

（2）结构、材料和施工的影响

长方形的剖面形状规整、简单、有利于采用梁板式结构布置，同时施工也较简单，常用于大量性民用建筑。即使有特殊要求的房间，在能够满足使用要求的前提下，也宜优先考虑采用矩形剖面。

（3）室内采光、通风的要求

一般进深不大的房间，通常采用侧窗采光和通风已足够满足室内卫生的要求。当房间进深大，侧窗不能满足上述要求时，常设置各种形式的天窗，从而形成了各种不同的剖面形状。

有的房间虽然进深不大，但具有特殊要求，如展览馆中的陈列室，为使室内照度均匀、稳定、柔和并减轻和消除眩光的影响，避免直射阳光损害陈列品，常设置各种形式的采光窗。

对于厨房一类房间，由于在操作过程中常散发出大量蒸汽、油烟等，可在顶部设置排气窗以加速排除有害气体（见图 13.34）。

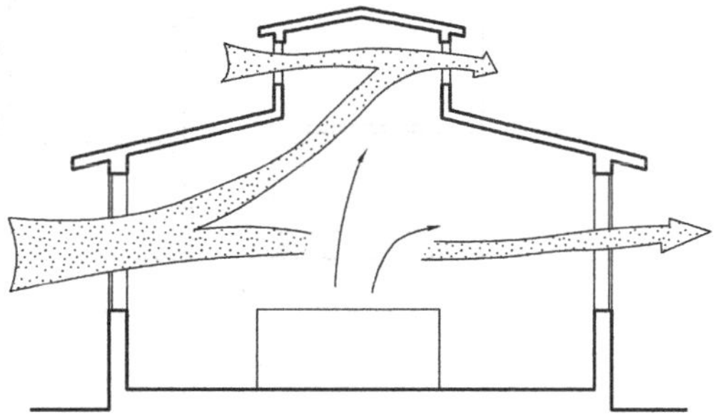

图 13.34　设排气窗的厨房剖面

13.2.2　房屋各部分高度的确定

（1）房间的净高和层高

房间的净高是指楼地面到结构层（梁、板）底面或顶棚下表面之间的距离。层高是指该层楼地面到上一层楼面之间的距离（见图 13.35）。

在通常情况下，房间高度的确定主要考虑以下 5 个方面：

1）人体活动及家具设备的要求

房间净高应不低于 2.20 m。

卧室使用人数少、面积不大，常取 2.7 ~ 3.0 m；教室使用人数多，面积相应增大，一般取

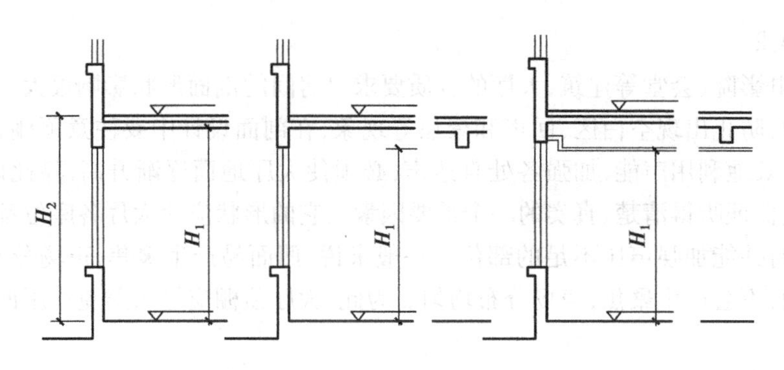

图 13.35　净高和层高

H_1—净高;H_2—层高

3.30～3.60 m;公共建筑的门厅人流较多,高度可较其他房间适当提高;商店营业厅净高受房间面积及客流量多少等因素的影响,国内大中型营业厅(无空调设备的)底层层高为 4.2～6.0 m,2 层层高为 3.6～5.1 m。

房间的家具设备以及人们使用家具设备的必要空间,也直接影响到房间的净高和层高。

如学生宿舍通常设有双层床,则层高不宜小于 3.30 m;医院手术室净高应考虑手术台、无影灯以及手术操作所必要的空间,净高不应小于 3.0 m;游泳馆比赛大厅,房间净高应考虑跳水台的高度、跳水台至顶棚的最小高度;对于有空调要求的房间,通常在顶棚内布置有水平风管,确定层高时应考虑风管尺寸及必要的检修空间(见图 13.36)。

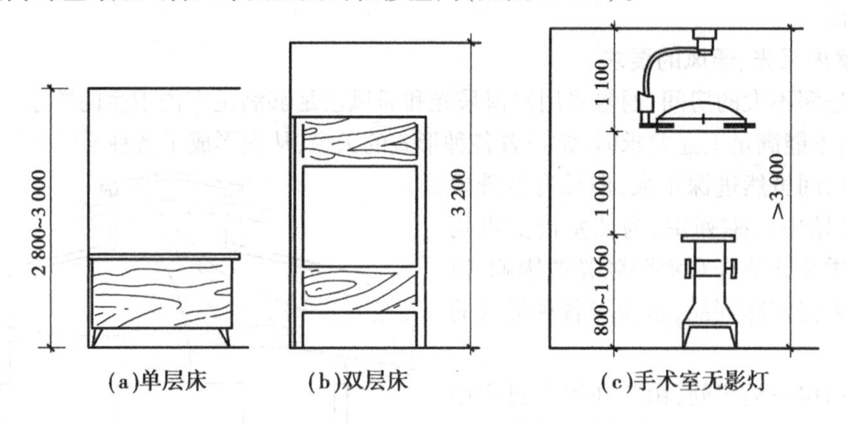

图 13.36　家具和设备对房间净高的影响

2)采光、通风要求

房间的高度应有利于天然采光和自然通风。房间里光线的照射深度,主要靠窗户的高度来解决,进深越大,要求窗户上沿的位置越高,即相应房间的净高也要高一些。当房间采用单侧采光时,通常窗户上沿离地的高度,应大于房间进深长度的一半。当房间允许两侧开窗时,房间的净高不小于总深度的 1/4。

房间的通风要求,室内进出风口在剖面上的高低位置,也对房间净高有一定影响。潮湿和炎热地区的民用房屋,经常利用空气的气压差,来组织室内穿堂风,如在内墙上开设高窗,或在门上设置亮子等改善室内的通风条件,在这些情况下,房间净高就相应要高一些。

除此以外,容纳人数较多的公共建筑,应考虑房间正常的气容量,保证必要的卫生条件。

3)结构高度及其布置方式的影响

层高等于净高加上楼板层结构的高度。因此在满足房间净高要求的前提下,其层高尺寸随结构层的高度而变化。应考虑梁所占的空间高度(见图 13.37)。

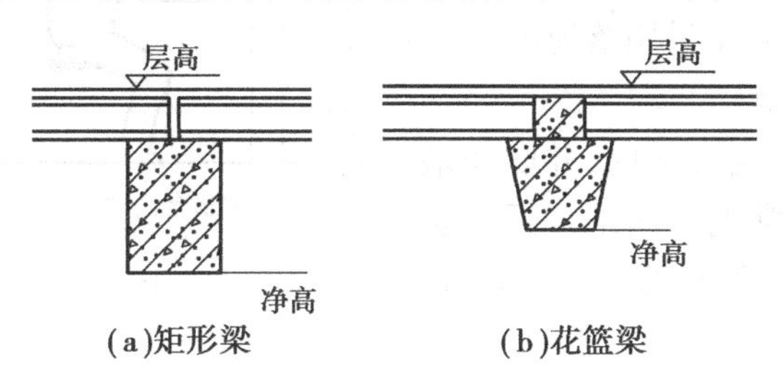

图 13.37　采用花篮梁增加房间净高

4)建筑经济效果

层高是影响建筑造价的一个重要因素。实践表明,普通砖混结构的建筑物,层高每降低 100 mm 可节省投资 1%。

5)室内空间比例

一般面积大的房间高度要高一些,面积小的房间则可适当降低。同时,不同的比例尺度给人不同的心理效果,高而窄的比例易使人产生兴奋、激昂、向上的情绪,且具有严肃感。但过高就会觉得不亲切;宽而矮的空间使人感觉宁静、开阔、亲切,但过低又会使人产生压抑、沉闷的感觉(见图 13.38)。

(a)宽而矮的空间比例

(b)高而窄的空间比例

图 13.38　空间比例不同给人以不同的感受

(2)**窗台高度**

窗台高度与使用要求、人体尺度、家具尺寸及通风要求有关。大多数的民用建筑,窗台高度主要考虑方便人们工作、学习,保证书桌上有充足的光线。

一般常取 900 ~ 1 000 mm,这样窗台距桌面高度控制为 100 ~ 200 mm,保证了桌面上充足的光线,并使桌上纸张不致被风吹出窗外(见图 13.39(a))。

如果窗台定得过高,将会在桌面及附近形成阴影,影响使用;定得过低,又会给结构设计与设备选用及安装带来不便。对于托儿所、幼儿园中的儿童用房结合儿童身体尺度和较矮小的家具,窗台高度宜定得低些,一般采用 600 mm 左右(见图 13.39(b))。在走廊两侧的浴室、厕所走廊两侧等处窗台高度可以高些。

公共建筑的房间如餐厅、休息厅、娱乐活动场所,以及疗养建筑和旅游建筑,为使室内阳光充足和便于观赏室外景色,丰富室内空间,常将窗台做得很低,甚至采用落地窗。

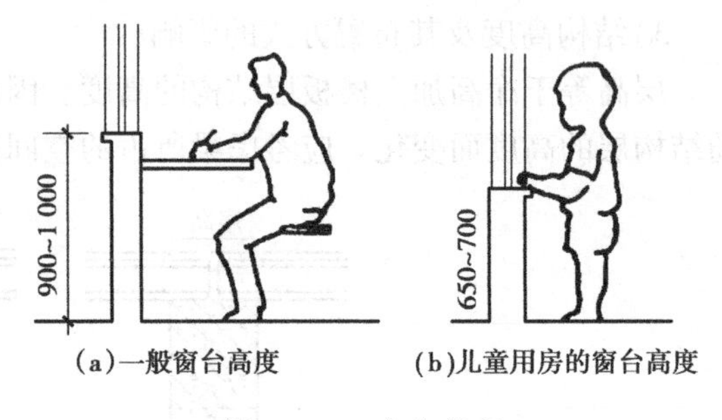

图 13.39　窗台高度

(3)室内外地面高差

为了防止室外雨水流入室内,并防止墙身受潮,一般民用建筑常把室内地坪适当提高,以使建筑物室内外地面形成一定高差,该高差主要由以下因素确定:

1)内外联系方便

住宅、商店、医院等建筑的室外踏步的级数常以不超过 4 级,即室内外地面高差不大于 600 mm 为好。而仓库类建筑为便于运输,在入口处常设置坡道,为不使坡道过长影响室外道路布置,室内外地面高差以不超过 300 mm 为宜。

2)防水、防潮要求

为满足防水、防潮要求,室内外地面高差一般大于或等于 300 mm。

3)地形及环境条件

位于山地和坡地的建筑物,应结合地形的起伏变化和室外道路布置等因素,综合确定底层地面标高,使其既方便内外联系,又有利于室外排水和减少土石方工程量。

4)建筑物性格特征

一般民用建筑应具有亲切、平易近人的感觉,因此,室内外高差不宜过大。纪念性建筑除在平面空间布局及造型上反映出它独自的性格特征以外,还常借助于室内外高差值的增大,如采用高的台基和较多的踏步处理,以增强严肃、庄重、雄伟的气氛。

13.2.3　房屋的层数

影响房屋层数的因素有以下 4 个方面。

(1)使用要求

住宅、办公楼、旅馆等建筑,可采用多层和高层。

对于托儿所、幼儿园等建筑,考虑到儿童的生理特点和安全,同时为便于室内与室外活动场所的联系,其层数不宜超过 3 层。

影剧院、体育馆等一类公共建筑都是具有面积和高度较大的房间,人流集中,为迅速而安全地进行疏散,宜建成低层。

(2)建筑结构、材料和施工的要求

建筑结构类型和材料是决定房屋层数的基本因素。如一般混合结构的建筑是以墙或柱承重的梁板结构体系,一般为 1—6 层。常用于一般大量性民用建筑,如住宅、宿舍、中小学教学楼、中小型办公楼、医院、食堂等。

多层和高层建筑,可采用梁柱承重的框架结构、剪力墙结构或框架剪力墙结构等结构体系。

空间结构体系,如薄壳、网架、悬索等则适用于低层大跨度建筑,如影剧院、体育馆、仓库、食堂等。

(3)地震烈度

地震烈度不同,对房屋的层数和高度要求也不同(见表13.5、表13.6)。

表13.5　砌体房屋总高度和层数限值

砌体类型	最小墙厚/mm	烈度							
		6		7		8		9	
		高度/m	层数	高度/m	层数	高度/m	层数	高度/m	层数
黏土砖	240	21	7	21	7	18	6	12	4
多孔砖	240	21	7	21	7	18	6	9	3
多孔砖	190	21	7	18	6	15	5	—	—
小砌块	190	21	7	21	7	18	6	9	3

表13.6　钢筋混凝土房屋最大适用高度/m

结构类型	烈度			
	6	7	8	9
框架结构	60	50	40	24
框架-抗震墙结构	130	120	100	50

(4)建筑基地环境与城市规划的要求

房屋的层数与所在地段的大小、高低起伏变化有关。同时不能脱离一定的环境条件。特别是位于城市街道两侧、广场周围、风景园林区等,必须重视建筑与环境的关系,做到与周围建筑物、道路、绿化等协调一致。同时要符合当地城市规划部门对整个城市面貌的统一要求。

13.2.4　建筑空间的组合与利用

(1)建筑空间的组合

建筑空间组合就是根据内部使用要求,结合基地环境等条件将各种不同形状、大小、高低的空间组合起来。使之成为使用方便、结构合理、体型简洁完美的整体。如图13.40所示为大小、高低不同的空间组合。

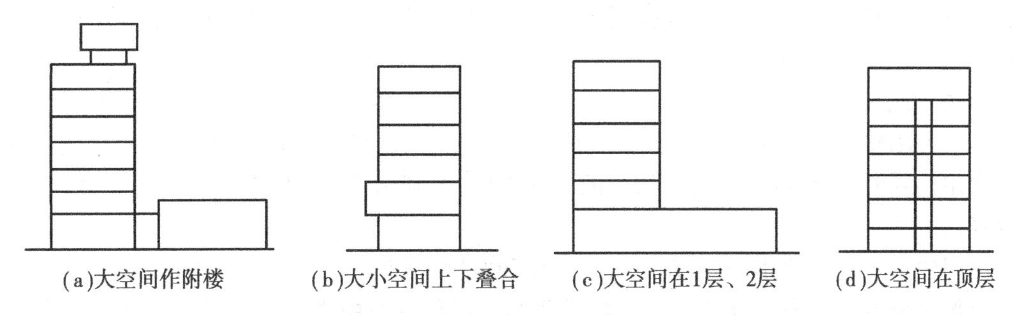

(a)大空间作附楼　(b)大小空间上下叠合　(c)大空间在1层、2层　(d)大空间在顶层

图13.40　大小、高低不同的空间组合

当建筑物内部出现地面高差,或由于地形的变化使房屋几部分空间的楼地面出现高低错

落时,可采用错层的方式使空间取得和谐统一。具体处理方式如下:

①以踏步或楼梯联系各层楼地面以解决错层高差(见图13.41)。

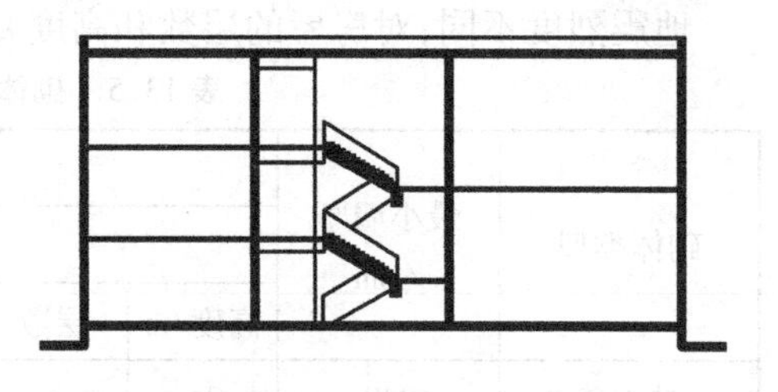

图13.41 以楼梯间解决错层高差

②以室外台阶解决错层高差。

(2)**建筑空间的利用**

1)夹层空间的利用

在公共建筑中的营业厅、体育馆、影剧院、候机楼等,由于功能要求其主体空间与辅助空间的面积和层高不一致,因此常采取在大空间周围布置夹层的方式,以达到利用空间及丰富室内空间的效果(见图13.42)。

图13.42 夹层空间的利用

2)房间上部空间的利用

房间上部空间主要是指除了人们日常活动和家具布置以外的空间。如住宅中常利用房间上部空间设置搁板、吊柜作为贮藏之用(见图13.43)。

3)结构空间的利用

在建筑物中墙体厚度的增加,所占用的室内空间也相应增加,因此充分利用墙体空间可以起到节约空间的作用。通常多利用墙体空间设置壁柜、窗台柜,利用角柱布置书架及工作台。

4)楼梯间及走道空间的利用

一般民用建筑楼梯间底层休息平台下至少有半层高,可作为布置贮藏室及辅助用房和出入口之用。同时,楼梯间顶层有一层半的空间高度,可利用部分空间布置一个小贮藏间(见图13.44(a))。

民用建筑走道主要用于人流通行,其面积和宽度都较小,高度也相应要求低些,充分利用走道上部多余的空间布置设备管道及照明线路。居住建筑中常利用走道上空布置贮藏空间(见图13.44(b)、(c))。

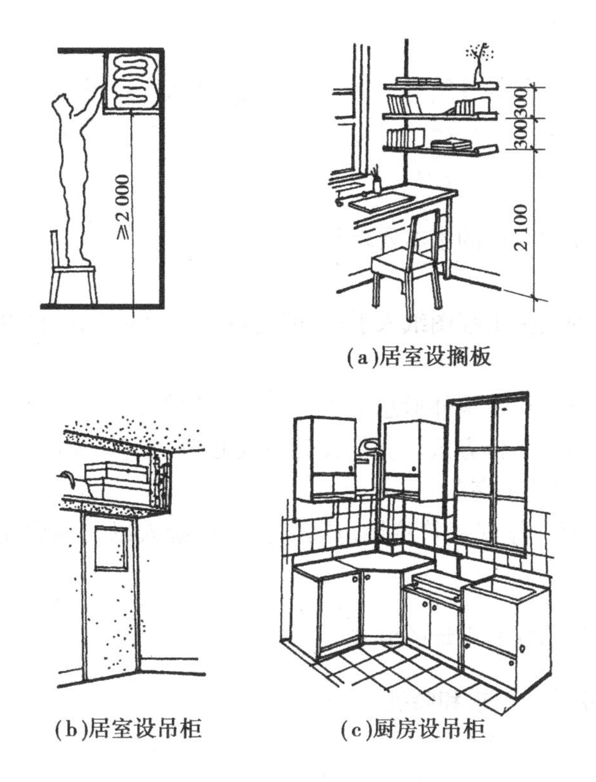

(a)居室设搁板

(b)居室设吊柜　　(c)厨房设吊柜

图 13.43　房间上部空间设搁板、吊柜

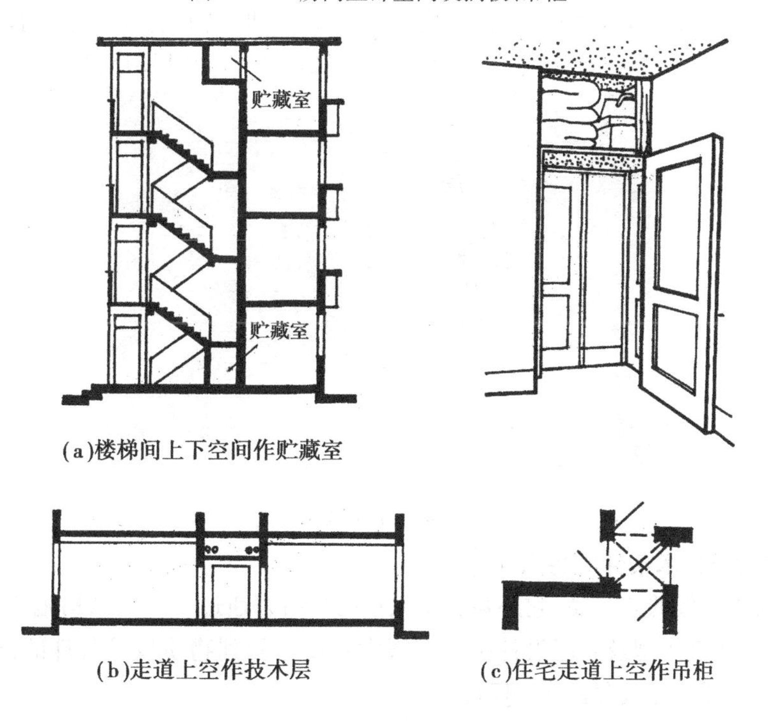

(a)楼梯间上下空间作贮藏室

(b)走道上空作技术层　　(c)住宅走道上空作吊柜

图 13.44　走道及楼梯间空间的利用

任务13.3　建筑体型和立面设计

任务描述

了解建筑体型和立面设计的基本要求和方法。

任务实施

从一套相对简单的实际工程图纸入手，了解建筑体型和立面设计的内容及表达方法。

任务引导

建筑体型设计主要是对建筑外形总的体量、形状、比例、尺度等方面的确定，并针对不同类型建筑采用相应的体型组合方式。立面设计主要是对建筑体型的各个方面进行深入刻画和处理，使整个建筑形象趋于完善。

建筑的体型和立面应体现建筑特性，具有时代感，给人以美的感受，同时还要与室内空间、结构形式相结合。

13.3.1　建筑体型和立面设计的要求

(1)反映建筑使用功能要求和特征

建筑是为了满足人们生产和生活需要而创造出的物质空间环境。各类建筑由于使用功能的千差万别，室内空间全然不同，在很大程度上必然导致不同的外部体型及立面特征。

例如，住宅建筑，重复排列的阳台、尺度不大的窗户，形成了生活气息浓郁的居住建筑性格特征；而行政办公大楼建筑，具有庄重、雄伟的外观特征(见图13.45、图13.46)。

图13.45　某小区住宅楼

(2)反映物质技术条件的特点

建筑不同于一般的艺术品，它必须运用大量的材料并通过一定的结构施工技术等手段才能建成。因此，建筑体型及立面设计必然在很大程度上受到物质技术条件的制约，并反映出结构、材料和施工的特点(见图13.47)。

(3)符合城市规划及基地环境的要求

建筑本身就是构成城市空间和环境的重要因素，它不可避免地要受到城市规划、基地环境的某些制约，所以建筑基地的地形、地质、气候、方位、朝向、形状、大小、道路、绿化以及原有

图13.46　某乡人民政府大楼

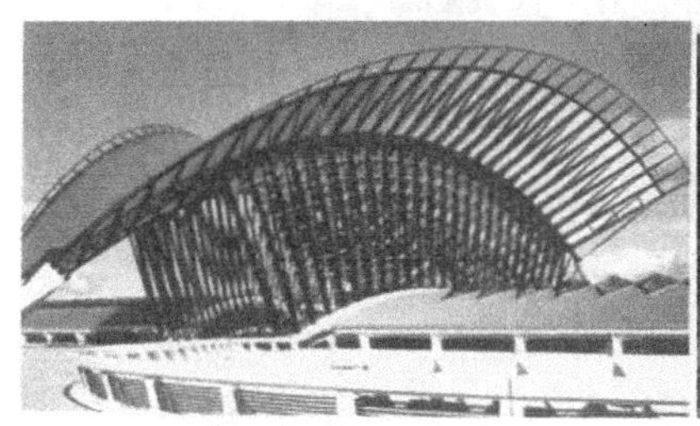

(a)钢结构轻盈、灵动

(b)钢筋混凝土结构敦厚、结实

图13.47　不同材料结构的建筑

建筑群的关系等,都对建筑外部形象有极大影响。

例如,美国建筑大师莱特设计的流水别墅,建于幽雅的山泉峡谷之中,建筑凌跃于奔泻而下的瀑布之上,与山石、流水、树林融为一体(见图13.48)。

图13.48　流水别墅

(4)**适应社会经济条件**

建筑外形设计应本着勤俭的精神,严格掌握质量标准,尽量节约资金。一般对于大量性建筑,标准可以低一些,而国家重点建造的某些大型公共建筑,标准则可高些。

应当指出,建筑外形的艺术美并不是以投资的多少为决定因素,事实上,只要充分发挥设计者的主观能动性,在一定的经济条件下,巧妙地运用物质技术手段和构图法则,努力创新,完全可以设计出适用、安全、经济、美观的建筑物。

(5)**符合建筑美的基本法则**

建筑造型是有其内在规律的,人们要创造出美的建筑,就必须遵循建筑美的法则,如统一、均衡、稳定、对比、韵律、比例、尺度等。不同时代、不同地区、不同民族,尽管建筑形式千差万别,尽管人们审美观各不相同,但这些建筑美的基本法则都是一致的,是被人们普遍承认的客观规律,因而具有普遍性。

1)统一与变化

①以简单的几何形体求统一

任何简单的容易被人们辨认的几何形体都具有一种必然的统一(见图 13.49)。

(a)法国卢浮宫　　(b)巴素教堂

(c)北京天坛

图 13.49　简单的几何形体

②主从分明,以陪衬求统一

复杂体量的建筑根据功能的要求常包括有主要部分和从属部分,如果不加以区别对待,则建筑必然显得平淡、松散,缺乏统一性。在外形设计中,恰当地处理好主要与从属、重点与一般的关系,使建筑形成主从分明、以次衬主,就可以加强建筑的表现力,取得完整统一的效果(见图 13.50)。

2)均衡与稳定

一幢建筑物由于各体量的大小、高低、材料的质感、色彩的深浅、虚实变化不同,常表现出不同的轻重感。一般说来,体量大的、实体的、材料粗糙及色彩暗的,感觉上要重些;体量小的、通透的、材料光洁和色彩明快的,感觉上要轻一些。研究均衡与稳定,就是要使建筑形象显得安定、平稳。

图 13.50　主从分明　某法院

①均衡

均衡主要是研究建筑物各部分前后左右的轻重关系。在建筑构图中，均衡与力学的杠杆原理是有联系的。支点表示均衡中心，根据均衡中心的位置不同，又可分为对称的均衡与不对称的均衡（见图 13.51）。

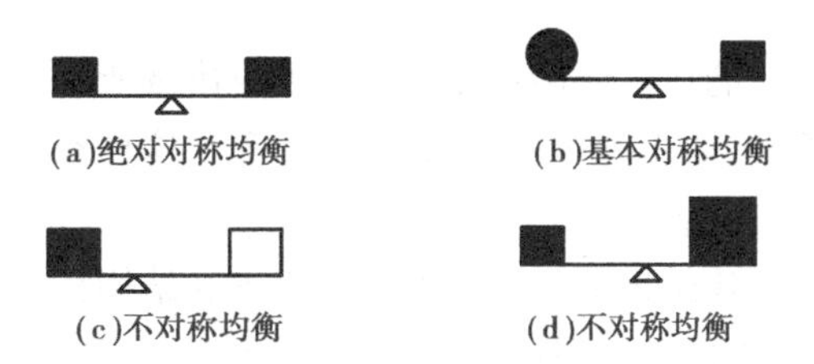

图 13.51　均衡的力学原理

对称的建筑是绝对均衡的，以中轴线为中心并加以重点强调，两侧对称容易取得完整统一的效果，给人以端庄、雄伟、严肃的感觉，常用于纪念性建筑或者其他需要表现庄严、隆重的公共建筑。不对称均衡是将均衡中心（视觉上最突出的主要出入口）偏于建筑的一侧，利用不同体量、材质、色彩、虚实变化等的平衡达到不对称均衡的目的。它与对称均衡相比显得轻巧、活泼（见图 13.52、图 13.53）。

图 13.52　对称均衡　某综合楼

图 13.53　不对称均衡　某综合楼

②稳定

稳定是指建筑整体上下之间的轻重关系。一般说来上面小，下面大，由底部向上逐层缩小的手法易获得稳定感。随着科学技术的进步和人们审美观念的发展变化，利用新材料、新结构的特点，创造出了上大下小的新稳定概念(见图13.54)。

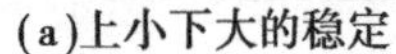

(a)上小下大的稳定

(b)上大下小的新稳定感建筑

图13.54　具有稳定感的建筑示例

3)韵律

韵律是任何物体各要素重复出现所形成的一种特性，它广泛渗透于自然界一切事物和现象中，如心跳、呼吸、水纹、树叶等。这种有规律的变化和有秩序的重复所形成的节奏，能给人以美的感受。

建筑物由于使用功能的要求和结构技术的影响，存在着很多重复的因素，如建筑形体、空间、构件乃至门窗、阳台、凹廊、雨篷、色彩等，这就为建筑造型提供了很多有规律的依据，在建筑构图中，有意识地对自然界一切事物和现象加以模仿和运用，从而出现了具有条理性、重复性和连续性为特征的韵律美。某学校教学楼重复出现的竖向条板具有韵律美(见图13.55)。

重复的韵律

渐变的韵律

连续的韵律

图13.55　建筑的韵律美

4) 对比

建筑造型设计中的对比,具体表现在体量的大小、高低、形状、方向、线条曲直、横竖、虚实、色彩、质地、光影等方面。在同一因素之间通过对比,相互衬托,就能产生不同的形象效果。对比强烈,则变化大,感觉明显,建筑中很多重点突出的处理手法往往是采取强烈对比的结果;对比小,则变化小,易于取得相互呼应、和谐、协调统一的效果。因此,在建筑设计中恰当地运用对比的强弱是取得统一与变化的有效手段。巴西会议大厦就是体量与形状的对比实例(见图 13.56)。

图 13.56　巴西会议大厦

5) 比例

比例是指长、宽、高 3 个方向之间的大小关系。无论是整体或局部以及整体与局部之间,局部与局部之间都存在着比例关系。良好的比例能给人以和谐、完美的感受;反之,比例失调就无法使人产生美感。

一般来说,抽象的几何形状以及若干几何形状之间的组合,处理得当就可获得良好的比例而易于为人们所接受。例如,圆形、正方形、正三角形等因其具有肯定的外形而引起人们的注意。"黄金率"的比例关系(即长宽之比为 1∶1.618)要比其他长方形好,大小不同的相似形,它们之间对角线互相垂直或平行,由于具有"比率"相等而使比例关系协调(见图 13.57)。

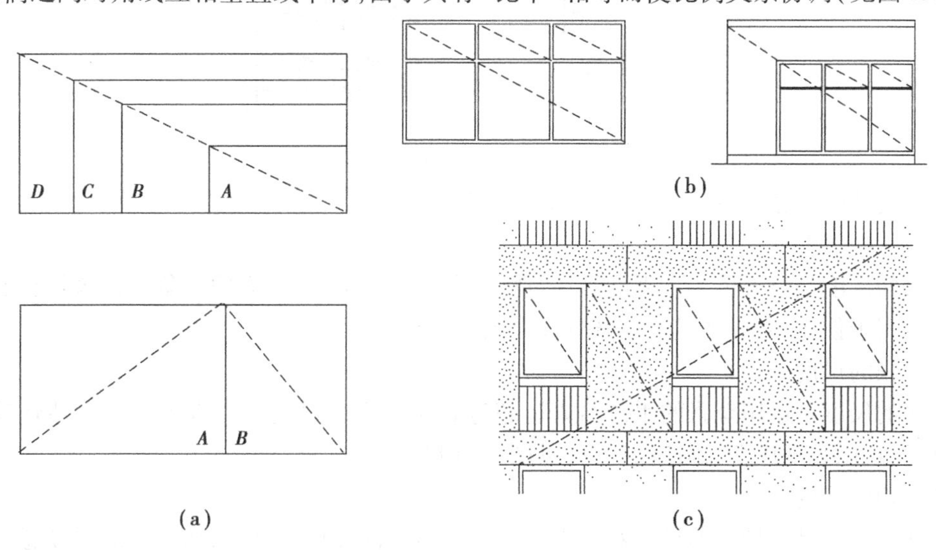

图 13.57　用对角线互相重合、垂直及平行的方法使窗与窗、窗与墙之间保持相同的比例关系

巴黎凯旋门的几何分析如图 13.58 所示。

图 13.58　巴黎凯旋门的几何分析

6)尺度

尺度是研究建筑物整体与局部构件给人感觉上的大小与其真实大小之间的关系。

抽象的几何形体显示不了尺度感,但一经尺度处理,人们就可以感觉出它的大小来。在建筑设计过程中,常常以人或与人体活动有关的一些不变因素如门、台阶、栏杆等作为比较标准,通过与它们的对比而获得一定的尺度感(见图 13.59)。

图 13.59　建筑物的尺度感

建筑设计中,尺度的处理通常有以下 3 种方法:

①自然的尺度

自然的尺度是以人体大小来度量建筑物的实际大小,从而给人的印象与建筑物真实大小一致。常用于住宅、办公楼、学校等建筑(见图 13.60)。

②夸张的尺度

夸张的尺度是运用夸张的手法给人以超过真实大小的尺度感。常用于纪念性建筑或大型公共建筑,以表现庄严、雄伟的气氛(见图 13.61)。

③亲切的尺度

亲切的尺度是以较小的尺度获得小于真实的感觉,从而给人以亲切宜人的尺度感。常用来创造小巧、亲切、舒适的气氛,如庭院建筑(见图 13.62)。

图 13.60　自然的尺度　住宅

图 13.61　夸张的尺度　乐山大佛

图 13.62　亲切尺度　园林

13.3.2　建筑体型的组合

建筑的体型是多种多样的，决定建筑体型的主要因素是建筑的内部空间，好的建筑立面都是建立在好的体型的基础上的。

（1）建筑体型的组合方式

建筑体型基本上可归纳为单一体型和组合体型两大类。

1）单一体型

单一体型是指整幢房屋基本上是一个比较完整的、简单的几何形体。平面形式多采用正方形、圆形、三角形、多边形、风车形、Y 形等。这种组合给人留下完整、简洁、大方、轮廓明确的印象（见图 13.63）。

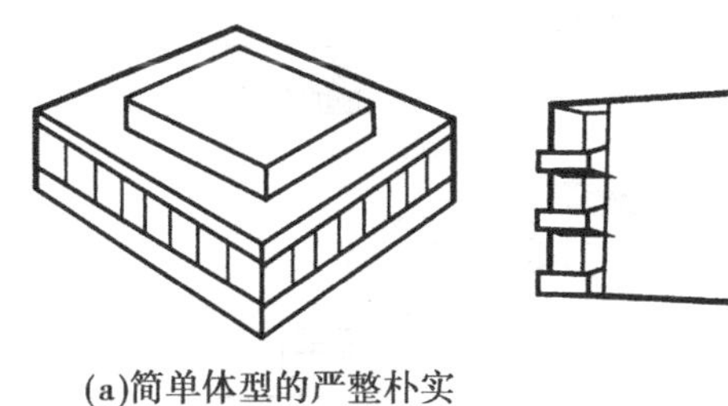

(a)简单体型的严整朴实　　(b)简单体型的凹凸处理

图 13.63　简单体型

2）组合体型

组合体型是由若干个简单体型组合在一起的体型。组合方式主要有对称体型和非对称体型两类。对称体型具有明确的中轴线，组合体的主从关系明确，出入口通常设在中轴线上，这种组合体给人以庄重严谨、匀称和稳定的感觉，如一些纪念性建筑、行政办公建筑通常采用对称体型。非对称体型没有明显的中轴线，体型组合灵活自由，与功能结合紧密，可以把不同规格的房间组合在一起,这种组合给人留下生动、活泼的印象。如图 13.64 所示为组合体型的各种形式。

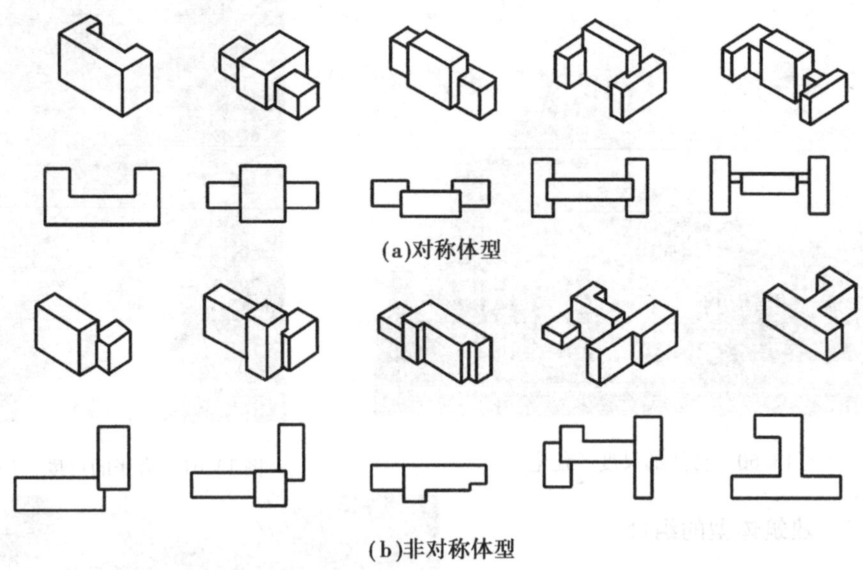

图 13.64　组合体型

(2)建筑体型组合的基本要求

1)比例适当、整体匀称

组合体型各部分之间的比例适当、整体匀称是建筑组合体型设计的基本要求。

2)主次分明、交接明确

建筑体型的组合应按功能的要求,分为主要部分和附属部分。应处理好相互关系,使主次明确、交接清楚。组合体之间的连接要明确、自然,不能模糊不清。如图 13.65 所示为建筑各体型连接方式。

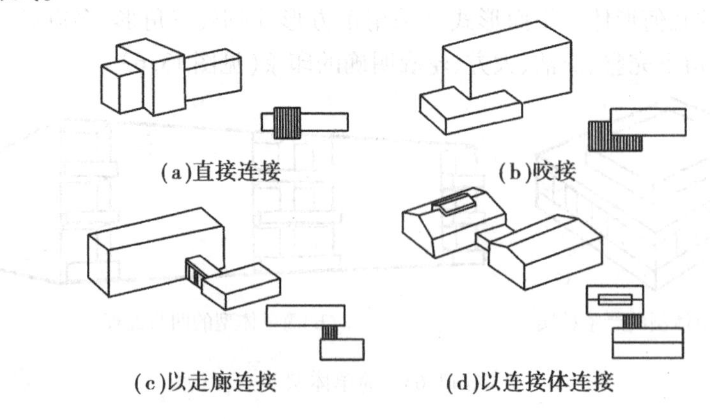

图 13.65　建筑各体型间连接方式

13.3.3　立面设计

建筑立面是建筑物各个墙面的外部形象。立面设计要结合建筑内部空间、使用要求进行设计。

建筑立面主要由墙面、外露梁柱、门窗、阳台、外廊、檐口、勒脚、台阶、花饰等组成。

立面设计的任务是合理确定立面各组成部分的形状、色彩、比例关系、材料质感等,运用节奏、韵律、虚实对比等构图规律设计出完整、美观、反映时代特征的立面。建筑立面设计的步骤是首先初步确定建筑平面、剖面关系,描绘出各个立面的轮廓;然后分析立面上各部分总的比例关系,如墙面、门窗的处理;最后对重点部位进行细部处理,如建筑入口、门廊、装饰等处理。

形象美观的建筑物,是建筑平、剖、立面图及体型、环境各方面因素有机结合、相互协调的结果。

(1)立面处理原则

进行立面处理,应注意以下两点:

①在推敲建筑立面时不能孤立地处理某个面,必须注意几个面的相互协调和相邻面的衔接以取得统一。

②建筑造型是一种空间艺术,研究立面造型不能只局限在立面的尺寸大小和形状,应考虑到建筑空间的透视效果。

(2)立面处理方法

立面处理方法如下:

1)立面的比例与尺度

立面的比例与尺度的处理是与建筑功能、材料性能和结构类型分不开的,由于使用性质、容纳人数、空间大小、层高等不同,形成全然不同的比例和尺度关系。

建筑立面常借助于门窗、细部等的尺度处理反映出建筑物的真实大小。

2)立面的虚实与凹凸

建筑立面中"虚"的部分是指窗、空廊、凹廊等,给人以轻巧、通透的感觉;"实"的部分主要是指墙、柱、屋面、栏板等,给人以厚重、封闭的感觉。巧妙地处理建筑外观的虚实关系,可以获得轻巧生动、坚实有力的外观形象。

以虚为主、虚多实少的处理手法能获得轻巧、开朗的效果。以实为主、实多虚少能产生稳定、庄严、雄伟的效果。虚实相当的处理容易给人以单调、呆板的感觉。在功能允许的条件下,可适当将虚的部分和实的部分集中,使建筑物产生一定的变化。由于功能和构造上的需要,建筑外立面常出现一些凹凸部分。凸的部分一般有阳台、雨篷、遮阳板、挑檐、凸柱、突出的楼梯间等。凹的部分有凹廊、门洞等。通过凹凸关系的处理可以加强光影变化,增强建筑物的体积感,丰富立面效果(见图 13.66)。

3)立面的线条处理

任何线条本身都具有一种特殊的表现力和多种造型的功能。从方向变化来看,垂直线具有挺拔、高耸、向上的气氛;水平线使人感到舒展与连续、宁静与亲切;斜线具有动态的感觉;网格线有丰富的图案效果,给人以生动、活泼而有秩序的感觉。从粗细、曲折变化来看,粗线条表现厚重、有力;细线条具有精致、柔和的效果;直线表现刚强、坚定;曲线则显得优雅、轻盈。

建筑立面上客观存在着各种线条,如立柱、墙垛、窗台、遮阳板、檐口、通长的栏板、窗间墙、分格线等。立面线条的组织如图 13.67 所示。

(a)立面凹凸的光影效果

(b)实的效果

(c)虚的效果

图 13.66　立面凹凸变化与虚实的作用

4)立面的色彩与质感

不同的色彩具有不同的表现力,给人以不同的感受。以浅色为基调的建筑给人以明快清新的感觉,深色显得稳重,橙黄等暖色调使人感到热烈、兴奋,青、蓝、紫、绿等色使人感到宁静。运用不同色彩的处理,可以表现出不同建筑的性格、地方特点及民族风格。

建筑外形色彩设计包括大面积墙面的基调色的选用和墙面上不同色彩的构图等两方面,设计中应注意以下问题:

①色彩处理必须和谐统一且富有变化,在用色上可采取大面积基调色为主,局部运用其他色彩形成对比而突出重点。

②色彩的运用必须与建筑物性质相一致。

③色彩的运用必须注意与环境的密切协调。

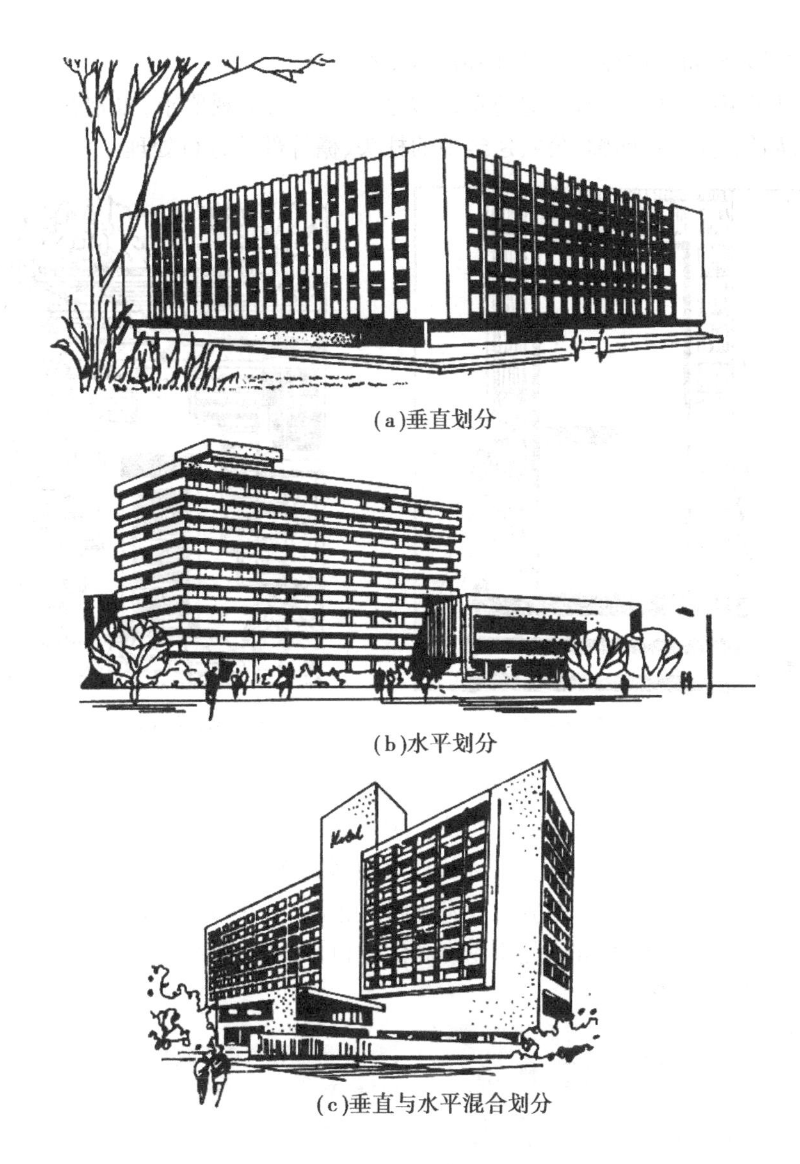

(a)垂直划分

(b)水平划分

(c)垂直与水平混合划分

图13.67　立面线条的组织

④基调色的选择应结合各地的气候特征。寒冷地区宜采用暖色调，炎热地区多偏于采用冷色调。

建筑立面由于材料的质感不同，也会给人以不同的感觉。如天然石材和砖的质地粗糙，具有厚重及坚固感；金属及光滑的表面感觉轻巧、细腻。立面设计中常常利用质感的处理来增强建筑物的表现力。

5）立面的重点与细部处理

根据功能和造型需要，在建筑物某些局部位置进行重点和细部处理，可以突出主体，打破单调感。立面的重点处理常常是通过对比手法取得的（见图13.68）。建筑物重点处理的部位如下：

①建筑物的主要出入口及楼梯间等人流最多的部位。

②根据建筑造型上的特点，重点表现有特征的部分，如体量中转折、转角、立面的突出部

分及上部结束部分,如车站钟楼、商店橱窗、房屋檐口等。

③为了使建筑统一中有变化,避免单调以达到一定的美观要求,也常在反映该建筑性格的重要部位,如住宅阳台、凹廊、公共建筑中的柱头、檐等部位进行处理。

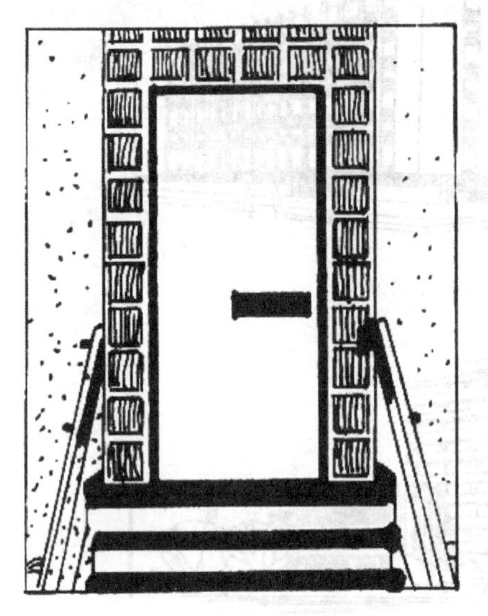

(a)利用色彩的不同

(b)利用材料的不同

图 13.68　住宅入口的重点处理

在立面设计中,对于体量较小或人们接近时才能看得清的部分,如墙面勒脚、花格、漏窗、檐口细部、窗套、栏杆、遮阳板、雨篷、花台及其他细部装饰等的处理称为细部处理。细部处理必须从整体出发,接近人体的细部应充分发挥材料色泽、纹理、质感和光泽度的美感作用。对于位置较高的细部,一般应着重于总体轮廓和注意色彩、线条等大效果,而不宜刻画得过于细腻(见图 13.69、图 13.70)。

图 13.69　出入口细部

图 13.70　标识细部

项目小结

①建筑平面设计是根据建筑的功能要求确定各房间合理的面积、形状,门窗的大小、位置及各部位的尺寸;建筑平面设计包括单个房间平面设计及平面组合设计。单个房间设计是在

整体建筑合理而适用的基础上，确定房间的面积、形状、尺寸以及门窗的大小和位置。

平面组合设计是根据各类建筑功能要求，抓住使用房间、辅助房间、交通联系部分的相互关系，结合基地环境及其他条件，采取不同的组合方式将各单个房间合理地组合起来。

②剖面设计是在平面设计的基础之上进行的，而不同的剖面关系又会反过来影响到建筑平面的布局。剖面设计的基本内容包括单个房间的剖面设计、建筑物层数的确定和建筑空间的组合利用这3个方面。

③建筑体型设计主要是对建筑物的轮廓形状、体量大小、组合方式及比例尺度等的确定。

建筑立面是由门窗、墙柱、阳台、遮阳板、雨篷、檐口、勒脚及花饰等部件组成的。立面设计就是恰当地确定这些部件的尺寸大小、比例关系、材料色彩等。通过形的变换、面的虚实对比、线条的方向变化等，求得外形的统一与变化，内部空间与外形的协调统一。进行立面设计，应注意如下问题：保持空间的整体性；注重建筑空间的透视效果；立面设计要在符合功能和结构要求的基础上，对建筑空间造型进一步深化。

复习思考题

1. 建筑平面设计包含哪些内容？
2. 什么叫开间？什么叫进深？
3. 试举例说明如何确定房间面积和尺寸。
4. 交通联系部分包括哪些内容？如何确定楼梯的数量、宽度和选择楼梯的形式？
5. 何为袋形走廊？
6. 什么是房间的层高和净高？
7. 确定建筑物的层数应考虑哪些因素？试举例说明。
8. 确定房间高度应考虑哪些因素？
9. 建筑体型及立面设计要求有哪些？
10. 绘制一间教室的平面布置图，标注其开间、进深和课桌的布置尺寸，以及门窗的宽度和位置尺寸。

项目 14
建筑设计实训题

项目概述

建筑设计实训是学生对“建筑构造与建筑设计基础”课程学习后的综合训练。通过实训使学生对建筑设计的全过程有具体的体会和了解，熟悉国家现有的设计方针及建筑设计的有关规范，掌握建筑设计的基本原理和设计的程序，加深和巩固所学的专业理论知识，培养学生具有独立建筑设计的能力和技巧，为毕业设计和毕业后参加建筑设计打下基础。

学生分组从给定的设计题目中任选一个，并按要求完成相关的设计任务，以此使学生能比较全面地了解建筑设计的步骤、方法和设计图纸的表达方法。

任务 14.1　18 班中学教学楼设计实训

14.1.1　设计条件

(1)建筑地点

学校位于城市新建住宅区内，地段情况如图 14.1 所示。

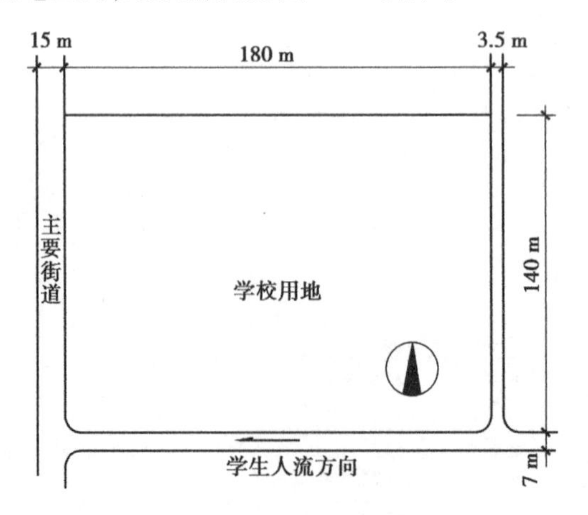

图 14.1　学校地段情况

(2)房间名称和使用面积

房间名称和使用面积见表 14.1。

表 14.1　房间名称和使用面积

房间名称	间　数	每间使用面积/m^2	备　注
普通教室	18	56～65	每班 50 人
实验室	4	80～90	
实验仪器及准备室	4	40～54	
音乐教室	1	70～80	
乐器室	1	15～20	
语言教室	1	80～90	
语言教室控制室	1	15～20	
合班教室	2	150～180	供 3 个班用(阶梯教室)
放映室兼电教器材室	2	30～40	
教师阅览室	1	40～50	
书库	1	50～60	
学生阅览室	1	90～100	
科技活动室	4	15～20	
党政办公室	13	14～18	
教师办公室	10	14～18	
教师休息室		14～18	每层或隔层设一间
会议室	1	35～45	
保健室	2	15～20	
广播室	1	12～16	
社团办公室	3	12～16	
体育器材室	1	35～45	
总务仓库	1	35～45	
厕所		按规定标准计算	

(3)总平面布置

①教学楼:占地面积按设计。

②传达值班室:20 m^2。

③食堂:140 m^2。

④开水房:25 m^2。

⑤汽车库:60 m^2。

⑥自行车棚:90 m^2。

⑦运动场地:设 250 ~ 400 m 环形跑道(两组 100 m 直跑)的田径场 1 个,篮球场 2 个,排球场 1 个。

⑧绿化用地(包括成片绿地和室外自然科学园地):按每个学生不小于 1 m^2 计算。

(4)建筑标准

①层数:1—5 层。

②层高:教学用房为 3.6 ~ 3.9 m。办公用房为 3.0 ~ 3.3 m。

③耐火等级:二级。

④结构形式:砖混结构(可局部采用框架)。

⑤卫生标准:设室内厕所(水冲式),教职工厕所与学生厕所分设,男、女学生比例为 1∶1,厕所卫生器具数量指标应符合下列规定:女生按每 25 人设一个大便器(或 1 100 mm 长大便槽)计算,男生按每 50 人设一个大便器(或 1 100 mm 长大便槽)和 1 100 mm 长小便槽计算,每 90 人应设一个洗手盆(或 600 mm 长盥洗槽),厕所内应设污水池和地漏。

14.1.2 设计内容及图纸要求

用绘图工具绘制 A2 图纸 2 ~ 3 张,完成下列内容:

(1)平面图

各层平面图,比例 1∶200。

①确定各房间的形状、尺寸及位置,表示固定设备及主要家具布置,注明房间名称。

②确定门窗的大小位置,表示门的开启方向。

③表示楼梯的踏步、平台及上下行指示线。

④标注两道外部尺寸(总尺寸和轴线尺寸)和必要的内部尺寸。

⑤标注剖切符号,注写图名和比例。

(2)立面图

①表示出门窗、室外台阶、雨篷等构配件的形式和位置。

②注写图名和比例。

(3)剖面图

剖面图 1 ~ 2 张,比例 1∶200。

①剖切到的墙以双粗实线表示,钢筋混凝土部分涂黑表示,可见部分以细实线表示。

②确定各主要部分的高度和分层情况,以及主要构件的相互关系。

③表示出楼梯的踏步、平台以及固定设备。

④标注室内外地面标高、各层楼面标高和屋面标高,标注两道尺寸。

⑤注写图名和比例。

(4)总平面图

总平面图,比例 1∶500 或 1∶1 000。

(5)**方案说明及主要技术指标**

①方案说明:简要说明方案特点等。

②主要技术指标:总建筑面积、平均每名学生占建筑面积、容积率、绿化。

14.1.3　设计方法与步骤

①分析研究设计任务书,明确目的、要求及条件。

②广泛查阅相关设计资料,参观已建成的教学楼建筑,扩大眼界,广开思路。

③在学习参观的基础上,根据教学楼各房间的功能要求及各房间的相互关系进行平面组合设计。

④在进行平面组合时,要多思考,多动手(即多画),多修改。

⑤在平面组合设计的基础上,进行立面和剖面设计,继续深入,发展为定稿的平、立、剖草图(比例1:100或1:200)。

14.1.4　参考资料

[1] 张宗尧,刘宝仲. 中小学校建筑设计[M]. 北京:中国建筑工业出版社,1993.

[2]《建筑设计资料集》编委会. 建筑设计资料集:3[M]. 2版. 北京:中国建筑工业出版社,1994.

[3]《中小学校建筑设计图集》编写组. 中小学校建筑设计图集[M]. 北京:中国建筑工业出版社,1993.

任务14.2　单元式多层住宅方案设计实训

14.2.1　设计条件

(1)**建筑地点**

本设计为城市型住宅,位于城市居住小区或工矿住宅区内,具体地点自定。

(2)**面积指标**

平均每套建筑面积80~150 m^2。

(3)**套型及套型比**

套型及套型比由设计者自定。

(4)**层数**

层数为5层。

(5)**层高**

层高为2 800 mm。

(6)**结构类型**

结构类型由设计者自定。

(7)**房间组成及要求**

①居室。包括卧室和起居室。各居室间分区独立,不相互串通。其面积不宜小于下列规

定：主卧室 14 m^2，单人卧室 9 m^2，起居室 20 m^2。

②厨房。每户独用，房内设案台、灶台、洗池等（燃料：煤气、天然气自定）。

③卫生间。每户独用，设蹲位、淋浴（或盆浴）及洗脸盆。

④阳台。每户设生活阳台和服务阳台各一个。

⑤贮藏设施。根据具体情况设搁板、吊柜、壁龛、壁柜等。

14.2.2 设计内容及深度要求

本设计按方案设计深度要求进行，用 AutoCAD 软件计算机制图或手绘图纸，A2 图纸。

(1)单元底层平面图

单元底层平面图，比例 1∶100（布置家具设备）。

(2)标准层平面图

标准层平面图，比例 1∶100。

(3)立面图

主要立面及侧立面图，比例 1∶100（可画两单元组合立面）。

(4)剖面图

剖面图 1 个，比例 1∶100（需剖到楼梯）。

(5)技术经济指标

技术经济指标为

$$层套型建筑面积 = \frac{总建筑面积(m^2)}{总套数}$$

$$标准层使用面积系数 = \frac{标准层使用面积(m^2)}{标准层总建筑面积(m^2)} \times 100\%$$

14.2.3 设计方法与步骤

①分析研究设计任务书，明确目的、要求及条件。

②广泛查阅相关设计资料，参观已建成的住宅建筑，扩大眼界，广开思路。

③在学习参观的基础上，根据住宅各房间的功能要求及各房间的相互关系进行平面组合设计。

④在进行平面组合时，要多思考，多动手（即多画），多修改。

⑤在平面组合设计的基础上，进行立面和剖面设计，继续深入，发展为定稿的平、立、剖草图（比例 1∶100 或 1∶200）。

14.2.4 参考资料

[1]《建筑设计资料集》编委会. 建筑设计资料集：3[M]. 2 版. 北京：中国建筑工业出版社，1994.

[2] 朱昌廉. 住宅建筑设计原理[M]. 北京：中国建筑工业出版社，1999.

[3] 各地区及全国的住宅方案图集.

[4] 各地区通用的民用建筑配件图.

任务 14.3　全日制六班幼儿园方案设计实训

14.3.1　设计条件

(1)修建地点

本建筑位于中小城市或工矿区新建的职工住宅区内,地段自选。

(2)设计规模

本幼儿园共设 6 个班(180 人)。

(3)面积指标

用地面积大于 2 700 m^2,建筑面积大于 1 800 m^2。

(4)建筑层数

建筑层数不超过 3 层。

(5)功能组成及面积定额

1)园舍建筑

①每班活动单元

活动室 1 间 55 ~ 65 m^2。

卧室 1 间 40 ~ 45 m^2(如果活动室和卧室合并,面积为 85 ~ 90 m^2)。

衣帽储藏室 7 ~ 9 m^2。

卫生间 15 m^2(卫生间可分为厕所和盥洗室两部分,盥洗室内有盥洗台、水龙头、毛巾钩、水杯架、拖布池等设施)。

②办公及辅助用房

办公室 3 ~ 4 间,每间 15 m^2。

资料兼会议室 1 间,15 ~ 20 m^2。

医务室 1 间,13 ~ 15 m^2。

晨检、接待室 1 间,18 m^2。

值班兼传达室 1 间,12 ~ 15 m^2。

贮藏室 3 间,每间 12 m^2。

教工厕所男、女各 1 间,各 6 m^2。

③音体教室 1 间,100 ~ 120 m^2。

④生活用房:

加工间(含配餐),50 ~ 55 m^2。

主副食库,15 m^2。

开水、消毒间,8 ~ 10 m^2。

炊事员休息室,10 ~ 13 m^2。

⑤门厅、走道、楼梯及室外活动场地等自行考虑。其中,室外活动场地包括公共活动场地、班级活动场地。各种游戏器械、道路、绿化、小动物房等设施视场地情况进行设计。

2）室外场地

分班活动场地≥2 m^2/生

共同活动场地≥2 m^2/生（设置大型活动器械、戏水池、沙坑及30 m的直跑道）

绿化用地≥2 m^2/生

14.3.2 设计内容及深度

本设计按方案设计深度要求进行，用AutoCAD软件计算机制图或手绘图，A2图纸。

（1）幼儿居住及活动单元平面布置图

幼儿居住及活动单元平面图，比例1∶50。

①布置活动室和寝室的主要家具。

②布置卫生间的主要设备。

③标注轴线尺寸及主要分尺寸。

（2）各层平面图

各层平面图，比例1∶100或1∶150。

①底层各入口要画出踏步、花池、台阶等。

②尺寸标注为两道，即总尺寸与轴线尺寸。

③确定门窗位置、大小（按比例画，不注尺寸）及门的开启方向。

④楼梯要按比例尺寸画出梯段、平台及踏步，并标出上下行箭头。

⑤标出剖面线及编号。

⑥注明房间名称。

⑦标图名及比例。

（3）立面图

立面图（不少于2张），比例1∶100或1∶150。

①外轮廓线画中粗线，地坪线画粗实线，其余画细实线。

②注明图名及比例。

（4）剖面图

剖面图，比例1∶100或1∶150。

①剖切部分用粗实线，看见部分用细实线；地坪为粗实线，并表示出室内外地坪高差。

②尺寸标两道，即各层层高及建筑总高。

③标高：标注各层标高，室内外标高。

④标图名及比例。

（5）总平面图

总平面图设计作与否，可以酌情掌握。

（6）技术经济指标

总用地面积、总建筑面积、容积率等。

14.3.3 设计方法和步骤

①分析研究设计任务书，明确设计的目的和要求，根据所给条件，算出各类房间所需数目及面积。

②带着问题学习设计基础知识和任务书上所提参考资料,参观已建成的幼儿园建筑,扩大眼界,广开思路。

③在学习参观的基础上,对设计要求、具体条件及环境进行功能分析,从功能角度找出各部分、各房间的相互关系及位置。

④进行块体设计,即将各类房间所占面积粗略地估计平面和空间尺寸,用徒手单线画出初步方案的块体示意。在进行块体组合时,要多思考,多动手(即多画),多修改。从平面入手,但应着眼于空间。先考虑总体,后考虑细部,抓住主要矛盾,只要大布局合理即可。

⑤在块体设计基础上,划分房间,进一步调整各类房间和细部之间的关系,深入发展成为定稿的平、立、剖面草图,比例为 1∶100 ~ 1∶200。

14.3.4　参考资料

[1]《建筑设计资料集》编委会. 建筑设计资料集:3[M]. 2 版. 北京:中国建筑工业出版社,1994.

[2] 刘宝仲. 托儿所、幼儿园建筑设计[M]. 北京:中国建筑出版社,1989.

[3] 黎志涛. 托儿所、幼儿园建筑. 南京:东南大学出版社,1991.

参考文献

[1] 袁雪峰.房屋建筑学[M].北京:科学出版社,2007.
[2] 赵研.房屋建筑学[M].北京:高等教育出版社,2002.
[3] 赵毅.房屋建筑学[M].重庆:重庆大学出版社,2007.
[4] 房志勇.房屋建筑构造学[M].北京:中国建材工业出版社,2003.
[5] 舒秋华.房屋建筑学[M].武汉:武汉理工大学出版社,2003.
[6] 姜忆南.房屋建筑学[M].北京:机械工业出版社,2009.
[7] 张璋.民用建筑设计与构造[M].北京:科学出版社,2002.
[8] 同济大学,西安建筑科技大学,东南大学,重庆大学.房屋建筑学[M].北京:中国建筑工业出版社,2006.